ザ・ワン・デバイス

iPhoneという奇跡の“生態系”は
いかに誕生したか

著
ブライアン・マーチャント
Brian Merchant

訳
倉田幸信
Kurata Yukinobu

ダイヤモンド社

THE ONE DEVICE
The Secret History of the iPhone
by
Brian Merchant

解説

アップルに脈々と受け継がれる、技術革新のバトン

パロアルトインサイトCTO　長谷川貴久

名前を知る者のみが権利を持つ

アップルでエンジニアに仕事をしてもらいたい時は、必ず「レーダー」というツールで仕事依頼書を作り、その中で「コンポーネント」を指定する必要がある。内部の社員はもちろんのこと、外部の開発者や一般消費者にも、レーダーを使ってバグの報告をさせることを徹底している。

レーダーの中のコンポーネントとはすなわち、どの部署に仕事を依頼したいかとい

うことを意味する。ただ、面白いことに、電話帳のように「この部署はこのコンポーネント」ということが親切に示されているわけではない。秘密とまではいかないが、まるで村の中で有望な若者にのみ伝統が語り継がれるように、コンポーネントの名前は、既に知っている誰かから教えてもらうしかないのである。つまり、コンポーネントの名前を知っている者のみが、その部署に仕事を依頼する権利を持つとも取れる。

それらのコンポーネントの中に、「パープル」で始まるコンポーネントがいくつかある。なぜ「パープル」で始まるかというと、初代iOS開発時のコンポーネント名がそのまま引き継がれているからである。本書でも紹介されているように、パープルとは初代iPhoneのコードネームである。

このように、今でもアップルで仕事をしていると、本書に出てくるような二〇〇六～二〇〇八年の初代iPhone開発時代の産物と出くわすことがある。私が初めてパープルというコンポーネントの由来を聞いた時は、iOSのキーボードを開発している部署に依頼事項があった時で、考古学者が恐竜の化石を見つけたかのような気持ちになった。このコンポーネントに対して、スティーブ・ジョブズもレーダーを送り付けていたのだろうか、などと考えたりしたものだ。

名前を知る者のみが権利を持つというのは、レーダーのコンポーネントに限ったことではない。アップルでは、開発中のiPhoneのことを、後に消費者が呼ぶことになるような商品名等で呼ぶことはない。そもそも、開発中はまだ名前が付けられていない。あくまでもコードネームで呼ぶ。例えばｉＰｈｏｎｅＸのコードネームはＤ22、ＡｐｐｌｅＷａｔｃｈのコードネームはＮ27である。コードネームの一覧が今やウィキペディアに公開されてしまっているので、もはや秘密もへったくれもないのだが、未発表の製品などは、コードネームを知らないとプロトタイプ機すら手に入れることができない。

私はＳｉｒｉの開発部隊に異動した当初、ボスから新しいｉＰｈｏｎｅを開発用にもらってこいと命じられた。喜んで大急ぎでエンジニア向けにデバイスを配る社内店舗に行き、「新しいｉＰｈｏｎｅをください！」と注文したところ、「ｉＰｈｏｎｅって何？　そんなもの知らないよ」と真顔で言われ、門前払いを食らった。悔しいので、後からくるエンジニアたちがどのように注文しているかを見ていると、「Ｎ41」とか「Ｎ51」というコードネームで注文していることを知り、コードネームを同僚から教えてもらって出直したという苦い思い出がある。

妥協しない心――ｉＰｈｏｎｅとサイモンの最大の違い

本書を読んでいると、今では当たり前に思えるかもしれないｉＰｈｏｎｅの機能は、まったく違うものになっていたかもしれないと気づかされる。スティーブ・ジョブズやジョニー・アイブが「アイデアはものすごくデリケートで、か弱い」と言っていたことがよくわかる。まるで無垢の赤子のように、善にも悪にもなり得るし、赤子の時のちょっとした経験や教え、そして思想が大人になっても大きな影響を及ぼしていることが、ｉＰｈｏｎｅにも当てはまる。

例えば、ｉＰｈｏｎｅの画面をガラスに変更したのが発表の四ヶ月前で、スティーブが傷だらけになったガラスをどうにか直すために、最後まで画策していたとはまったく知らなかった。Ｍａｐｓ（マップス）が、わりと最後に追加された機能だったということにも驚いた。突然思いついたかのように二人のエンジニアが三週間で作った機能が、今では世界中の人が旅行や外出先で頼る機能の礎になっている。

また、Ａｐｐ Ｓｔｏｒｅもユーザーや開発者からの絶大なプレッシャーに応えるために作られたもので、もしかすると存在していなかったかもしれない。美しいガラスの画面、世界中どこでも行き先を示してくれるＭａｐｓ、ｉＰｈｏｎｅ自体を何度も生まれ変わらせることができるＡｐｐ Ｓｔｏｒｅ。こうしたキラーフィーチャーは最初から細かく設計され順序立てて開発されたものではなく、臨機応変に対応したことによって生まれたものだったのだ。

また、ｉＰｈｏｎｅとは一つの会社や一人の人間が生み出したものではなく、さまざまなひらめきや技術革新、インフラや原材料の上に成り立っていることがわかる。私がアップル本社の三階のオフィスでプログラミングをしている最中、世界の反対側で少年たちが命を賭して、炭鉱からｉＰｈｏｎｅの原材料を発掘しているとは、当時は夢にも思わなかった。それも日当五〇〇〇円程度で。

本書の冒頭で、スマートフォンの先駆けだった「サイモン」が紹介されている。iＰｈｏｎｅとサイモンの最大の違いは何だったかというと、本書では「タイミングが悪かった」という説明がなされている。もちろん、それもある。では「サイモン」開発チームを二〇〇八年にタイムワープさせて、同じ状況下でiＰｈｏｎｅか、もしくはそれを超えるプロダクトを作れたかと考えると、その答えは「ノー」である。

そもそも、後になってから、「見てくれよ、俺たちはiＰｈｏｎｅが開発されるずっと昔からこんなものを作っていたんだ。先見の明があった」というように、後出ししてくるようなチームは、申し訳ないが商品開発者としては失格だと思う。甘いというか、覚悟が感じられない。少しでも商品開発者としてのプライドがあるならば、そんなものは恥ずかしくて誰にも見せたいとは思わないはずだ。

アップルの社内でも、サイモンのように今となっては先進的ではあるが、日の目を見なかった試作品が何百と眠っている。しかし、それらの試作品は、必ずと言っていいほど世に出ない。スティーブがそれを許さなかったからだ。「I'm actually as proud of the things we haven't done as the things I have done. Innovation is saying no to 1,000 things」とは彼の名言だが、本当にこれを実践することは難しい。なぜなら、アップルでは生半可なものがスティーブの目に届くことはほとんどないからだ。

多くの人間が試行錯誤を繰り返し、これなら見せられるというものだけがスティーブまで届く。その段階まで行く頃には、ゆうに半年くらいの努力を数人のデザイナーやエンジニアが費やしており、それだけの期待感と勢いがある。つまり、ノーと言いづらい空気になっているのだ。ここでノーと言うのはものすごく反感を買うことになるし、会社としていくら資源を投資したかを考えると身を切られるように辛いが、それでもノーを言える強さをアップルは持っている。だからこそ、何百という日の目を見ない商品の上にiPhoneが見事に咲いたのだと思う。

もっと平たくいうと、iPhoneがこのように成功した背景には、「妥協しない心」があった。その心がサイモンとの大きな違いである。プラスティックの画面だと安っぽく見えて納得できない。ではガラスの画面に変えたが、今度はポケットに入れているだけで傷だらけになるので納得できない。それでも、プラスティックに戻そうかということには絶対にならない。もっと良いガラスを探そうということになる。

そして不思議と、妥協しない心というのは、社員を感化させ伝染する。それは例えば、社内会議でエグゼクティブ向けに発表されるプレゼンテーション資料を見てもわかる。本書でも紹介されている「トップ100人会議」（Top100）の資料を見たことがあるが、キーノートでこれだけの資料が作れるのか、と思わされるような美しいプレゼンテーションを各部署が提出してくる。準備には大変な労力がかかっていて、数人がかりで数週間かけて作った資料に対しても、トップから「チャートの位置が一ピクセル（一ミリ）ずれている」といったレベルのフィードバックが返ってくる。

秘密主義の中で、ソフトとハードの融合を可能とするために

『キューブ』という映画を見たことはあるだろうか。アップルという巨大組織の中で、iPhoneという何億人も使うようなデバイスのソフトウェアを開発していると、特に夜遅くまで仕事に追われている時などは、ふと、あの映画を思い出してしまうことがあった。

SFホラー映画の『キューブ』は、立方体型の迷宮に数名の生贄（いけにえ）が放り込まれて、数々のトラップにかかり、登場人物たちが皆殺しにされてしまうという映画だ。登場人物たちは普段のように眠りにつき、起きたらそのキューブの中に閉じ込められているのだが、最初はなぜ、自分がこんなひどい仕打ちに合わなければいけないのか、困惑し悲観している。

ところがあるシーンで、なんとその迷宮は日々自分たちが開発していたものだということを知ることになる。彼らはそのキューブのほんの小さな一部の開発を任されていたため、全体像が何なのか、一体何の目的で自分たちの仕事の成果が使われるのかわからないまま、最終的には自らをも死に至らしめる殺人迷路の開発に加担していたことを知る、という映画だ。

iPhoneは商品としてはキューブの真逆で、人々に利便性と豊かさをもたらすものであると信じているので、私が開発に携わっていた時は、そうした迷いはなく仕事に情熱を注ぎ込むことができていた。アップルを離れた今でも、もちろんそう信じ

ている。では、どこでキューブを思い出すかというと、部分部分は見えるが、全体の商品に紐づけられた時に、果たして自分の成果がどのように融合され、光るものになっていくのか、まったくイメージが湧かない時があるからである。

よくiPhoneの成功要因として、ソフトとハードのシームレスな融合が挙げられる。確かに美しく連動している。同じ会社の中で開発されているので、融合は容易なことと思えるかもしれないが、実はここは、かなり試行錯誤が繰り返されている。特にアップルのように秘密主義な会社だと、「need to know basis」という言葉が頻繁に使われる。知る必要がある者のみが知ることができるという意味である。これがソフトとハードの融合という観点から考えると、大きな障壁を生み出す。

例えば、iTunesというソフトを作っているエンジニアは、発表前の実際のiPhoneやiPadの形態がどういうものか、知る必要があるだろうか。アップルの答えは「ノー」である。では、実際に現場で働いているエンジニアは、どのようにしてiPad用にアプリケーションを開発するのか。

二〇一七年までアップルの本社所在地だったインフィニット・ループのちょうど向かい側に、灰色の三階建ての小さな建物がある。デアンザ8と呼ばれるその建物では、iTunesのエンジニアやプロジェクト・マネジャーがiTunesの開発をしていた。私もそこの二階で分析の仕事をしていた。

ある時から、その建物の三階にある倉庫用に使われていた部屋の前に、ID読み取り装置（バッジリーダー）が設けられ、スターエンジニア数名が出入りし始めた。ｉＰａｄアプリ開発の現場である。最初は無名の部屋だったのが、のちに「Hurt Locker（ハートロッカー）」（痛みを伴うロッカールーム）という名前が付けられた。窓も何もない、換気が悪い状態のその部屋は、何週間もの間、何人ものエンジニアが缶詰にされることで、男子のロッカールームのような異臭を放つようになったために、そうした名前がついたのだ。

　その中でどのように開発が行われていたかというと、初代ｉＰａｄのために開発をしていたエンジニアは、黒い布に包まれた画面のみが与えられ、その画面を金庫から取り出しては画面上に自分の最新のプログラムを送り込み開発をしていた。彼らはのちに発表されるであろうｉＰａｄがどういう形状で、どのような姿をしているのかわからず開発していたのだ。その黒い布に包まれた画面に自分が開発したプログラムをロードし、実物がどうなるかを想像するしかない。

　このように、アップルという会社の秘密のベールは、社外だけではなく、社内の至るところにまで行き届いていた。そんな環境で、シームレスにハードとソフトが融合している商品が出てくることを不思議に思わずにはいられなかった。

　なぜそのような中で親和性の高いハードとソフトの組み合わせが実現できるかというと、本書の中でも活躍するＨＩチームの功績が大きい。アップルの中ではデザインチームのステータスが最も高く、例えばソフトウェア・エンジニアとして自らが与えられたレーダーの中で実装する機能に疑問を持ち、プロジェクト・マネジャーに問い正すと、「HIの方針だ」で一蹴されることがしばしばある。

彼らのオフィスは、ジョニー・アイブのデザインチームのすぐ近くにあり、鉄でできた荘厳な扉の後ろで日々デザインの仕事をしているらしい。私自身、本書で登場するイムラン・チョードリーとは何度かメールでやり取りをする機会があったが、実際に彼らのデザイン現場に足を踏み入れたことはなかった。

今後のアップルが注目する大きな領域

今、アップルが注目している大きな領域は、AI、ヘルス、AR、そして自動車だと見られる。彼らの開発者向けのイベントであるWWDCなどを見ていても、最初の三つの領域がかなりの比重を占めている。

考えてみると、iPhoneほど人類に対してAIを身近なものにしたものは未だかつてない。今では当たり前となっている音声認識、顔認識、ナビなどの機能は、ごく一部のニッチなユースケースにのみ活用されていた。それがいつの間にかポケットに入る小さなデバイスですべてを可能にしているのだ。まぎれもなく、AIにとってのティッピング・ポイントである。そして、これからもAIの進歩は揺るがないだろう。

私がCTOを務めるパロアルトインサイトでも、より多くのビジネスがIT技術を活用し企業価値を高められるようお手伝いをしているが、モバイル端末にAIを組み込んだものが絶大な威力を発揮する場面が多々ある。そして、これからは「万人が使えるＡＩ」から「ニッチなＡＩ、ドメイン特化型のＡＩ」が重要になってくると考えている。例えば、高齢者のための音声認識とか、配送のためのナビなどはその例である。これらのユースケースは、一般のＡＩを使いまわそうとすると破綻してしまうことがあるので、どうにかして彼らのニーズに合わせていく必要がある。

ヘルスについては、ＡｐｐｌｅＷａｔｃｈがｉＰｈｏｎｅからバトンタッチを受けられるほどの商品になるかが鍵となるだろう。ｉＰｈｏｎｅは間違いなく、それまでアップルの看板商品だったｉＰｏｄの市場をカニバライズした。そしてそれはアップルの上層部が承知の上で、むしろ喜んで仕組んだことだったのだ。

対して、ＡｐｐｌｅＷａｔｃｈはそこまでの大胆さに欠けている。ｉＰｈｏｎｅと連動させないと動かない仕組みになってしまっているからだ。今後、時計が電話を破壊するほどのものになれば、自ずとヘルスが次のキラーアプリになるだろう。

次にＡＲだが、この領域ではソフトの進化にハードがついて行っていないような印象を受ける。ｉＰｈｏｎｅやｉＰａｄでは、どうしてもＡＲは不自然だ。ここ数年のうちに、ＡＲをより自然なものにするハードが必要となってくるだろう。私はアップルから離れて二年近く経つので内情は知らないが、これだけＡＲと騒いでおいて、他にハードが出てこないのは不自然だ。もしかしたら、それが次のデバイス革命につながるのかもしれない。

最後に自動車だが、これは秘密裏に進められているプロジェクトで実情はほとんど明かされていないが、さまざまなリークや申請などを見ている限り、何かしらの研究開発が行われていることは間違いないだろう。

本書はタイトルの通り、歴史を変えたデバイスであるｉＰｈｏｎｅが主役である。これまでスティーブ・ジョブズやアップルのことを取り上げた書籍は多く出ていたが、これだけデバイスのことを徹底的に調査し、例えば分子レベルでの構成要素を発表するような書籍は見たことがない。内部にいても知らなかった事実も多く記されており、勉強になった。大きな学びの一つは、ｉＰｈｏｎｅがさまざまな技術革新のバトンを受け継いでいることだが、今後、ｉＰｈｏｎｅのバトンが次の技術革新にどのようにつながっていくかが楽しみである。

長谷川貴久（はせがわ・たかひさ）

パロアルトインサイトCTO。シリコンバレーのアップル本社でSiriのデータサイエンティストとして、さまざまな機械学習のモデルを実装。パロアルトインサイトでは、クライアント企業向けに機械学習のモデル構築と実装に加え、アプリ開発やクラウドインフラの設計などを行なっている。ジョージア工科大学コンピュータサイエンス修士、ハーバードビジネススクールMBA。AWS認定ソリューションアーキテクト。会社HPはhttps://www.paloaltoinsight.com

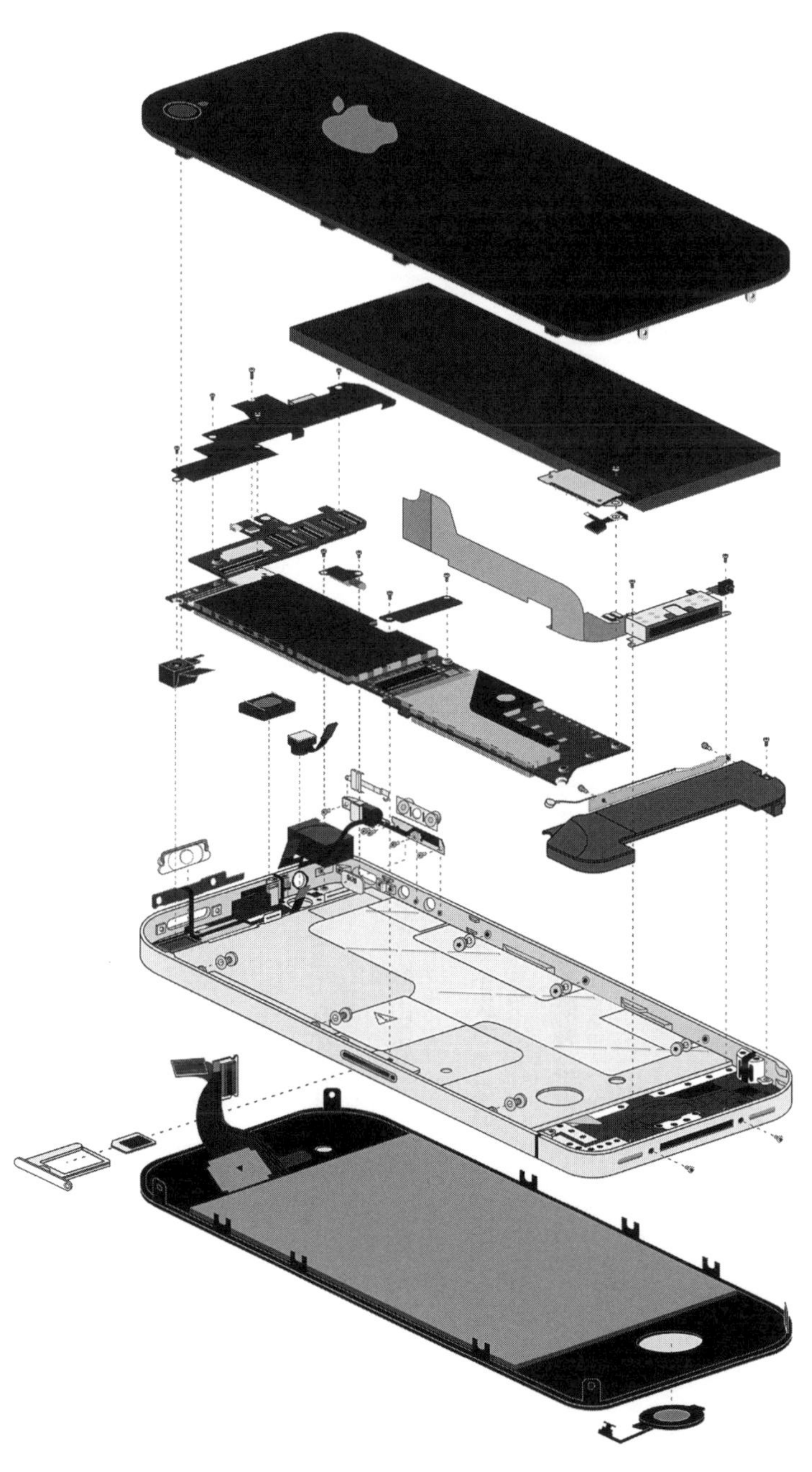

THE ONE DEVICE
ザ・ワン・デバイス

Contents

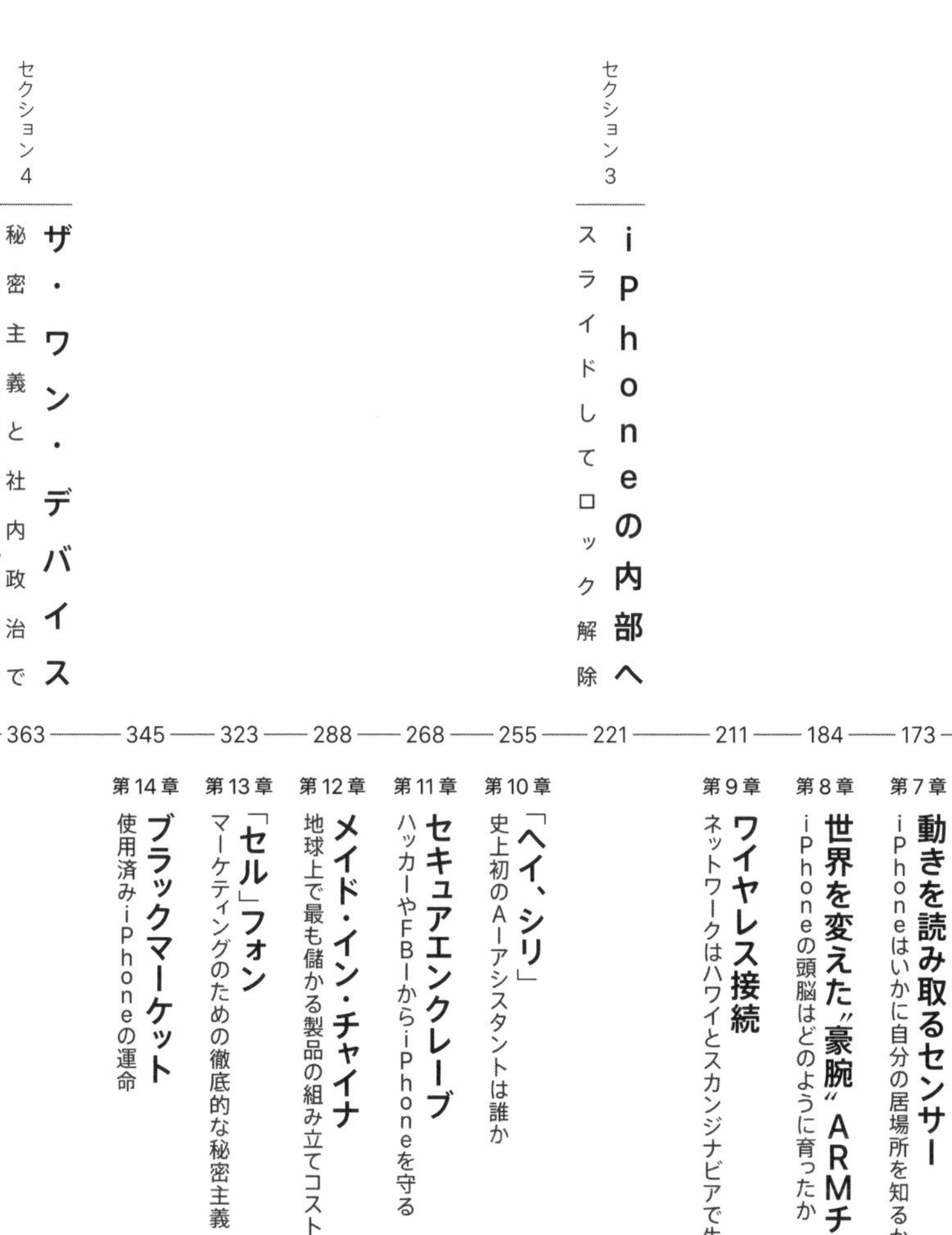

本書に登場するアップル内の主なチームと人物

P1チーム

iPhoneのハードウェアを担当：iPodフォンを推進

P1チームのリーダー／iPhone開発のハードウェア責任者
トニー・ファデル
- アンディ・グリグノン
- デイビッド・タップマン

P2チーム

iPhoneのソフトウェアを担当：タッチスクリーン式の携帯電話を推進

P2チームのリーダー／NeXTマフィア
スコット・フォーストール
- アンリ・ラミロー
  - リチャード・ウィリアムソン
  - ニティン・ガナトラ
- グレッグ・クリスティー
  - バス・オーディング
  - イムラン・チョードリー
  - ステファン・ルメイ
  - マルセル・ファン・オース
  - フレディ・アンスレス
  - マイク・マタス
- キム・ヴォラス

IDグループ

ジョナサン（ジョニー）・アイブ
- ダンカン・カー
- ダグ・サッツガー

旧ENRIグループ

iPhone開発チームの前身

ジョシュア（ジョッシュ）・ストリコン
ブライアン・ウッピ
バス・オーディング
イムラン・チョードリー
ダンカン・カー
グレッグ・クリスティー

序章 解体
Teardown

二〇〇七年一月九日、マックワールドの基調講演。スティーブ・ジョブズはおなじみの黒いタートルネックとブルージーンズ、白いスニーカー姿でステージにあがった。二〇分ほど話を続けると、少し考えをまとめるかのように間を置く。そしてまた口を開いた。

「ごくたまに、すべてを変えてしまう革命的な製品が現れます。そう、本日我々はそのレベルの革命的な新製品を三つご紹介します」

「一つ目は、タッチ操作できるワイド画面のｉＰｏｄ。二つ目は、革命的な携帯電話。そして三つ目は、画期的なインターネット通信機器。――ｉＰｏｄ、携帯電話、そしてインターネット通信機器……」

「おわかりでしょうか？　この三つは別々のものではなく、たった一つのデバイスなんです。我々はこれを〝ｉＰｈｏｎｅ〟と名付けました」。そしてジョブズは宣言する。「本日、アップルは電話を再発明します」

アップルはまさにその通りのことをやってのけた。

○○○○

「どこから。来ましたか？」

「カリフォルニアのルス・エンジェルス。ハリ・ウドです。あなたは？　どこから。来ましたか？　ションハーイですか？」

ジョブズが電話を再発明すると宣言してから一〇年。私は上海浦東国際空港からタクシーに乗りビジネス街へと向かっていた。運転手は高速道路をすっ飛ばしながら、ひっきりなしに彼のｉＰｈｏｎｅを私に向けてくる。私たちは順番に翻訳アプリに向かって話し続けた。

「いいえ。ションハーイではありません。ハン・ズーです」

上海のネオンはスモッグのせいでにじんで見える。遠くに見えるビジネス街のシルエットは映画『ブレードランナー』のワンシーンのようだ。ピカピカと輝き複雑怪奇な形状を描く高層ビル街は、大気汚染でぼんやりと和らぎ、優雅にさえ見える。

機械を通した我々の会話は、堅苦しいながらもだいたい意味は通じた。話題は運転手の今夜の調子（問題なし）から仕事歴（運転手は八年目）、そして上海の景気（悪化している）へと移っていった。「ブツ・カは上がり続けています。でも、キュウリ・ヨウは。変わりません」。Ｓｉｒｉの女性の合成音声は抑揚のない声で話し続ける。

運転手はこのテーマについて言いたいことが相当あるらしく、高速のど真ん中なのにスピードを落としてノロノロ運転を始めた。周囲をビュンビュンと車が追い越し、私はシートベルトを締め直す。

「こんなところ。住むべきではありません」。私がうなずくと運転手は再びスピードを上げた。

なんて面白いんだろう――。ここ上海では何万人もの熟練工がｉＰｈｏｎｅを組み立て世界に出荷している、その上海で私が最初に交わした会話もやはり、ｉＰｈｏｎｅのおかげで成立したのだ。

もう何時間も、私は自分のｉＰｈｏｎｅを使いたくてたまらなかった。大西洋をまたぐ乗り継ぎ便にはＷｉＦｉサービスがなかったため、私はうずうずし、同時に不安だった。ポケットのｉＰｈｏｎｅがまるで爆発寸前のブラックホールのように感じられる。この感覚はわかる人にはわかるだろう。携帯電話を家に置き忘れたり、長いことＷｉＦｉに接続できなかったりすると、その〝不在〟が燃えるように大きくなってくる。

今や携帯電話は水道や電気と同じライフラインだ。早くネットに接続して自宅にいる妻と生後二ヶ月の息子とフェイスタイムをしなければならない――。もちろんメールやツイッター、ニュースのチェックも必要だ。

いつのまに、こんなふうになってしまったのだろう。ジョブズが「たった一つのデバイス」と呼んだｉＰｈｏｎｅは、いつのまにか生活の中心にしっかりと根を下ろし、巨大な引力ですべてを引き寄せる。我々の日常生活はこれなしではスムーズにいかない。世界中の言葉を理解する翻訳機をポケットに入れて持ち運べるなんて、一〇年前にはＳＦ小説としか思えなかった。いかにしてiPhoneは、我々が何よりも必要とする「唯一無二（ザ・ワン）のデバイス」となったのか――。

　上海に来たのは、その答えを見つけるための一年に及ぶ取材の一環だった。

○○○○

　文明に影響を与えるほどの根本的な変化はふつう、急速かつなめらかには起きない。それほどの変化は急速に起きるか、またはなめらかに起きるか、どちらかなのだ。だがスマートフォンは例外だ。気づかぬうちに完全に世界を制覇し、しかもわずか数年間でそれをやってのけた。家庭と職場に一台ずつコンピュータを持つ時代から、一つのコンピュータをどこにでも持ち歩く時代へ――。

　持ち歩くのはコンピュータだけではない。どこでもネット接続が可能になったおかげでいろんなものが持ち歩ける。ライブチャットルームや臨機応変に変化する地図、かなり高性能なカメラ、グーグル検索、ストリーミング・ビデオ、無数のゲーム、インスタグラム、ウーバー、ツイッター、フェイスブックなどなど――。

　こうした各種プラットフォームは私たちの会話のしかたやお金の稼ぎ方、娯楽や恋愛、生き方までも変えてしまった。しかもその変化は、大統領任期にしてわずか二期分（八年間）ほどで起きた。ちなみに、ここでいう「私たち」とは米国民のことだ。米国のスマートフォン所有率は二〇〇七年の一〇％から二〇一六年には八〇％へと上昇している。

　この変化によってiPhoneは家電製品の中でも――いや、家電に限らずあらゆる消費者向け商品の中でも、世界最高の人気商品になった。いや、この言い方でもまだiPhoneを過小評価している。iPhoneはおそらく資本主義誕生以来もっとも成功した商品とさえ言えるだろう。

二〇一六年、テック業界アナリストでアップルの専門家であるホレス・デディウはさまざまな分野のベストセラー商品の一覧をまとめた。それによると、自動車ブランドの一位はトヨタのカローラで四三〇〇万台。家庭用ゲーム機の一位はソニーのプレイステーションで三億八二〇〇万台。シリーズものの本で一位だったのはハリー・ポッターで合計四億五〇〇〇万部。そしてiPhoneは一〇億台である。一の後にゼロが九つ並ぶ。

「iPhoneは史上最も売れた携帯電話であると同時に、最も売れた音楽プレーヤーであり、最も売れたカメラであり、最も売れたビデオ再生機であり、最も売れたコンピュータでもあります」とデディウ。「要するに〝史上最も売れた商品〟なのです」

さらにiPhoneは「最も見られている」という栄誉も手に入れつつある。ニールセンの調べによれば、米国人は平均すると一日に一一時間も何かの画面の前で過ごしている。その一一時間のうち四・七時間は携帯電話を見ているとの推定もある（その通りであれば、食事や運動、自動車通勤といった昔ながらの生活習慣に割く時間は、起きている時間のうち五時間しか残らない）。いまや米国人の八五％が「携帯端末は日々の生活に欠かせないものの一つ」だと考えている。自分がいつも携帯電話をいじっているとの自覚がある人もいるだろう。

だが、英国の心理学者チームの研究によれば、現代人は自分で自覚している時間のほぼ二倍を携帯電話に費やしているという。これは理解できる。我々は携帯電話をめったに手元から離さないからだ。人々がそこまで愛着心を抱くテクノロジーというのは極めてまれだ。携帯デバイスの歴史の専門家であるヨン・アガーは「一度手に入れたら二度と手放さなくなる新発明というのは、皆無に近いほど珍しい」と話す。「衣服はそれに当たるが、たしか旧石器時代の発明だ。その次はメガネだろうか。その次に携帯電話だ。ほぼ全世界の人に欲しいと思わせるものは、歴史を見ても数えるほどしかない」

ほぼ全世界の人に欲しいと思わせたiPhoneのおかげで、アップルは地球上で最も価値の高い企業となった。IT雑誌が「ジーザス・フォン（神の電話）」と名付けたiPhoneは、今やアップルの収益の三分の二を稼ぎ出している。iPhoneの利幅は最高で七〇%、最低でも四一%はあると報じられている（今ではグーグルのアンドロイド携帯のほうがiPhoneより普及しているが、この携帯はあまりにiPhoneに似ているため、両者の間で業界一激しい特許戦争が勃発したのも当然だろう）。二〇一四年にはウォール街のアナリストたちが、世界で最も利益率の高い商品は何かを調べた。たばこのマールボロを抑えて一位の座を得たのはiPhoneだった。執拗に広告キャンペーンを繰り返し、利用者を肉体的に中毒にさせる〝ドラッグ〟に、利益率で勝ったのである。

とはいえ、依存症をもたらすという意味では両者は似たようなものだ。私はiPhoneでニュースを見るし、手元にグーグルマップがなければ道に迷う。何をしていても、新しい「通知」が来ていないかつい確認してしまう。それだけではない。ツイッターとフェイスブックをチェックし、メッセージアプリでチャットし、メールを書き、仕事のスケジュールを調整し、写真を探す。ジャーナリストとして、インタビューを録音し、出版物に使えるレベルの写真も撮る。iP ｈｏｎｅはただの便利な道具ではなく、現代的生活の基礎を担うツールなのだ。

○○○○

さてここで、なぜ私がｉＰｈｏｎｅの秘密を求めてはるばる上海までやってくることになったのか、その経緯を説明しよう。

きっかけは数ヶ月前、私が（またしても）ｉＰｈｏｎｅを壊してしまったことだ。身に覚えのある方もいよう。ポケットから滑り落ち、ガラスに小さなひび割れが生まれ、それが次第に広がって蜘蛛の巣状に画面全体をおおってしまった。

新しいｉＰｈｏｎｅを（またしても）買い直す気になれず、いっそこの機会に自分で修理するスキルを身につけ、ついでにディスプレイの裏側がどんな仕組みになっているかも調べてやろうと考えた。何年間も肌身離さず持ち歩いているのに、中身がどうなっているのか何一つ知らなかったからだ。そこで私は、カリフォルニア州の眠ったような田舎町サンルイス・オビスポにある「ｉＦｉｘｉｔ」（「自分で直そう」）の本社を訪れた。同社はさまざまなガジェットを自分で修理するためのマニュアルを公開しており、自己修理派の聖典となっている。陽気に出迎えてくれた修理屋のアンドリュー・ゴールドバーグは同社の主任〝分解〟エンジニアだ。

まもなく私は同社の開発した分解ツール「ｉＳｃｌａｃｋ」（先端に吸盤のついたペンチを思い浮かべてほしい）を右手に、自分の個人用ｉＰｈｏｎｅ６を左手に持ち、医学部の新入生のようにおそるおそる解剖を始めようとしていた。ディスプレイをパカッとはずすのだが、力が強すぎると大事なケーブルを切断しかねない。そうなれば私のｉＰｈｏｎｅは永遠の眠りにつく。

「急いで！」とゴールドバーグがせかす。ｉＰｈｏｎｅのディスプレイを吸い付ける吸盤の力が次第に弱まってくるからだ。作業場のライトがギラギラとまぶしく、汗が流れる。私は両足を開いて身体を安定させると手に力を加えた。——信頼厚い私の秘書は、無事にパカッと口を開けた。ボンネットを開けた車のように。「簡単でしょ？」とゴールドバーグ。確かに。

だが安心できたのは一瞬だ。ゴールドバーグはディスプレイと本体をつなぐケーブルを外すと、内部にあるアルミニウムの金属板を取り外した。あっという間に、寒々しい〝ガジェット専用手術台〟の上に私の愛するｉＰｈｏｎｅの内臓が所狭しと並べられた。正直に言うと、まるで人間の死体を見ているような落ち着かない気分がした。常に手放せず、愛着心さえ抱いていた私のｉＰｈｏｎｅは、今やそこらへんの分別ゴミと見分けがつかない姿をさらしている。

本体内部の左側には薄くて縦長の大きなバッテリーがあり、表面積の半分ほどを占めている。心臓部である複数のチップを納めたロジックボードは逆Ｌ字型で、バッテリーを囲むように右側に配置されている。上部にはケーブル類がごちゃごちゃと配線されている。

「四本のケーブルがディスプレイ部と本体をつないでいるんだ」とゴールドバーグが解説する。「一本は、画面へのタッチを読み取るデジタイザーの役目を果たしている。つまりこいつは、ガラス全面に埋め込まれている各種の感圧キャパシタすべてとつながっている。キャパシタは目に見えないが、指が触った位置を読み取れる。この感圧キャパシタ類のためにケーブルが一本必要で、液晶ディスプレイ用のケーブルも別にある。そして指紋認証センサー用のケーブルが一本。さらに最後の一本がここにあって、こいつはカメラ用だ」

この四本のケーブルがどこにつながっているかを探るのが本書の狙いだ。本体内部の話だけではなく、ケーブルをたどって世界各地を巡り、歴史をさかのぼるつもりだ。いつの間にか空気のように当然の存在となったｉＰｈｏｎｅ。この傑作を生み出した「人」と「技術」と「科学的ブレイクスルー」をもっと深く理解し、その実際の手触りまで知りたい――。

実のところｉＰｈｏｎｅには、これまで人類が積み上げてきた発見と知見が驚くほど多数、からみあっている。その一部は古代にさかのぼるほど古い。むしろｉＰｈｏｎｅとは、現代の最先端技術を生み出す力が実はどれほど根深く過去の技術に支えられているかを端的に示す象徴なのかもしれない。

〇〇〇

ｉＰｈｏｎｅの開発というとすぐに思い浮かぶ一人の巨人がいる。まるでたった一人でｉＰｈｏｎｅを開発したかのように――。アップルが持つｉＰｈｏｎｅ関連の最重要特許には、だいたい最初にその人物の名前が書かれている。そう、スティーブン・Ｐ・ジョブズである。

だが本当のところ、ジョブズは「ｉＰｈｏｎｅ開発物語」の登場人物の一人でしかない。歴史家のデービッド・エジャトンは言う。「皮肉なことに、この情報化時代、これほどの知識社会においても、発明に関する最も古い神話が広く信じられています」。エジャトンが指しているのはエジソン神話、もしくは「単独の発明者」という神話のことだ。たった一人の人間が地道な努力を果てしなく積み重ねたあげく、ついに歴史を変えるほどの大発明をなす――という、現実にはありえないおとぎ話である。

電球を発明したのはトーマス・エジソンではない。彼が率いた研究チームがフィラメントを見つけ出し、その結果みなが欲しがるほど美しく、長持ちする光を作り出せる電球が生まれた。同様に、スマートフォンを発明したのはスティーブ・ジョブズではない。ジョブズが率いたチームが、スマホを世界中の人が欲しがる商品に仕立て上げたのである。しかし「単独の発明者」というおとぎ話はここでもしぶとく生き残った。たった一人で発明が行われるという考え方はそれほど魅力的なのだ。わかりやすく、感動的で、道徳的にも正しい話に思える。素晴らしい発想を得た頑張り屋の個人が、決してあきらめずに私生活をなげうってこつこつ努力し、最後には大成功する――というわけだ。だがこれは、非生産的でしかも人々に道を誤らせる危険な作り話なのだ。

新しい技術がたった一人の発明者によって生まれるケースはまずほとんどない。それどころか、担当した一つのチームだけの力で生み出されるケースすらまれである。綿繰り機や電球、電話機にいたるまで、ほとんどの技術はまったく別々の複数のグループが独自に、そしてほぼ同時に発明している。特許の専門家マーク・レムレイが言うように、アイデアというのは実は「空気中を漂っている」のである。いつの時代であろうと、発明の才を持つ無数の人々は最先端技術の動向に目を光らせ、なんとかしてそれを一歩先へ進めようと狙っている。そうした人々の多くは、神話となったエジソンに決して劣らない努力を続けている。ところが我々は、ある発明を利用した最終製品を一番多く市場で売った人、または最も印象に残るストーリーを語った人、もしくは特許争いで一番重要な特許を勝ち取った人を「その発明の象徴」と考えてしまう。

iPhoneとは、全体像が見えないほどに多くの人と技術が組み合わさって生まれた〝集合体〟である。iFixitの手術台にさらされた内臓の山が物語るように、iPhoneは「コンバージェンス・テクノロジー」（訳注：幅広い分野の多数の技術が一つに集約された技術）と呼ばれるものである。いわば、よく知られていない発明を多数積み込んだ「発明のコンテナ船」なのだ。

一例を挙げよう。スワイプ、ピンチ、ズームといった指先を使うiPhoneの優れた操作性は「マルチタッチ」という技術が支えている。ジョブズはこれをアップル独自の発明だと公言しているが、実際は違う。何十年も前に、CERN（欧州原子核研究機構）の素粒子加速器研究所やトロント大学、はたまた障害者支援を目指す新興企業など、バラバラの場所にいる多数の先駆者たちが先鞭を付けた技術なのだ。そしてベル研究所やCERNといった研究機関が実際の研究と実験を具体化し、各国政府が何億ドルという税金をかけて支援してきた技術なのだ。

では、単独発明者の神話を信じるのをやめ、数千人もの発明者の貢献があったのだと認めるだけで、iPhone誕生への道筋が十分に理解できるのかというと、それも違う。アイデアが実際の発明品になるには、原材料と重労働が必要なのだ。iPhoneに使われる希少な元素類を掘り出すため、地球上のほぼすべての大陸で鉱夫が汗水垂らして岩を削り、中国各地では町一つに匹敵する規模の巨大工場で何十万人もの工員が組み立て作業を行っている。こうした鉱夫や工員ひとりひとりがiPhoneの誕生ストーリーに不可欠の要素なのだ。彼らがいなければ今我々のポケットにiPhoneが収まっていることもなかった。

事前にこうした技術、経済、文化のトレンドがすべてタイミングよく条件を整えていたからこそ、私たちはiPhoneの誕生によってついにJ・C・R・リックライダーのいう「人間とコンピユータの共生」を実現できた。すなわち「どこでも読めるデジタル百科事典かつポータブル娯楽装置」であり「思想増強マシンかつ衝動実現機」と共存できる条件が整えられていたのである。〝史上最大の人気商品〟を支える複雑な舞台裏や、その誕生を可能にした努力とひらめきと苦しみについて知れば知るほど、iPhoneに熱狂する我々の世界についての理解も深まるはずだ。

こうした舞台裏を知ったからといって、最終的にiPhoneを市場に出したアップルのデザイナーやエンジニアの功績をおとしめることにはならない。彼らがもたらした工学的知見やカギとなるデザイン、ソフトウェアのイノベーションなどがなければ、今のような完全無欠に作り込まれた「唯一無二のデバイス」には絶対になっていなかった。ところが、悪名高いアップルの秘密主義のせいで、そのデザイナーやエンジニアが誰なのかさえほとんど知る人はいない。

アップルの秘密主義は製品そのものにも及んでいる。自分のiPhoneをこじ開けて内部をのぞこうとしたことはないだろうか。アップルはなるべくそうしてほしくないのだ。同社が地球上で最も利益率の高い企業となった秘訣の一つは、我々を資料室から遠ざけておくことにある。ジョブズは、彼の設計した製品を人々がいじくり回せるようにすれば「それを台無しにさせるだけだろう」と彼の伝記作家に話している。それゆえiPhoneはペンタローブと呼ばれる独特のネジで密封され、特別な道具を入手しない限りユーザーが自分のiPhoneを開封できないようになっている。

iFixitのCEOカイル・ウィーンズが嘆く。『私のケータイは以前ほどもたない』と言ってくる人がいる。そこで『バッテリーを交換すれば?』と言うと、相手は絶対にこう言うよ。『このケータイの中にバッテリーがあるの？』って」――。巧妙に作られた密閉型のスマートフォンが普及したおかげで、アーサー・Ｃ・クラークの有名な法則の通り、私たちはこの高度に発達した技術を魔法と見分けられないまま、喜んでいじくり回しているようだ。

だからこそ私はｉＰｈｏｎｅをこじ開ける。ｉＰｈｏｎｅの起源を探り、そのインパクトを正しく評価するために。ジョブズやエジソンにまつわる単独発明者の神話を吹き飛ばすために。そして、ｉＰｈｏｎｅ誕生までの道のりを正確に理解するために――。

そのために私は上海と深圳（しんせん）におもむき、身分を隠して工場に潜入した。ｉＰｈｏｎｅを組み立てる中国人工員の自殺が相次ぎ、製造工程の苛酷さが表沙汰になった工場だ。私は冶金（やきん）学者にｉＰｈｏｎｅを粉砕するよう依頼し、本体内部でどのような金属元素が使われているかを正確に調べてもらった。そして、スズと金を掘り出す鉱山にも潜り込んだ。そこでは崩壊しかかった深いトンネルの奥で子供たちが働かされていた。

また、米国最大のサイバーセキュリティ会議の会場で、私のｉＰｈｏｎｅがハッカーに乗っ取られる様をこの目で見た。モバイル・コンピューティングの父と言われる人物に会い、ｉＰｈｏｎｅが彼の夢にとってどのような意味を持つのかを聞いた。マルチタッチの起源を求めて、知られざる先駆者たちの足跡をたどった。ｉＰｈｏｎｅの頭脳を実現したトランスジェンダーのチップ設計者にインタビューした。ｉＰｈｏｎｅの外観や雰囲気を今のように決めた、無名のソフトウェア・デザインの天才たちにも会った。

実のところ、インタビューを断られない限り、私はｉＰｈｏｎｅの開発に関わったすべてのデザイナーとエンジニアとアップル幹部に話を聞いた。私が目指したのは、本書を読み終えた読者が〝iPhone開発秘話〟のさわりを知り、そこにジョブズの顔ではなく無数の開発者の集合写真を見ることだ。そして、我々みんなを未来に引きずり込んだこの「唯一無二のデバイス」の本当の姿、一般に思われているより複雑な陰影に富み、引きずり込まれるほど魅力的だと私には思える本当の姿を描き出すことにある。

○○○○

ここでアップルという会社について手短な注意事項を一つ述べたい。

iPhoneを詳細に調べるというのは矛盾をはらんだ仕事だ。並み居るアップル専門家や匿名の情報源、ブログ記事などがアップルの一挙手一投足を取り上げ、果てしない量の意見を述べる。一方でアップルの公式なプレスリリースは、おおむね単調かつ曖昧な短い文章だけだ。アップルは社員へのインタビューをほとんど許可しない。インタビューが許されるジャーナリストがいたとしても、たいていは同社と長年のつきあいがある人物か、同社に好意的な人物が、注意深く選ばれている。

私はアップルに選ばれるようなジャーナリストではない。それどころか、一人前のガジェット・マニアですらない（二〇年近くも科学とテクノロジーを専門としてきたが、新製品のデモより原油流出事故の取材のほうが多かった）。したがって、本書の取材を始めた当初から私はアップル側に自分の意図を伝え、広報担当者と繰り返し話し合ってきたにもかかわらず、同社は私が依頼した社員や幹部へのインタビューをことごとく拒否した。ティム・クックは私の（非常に気を遣った）メールにいっさい返事をくれなかった。本書を書くために私はアップルの現社員や元社員を取材し、薄暗い地下のバーで話を聞いたり、暗号化された会話でやりとりしたりしたが、一部の取材相手は匿名にせざるをえなかった。

iPhone開発チームの出身で今もアップルで働く社員の多くは、できれば取材に応じたかったと言いつつ——彼らはこの驚くべきストーリーを世界中に知って欲しいと思っている——結局はアップルの厳しい守秘義務に違反することを恐れてインタビューを断った。だが最終的に私は数十人のiPhone開発者にインタビューを行い、長年iPhoneを調べてきたジャーナリストや歴史家の話を聞き、iPhoneに関するさまざまな資料を入手できた。おかげで本書に描かれたiPhoneの姿は、正確かつ全体像をとらえていると自負している。

その姿を本書では二つのルートで描いている。一つ目のルート（セクション1〜4）は読者をアップル内部へと連れて行く。そこには誰にもその功績を称えられたことのない無名の開発者たちが大勢いる。彼らがどのようにしてゼロからiPhoneを思い描き、原型を試作し、最終製品を生み出したかを描く。彼らこそ、情報を巧みに処理して情報と交流するための新しい方法を切り開いた人々なのだ。このルートを描く四つのセクションは次の次のページから始まり、中盤と終盤にもそれぞれ配置されている。無数の人々がiPhone誕生に貢献したとはいえ、最終的に製品化したのはアップルなのだから、アップルの内部を通してその姿を見るのは妥当だと思う。

二つ目のルート（一四の章）では、iPhoneの〝素材〟となっている技術や原材料を暴き出し、この究極のデバイスを可能にした頭脳と肉体に会うために、地球を巡る私の旅におつきあいいただく。このルートは第1章から始まる。そして、一〇〇年も前から存在した〝スマートフォン〟という概念について検証し、その名のもとに集結した数々の優れた技術を探訪し、星の数ほどあるｉＰｈｏｎｅのパーツすべてが中国においてどのように一つのデバイスへと組み立てられるのかを調べ、ｉＰｈｏｎｅが最後に行き着く闇市場と電子廃棄物処分場を訪れる。

さあ、前口上はこれでおしまいだ。さっそくこの旅の出発点へと向かおう。シリコンバレーの中心、カリフォルニア州クパチーノにあるアップル本社へ。

セクション1

○○○●

天才たちの秘密プロジェクト

他社技術のマルチタッチがiPhoneの原型を生むまで

Exploring New Rich Interactions
iPhone in embryo

アップル本社の敷地内、インフィニット・ループ2番地にある「ユーザーテスト研究室」はもう何年も使われていなかった。この研究室は、かの有名なインダストリアル・デザイン・スタジオからすぐの場所にあり、内部はマジックミラーで二つのスペースに分断されている。一方のスペースで一般の人々が新しいテクノロジーに初めて触れる様子を、もう一方のスペースから隠れて観察できる仕組みだ。だが、スティーブ・ジョブズがCEOとして戻ってきた一九九七年以来、アップルはユーザーテストを行っていなかった。ジョブズ率いるアップルは、消費者の意見を聞くまでもなく彼らの求めるものを提供してきたからだ。

この忘れ去られた研究室が、密かに実験的な新プロジェクトを始めた少人数のチーム——現状に満足してのんびりしていることができない連中だ——にとって格好の隠れ家になった。彼らは何ヶ月もの間、自由気ままなアイデア出しの会議を非公式に続けた。チームに与えられた使命は具体的ではないがシンプルだった。「デバイスと人間の新しい豊かな対話方法を探れ」(Explore New Rich Interactions) というのがそれだ。

このチームをとりあえず「ENRI(エンリ)」チームと呼ぼう。アップルの若手ソフトウェア・デザイナーが数人、中心人物となるインダストリアル・デザイナーが一人、向こう見ずな入力エンジニアが四、五人。チームの目的を一言でいえば、機械と意思疎通する今までにない方法を考え出すこと。

パーソナルコンピュータ(PC)は誕生した時から、すでに一〇〇年も昔から続いてきた方法で人間の指示を受けてきた。すなわちキーボードだ。キー配列は一九世紀の新聞記者が記事を書くのに使ったタイプライターとほとんど変わらない。この入力装置に過去一〇〇年で付け加えられた大きな要素はマウスだけ。ほとんどの人は二〇世紀後半の情報革命時代もずっとこのタイプ型入力装置とクリック装置を使って情報を入手してきた。ほぼ無限の可能性を秘めたデジタルの海を、錆びついた古めかしいユーザーインターフェースで泳いできたのである。

二一世紀が始まる頃にはインターネットは完全に時代の主流となり、成熟期を迎えようとしていた。オンライン・メディアは種々の要素が絡まり合い、インタラクティブに進化していた。アップル独自のｉＰｏｄの登場で、人々はデジタル音楽をポケットに入れて持ち運ぶようになり、

PCは地図や映画、写真を見るための情報の中心地になっていた。近い将来、タイプ入力やクリックはイヤになるほど面倒くさいとみんな思い始めるはずだ――ENRIチームはそう予測した。自分たちが、こうした豊かで複雑なメディア、とりわけ伝説的なアップルのコンピュータと対話するための新しい方法を開発しなければならない――。

「チームの中心にはさらに小さな秘密のグループがありました。Macの入力方法をもう一度考え直すのがその使命でした」とメンバーの一人だったジョシュア・ストリコンが打ち明ける。彼らはモーションセンサーや新タイプのマウス、そして急成長中の新技術「マルチタッチ」まで、まだテスト段階の最先端技術をすべて試した。なにしろ、より直感的な情報の操作方法をなんとしても見つけなければならない。このチームの会議はジョブズの耳にも入らないほどひっそりと行われた。そして、ここで考え抜かれたジェスチャーや操作方法、デザインの方向性はその後、二一世紀における「人間と機械の間をとりもつ標準語」となる。なぜなら、この秘密チームの中核部分こそ後にiPhoneとして花開く萌芽だったからだ。

とはいえ、こうした初期の開発者たちの功績はマジックミラーの向こう側に隠され、ほとんど世間に知られていない。極端な秘密主義を貫くアップルの方針と、世間の注目を一身に浴びた今は亡きCEOのせいである。要するに、本当のiPhone物語はスティーブ・ジョブズから始まるのでもなければ、電話に革命を起こそうという壮大な計画から始まるのでもない。それは、人間とコンピュータの共生に向けて一歩先へ進むため、ああでもない、こうでもないと最先端技術をいじくり回す、はずれ者のチームから始まったのである。

寄せ集めの「ENRI」チーム

「ユーザーインターフェース（UI）にもデザインがあるということを、今でもほとんどの人は知らない」――最初期のiPhone開発チームのメンバーは私にそう語った。そうだろう。なにしろ「ユーザーインターフェース」という言葉自体が技術仕様書から抜き出したような印象を与える。このレッテルを貼ることで、何を指すのかあえて曖昧にしたいかのようだ。「誰もが知るUIデザインのスターは存在しない。UIの世界にジョニー・アイブはいないんだ」。だが、もし存在するとしたら、それはバス・オーディングとイムラン・チョードリーだろう。「この二人はUIの世界の〝レノン＝マッカートニー〟（傑作を生み出したビートルズの名コンビ）だね」

そのオーディングとチョードリーが出会ったのはアップルが一番苦しかった頃だ。オーディングはオランダ人のソフトウェア・デザイナーで、目を引く面白い動きをモニター上に生み出す才能を持っている。アップルのヒューマンインターフェース・グループに採用されたのは一九九七年。アップルが売上げ減で一〇億ドルもの赤字を出し、この大出血を止めるためにジョブズが戻ってきた年だ。もう一人のチョードリーは頭の切れる英国人デザイナーで、アップルの伝説的製品だけでなくMTVのスターにも影響を受けている。ジョブズが復帰してレイオフの大なたを振るう数年前にアップルに入社し、リストラの嵐を生き抜いてきた。

「イムランに初めて会ったのは駐車場でたばこを吸っている時だった」とオーディングが振り返る。「〝よう！　調子はどうよ？〟ってな感じだったね」。この二人にはまったく似たところがない。オーディングはヒョロリと背が高く、のんびり屋で信じられないほどに人が良い。一方チョードリリーは気が強く、流行に敏感で、重々しい落ち着きを感じさせる人物だ。しかし二人はすぐさま意気投合し、ほどなくオーディングはUIグループに顔を出すようチョードリーを説き伏せる。

そこで二人はグレッグ・クリスティーと知り合う。彼はニューヨーク出身だが、たった一つの目的のため一九九五年にアップルに入社した。「ニュートンがやりたかったんだ」とクリスティー。アップルの個人向け携帯情報端末（PDA）で、モバイル・コンピューティングの初期の挑戦作だ。「アップルに転職するなんて、僕の頭がヘンになったんだと家族は思ったよ。倒産するに決まっている会社に就職するんだから」――。ニュートンはあまり売れず、ジョブズは生産を中止した。クリスティーは結局ヒューマンインターフェース・グループの責任者に収まる。

ジョブズがアップルの最重要製品であるMacにもう一度力を入れる方針を決めると、オーディングとチョードリーは古くさくなったMacOSの外観や雰囲気を今風にアップデートするという仕事を初めて経験する。彼らは脈打つように動くボタンやアニメーション効果のあるプログレスバー、光沢のある半透明の外観などに取り組み、MacOSの見た目を一気に若返らせた。二人の創造性がうまくかみ合って実を結んだといえよう。それまでUIデザインは長らく馬鹿にされてきた。地味な「ユーザー設定」や「ドロップダウン・メニュー」は、クリスティーに言わせれば「ダイヤルつまみと変わらない」シロモノだった。だが実はそこにこそイノベーションの機が熟していたのだ。それを二人が証明した。

こうしてオーディングとチョードリーはアップル社内で頭角を現し、次なる未開の地を探し始めた。幸い、それはすぐに見つかった。

ブライアン・ウッピが暇つぶしに『マッキントッシュ物語』を手に取ったのは、土木技師になるつもりでマサチューセッツの大学に通っていた頃だ。その本には、一九八〇年代初頭にスティーブ・ジョブズがカギとなる社員を選び出し、独自の部署を設置して海賊旗を掲げさせ、画期的なマッキントッシュを生み出すまで猛烈に仕事をさせた様子が詳しく描かれていた。寝食を忘れて読み終えたウッピは、「ああ、アップルみたいな会社で働けたらどれほど素晴らしいだろう」と思った。そしてすぐさま土木技師の勉強をやめ、機械工学専攻で大学に入り直した。同じ頃、ジョブズがアップルのトップに返り咲いたというニュースを耳にする。ウッピは運命の女神がほほえんだと思い、一九九八年に入力エンジニアとしてアップルに入社する。

最初に与えられたのはノートパソコンｉＢｏｏｋの仕事だった。そこでインダストリアル・デザイン（ＩＤ）グループのメンバーと知り合った。当時すでにＩＤグループはリーダーのジョナサン（ジョニー）・アイブともども有名になりつつあった。ジョブズの合理化路線によって製品デザインが再び重視され、ＩＤグループが手がけたｉＭａｃは〝ボンダイ・ブルー〟と名付けられた人目を引く鮮やかな青緑色で、それまでの重々しいベージュ色のＰＣとはまったく異なる斬新な存在感を放ち、一九九〇年代末にアップルの社運を好転させる一助となった。

だが、アップルでの仕事はウッピが期待していたほどぶっ飛んだものではなかった。新しいノートパソコンを市場に投入しては、その後継機をバージョンアップするのが主な仕事だった。ウッピはノートパソコンを何台も開発するために土木技師をあきらめたのではない。彼がしたかっ

○○○○

たのは、海賊旗をはためかせて業界を揺さぶるような何か大きな仕事だった。そこで彼は、ダンカン・カーというインダストリアル・デザイナーに相談した。有名なデザイン企業ＩＤＥＯからアップルに移ってきた人物である。「ダンカンはＩＤの連中のなかでも一番ＩＤっぽくないヤツ」とチョードリーが評する。モニターの形状だけでなく、そのモニターが映す中身にも同じだけの興味を持っていたからだ。

当のウッピは「会議室にみんなで集まり、入力という問題をどうするのか、本当にユーザーの立場に立って真剣に議論できたらどれだけ素晴らしいだろう、とダンカンに相談しました」と話す。カーとウッピは、人間がコンピュータ機器と対話する方法をゼロから想像し直し、その対話をどのようなものにしたいのかきちんと突き詰めたいと考えた。そこでカーはジョニー・アイブに話を持ちかける。ＩＤグループが協力してこの問題を研究する小チームをつくり、定期的に会合を持てないかと打診したのだ。アイブは全面的に賛成した。これは吉報だった。なぜなら誰であろうとも、すべてを変えてしまうような突飛な計画に着手し、しかも本当にその計画を実現したいと願うなら、その話を持ち込むべき場所はＩＤグループをおいて他にはないからだ。

「政治的な理由からもこの話はＩＤに通すべきだとわかっていました」とウッピ。「彼らは全権力を握っており、スティーブを動かすこともできたからです」

こうして小チームでのブレインストーミング（アイデア出し）が始まった。ウッピはノートパソコンの仕事で知り合ったクリスティーを引っ張り込み、オーディングとチョードリーはさっそくカーと議論を進めた。また、チップ設計の専門家でニュートンの開発にも関わったベテランのマイク・カルバートと、ウッピの上司であるスティーブ・ホテリングも議論に加わった。さらに新入社員も一人。ＥＮＲＩチームがＭＩＴメディアラボから引き抜いたストリコンだ。ストリコンはメディアラボで何年もの間、テクノロジーと音楽を融合するという実験的な取り組みに関わっていた。修士号のテーマとして複数の指の動きを感知できるレーザー測距装置を作製した実績もある。「機械との対話に関する豊富な経験を持つ人物のようでした。〝ブレインストーミングの小チームにうってつけじゃないか〟と考えたのです」（ウッピ）

○○○○

ストリコンがアップルに入社した二〇〇三年、アップルの前途はふたたび暗雲におおわれていた。ｉＭａｃは世間から賞賛され売上げも堅実だったが、テック・バブルは崩壊し、利益は落ち込み、アップルはジョブズの復帰以来初めての損失を計上した。ｉＰｏｄはまだブレイク前夜で、一般社員は不安を感じていた。「僕が入社した頃、アップルの株価は確か一四ドルくらいでした。しかも株価が上がったという記憶のある社員は一人もいませんでした」とストリコンは振り返る。

彼が配置されたオフィスには窓がなく、与えられたハードウェアはまともに動かなかった。「ノートパソコンとデスクトップを一台ずつ与えられたけど、どちらもすぐクラッシュするんです」。一方でクパチーノの本社には〝アップル信者〟が大勢いた。ステイーブ・ジョブズを神格化していることを隠そうともしない連中だ。「アップルはヘンな会社ですよ。スティーブと同じ格好をしている社員が大勢いるんだから」――。ストリコンはずっとジョブズ本人に会いたいと思っていたが、もどきが多すぎてなかなか本物を見つけられなかった。彼の修士号の指導教官は大昔にアップルで働いた経験があり、その教官からの挨拶をジョブズに伝えたかったのだ。ところが、本社のカフェテリアで初めて本人の隣に並んだ時、「また〝ジョブズ信者〟がいるよ」と思い込んでしまったという。

その頃のストリコンは若者だった。博士課程まで出たが、アップルに入社した時はまだ二〇代半ばで、社内に同世代の新米がいるだろうと思っていた。「ところがアップルの社員は中年男性ばかり。かなりショックでしたよ」。社内の雰囲気も窮屈で、管理が行き届いた組織に思えた。おそらくジョブズへの崇拝がその原因だろう。「グーグルで働く友人もいましたが、彼らの話では放置された子供が走り回っているような雰囲気だと。（ところがアップルでは）社員は新しいアイデアを考えたり、一つのことを徹底的にやり抜いたりする権限を与えられていない、と感じられました。スティーブがすべて細部まで決めていたからです」

ストリコンは、タッチセンサーおよびそれをコントロールするソフトウエアについて独自の知識を持ち、大胆な音楽的センスにも恵まれ、実験的取り組みに対する鋭いカンも持っていた。ウッピは彼のそうしたスキルが、機械との新しい対話方法を世に広めようという彼らのプロジェクトにうってつけだと考えた。彼らのやり方はアップルの社風にうってつけではないかもしれないが――。

○○○○

こうして欧州のデザイナーと東海岸のエンジニアがｉＰｈｏｎｅの原型を生み出すキーパーソンとなる。彼らはみな、死にかけたアップルが復活するまでのメチャクチャな混乱期、ジョブズの復帰前後にアップルに入社している。いずれも二〇代から三〇代で、大志を抱き、新技術を試したくてウズウズしていた。写植とゲームがきっかけでこの世界に入ったUIの天才児オーディング。ハッカーの影響を受けたデザイナーで、SV（シリコンバレー）とMTVの架け橋となれそうなチョードリー。MIT出身のセンサーの大家で、テクノ系音楽を聞く肥えた耳とタッチスクリーンに関する優れたセンスを持つストリコン。作れないものはほとんどない「何でも屋」のウッピ。華やかな経歴を持つデザイナーで、なんとしてもデジタル・インターフェースにインダストリアル・デザインを持ち込もうと決意しているカー――。そこに業界のベテラン、ホテリングやPDAのパイオニア、クリスティーが加わったのが「ENRIチーム」だった。彼らの話し合いによって次世代のモバイル・コンピューティングの青写真が描かれていくことになる。

マルチタッチとの出会いは偶然だった

機械と人間の新しい豊かな対話方法を探るENRIプロジェクトの船出は、素っ気ないアイデアだしの会議から始まった。ノートパソコンを開いて会議テーブルを囲む数人の若い男たち。ホワイトボードに図を描きながら基本方針を説明し、熱心にメモを取る姿――。そんな話し合いが週一ペースで続いていった。

「会議はだいたいIDスタジオでやってました。あちこちから湧いてくるアイデアをみんなでいじくり回すんです」とウッピ。議論の中心ははっきりしていた。〝自分たちはどんな特徴を持つ新体験をしたいのか〟である。

そもそもこうした議論をすること自体が小さな前進だった。というのも、当時は異なる分野のアイデアを持ち寄る〝異種交配〟がまれだったからだ。ストリコンが振り返る。

「何がおかしいって、かのIDグループがやっているのは携帯ショップに置いてあるようなプラスチックのモックアップを作る仕事ばかり。実際には動かない模型ですよ。形状やら見た目やらを研究して、本物と同じ重さのモックアップを作るのにすごい時間をかけるんです。私には時間の無駄に思えました。実際にユーザーがそれを使う時にどんなふうに感じるのか、知りようがないんですから」

ENRIプロジェクトはその状況を変えることを目指した。アップルの名高いデザイン・ワークに、十分な実用性のある入力テクノロジーとUIを吹き込む手助けをしよう、そしてみんなで一緒に仕事をするための方法も探ろうと。「何しろIDスタジオに足を運び、ひたすら話をしたんです。六ヶ月はそれを続けましたね」とウッピ。

アイデアはいくらでもあった。実現できないもの、つまらないもの、突飛なもの、SFに近いもの――。その一部は今でも話せないとウッピは言う。あれから一五年経った今でも、いずれアップルで開発する可能性がまだあるからだ。「あらゆるものを検討しました。カメラ・トラッキングからマルチタッチ、新しいタイプのマウスまで」

彼らはXboxキネクトで使われることになるタイム・オブ・フライト（ToF）深度センサー付きカメラも研究したし、仮想オブジェクトを指で触って直接コントロールできるフォースフィードバックも検討した。「その頃は携帯電話なんて誰の頭にもありませんでした。論点の一つにすらなっていませんでした」とストリコン。だが、IDグループはすでに数多くの携帯電話をこしらえていた。スマートフォンではなく、折りたたみ式の〝ガラケー〟だ。スタイリッシュなモックアップがスタジオのあちらこちらに転がっていた。

「アップルはさまざまなタイプの折りたたみ式携帯電話を検討したんです。どれも極めてアップル的でたいへん魅力的な美しい電話機ですが、いずれも基本は数字キーのついたモデルでした」とウッピ（その時点ですでにアップルがiPhone.orgドメインを登録していた理由はこれかもしれない）。

そのうち、議論は決まっていつも同じ問題、メンバーの不満の源となっている問題に収束するようになってきた。ウッピが〝ナビゲーション〟と呼ぶ、スクロールやズームといった基本操作だ。ウェブを見る人が急増し、コンピュータが高性能化したからこそ、より豪華絢爛でインタラクティブになったメディアで人々はこうした基本操作を快適に行いたいはずである。こうした基本操作こそ、何十年も続いた〝マウスとキーボード〟によるＵＩの限界を突破できるかどうかの試金石になる。

「いつのまにか〝これならうまくいくかもよ〟という感じで候補が集まり始めたんです」とウッピが振り返る。二〇〇二年当時、モニター上の画像を拡大したければ、まずマウスでカーソルをメニューまで持って行き、次にそこをクリックし、何倍に拡大したいのかをメニューから選び、最後にもう一度クリックするかエンターキーを押す必要があった。スクロールやパンをするにはさらに多くのクリックが必要だ。小さな「スクロールバー・ボール」を見つけ、それをあちこちに動かさなければならない。大した作業に思えないかもしれないが、その操作を一日に何十回も繰り返すのはまさに苦痛である。この作業を多用するデザイナーやエンジニアならなおさらだ。例えばチョードリーは、スクリーンに直接触れる操作法に興味を持っていた。ウィンドウを閉じるといった単純な作業を簡単にしたかったのだ。「トン、トンとタップするだけでウィンドウを閉じられたらいいでしょ?」。こんな感じの直接的な操作ができれば、コンピュータをより効率的に、わかりやすく、楽しく使いこなせるだろう。

幸いにも、それに近い操作ができる消費者向け技術がすでに商品化されていた。なんとアップルのエンジニアにその利用者がいたのである。黒いプラスチック製の奇妙なトラックパッドを職場に持ち込んでいたティナ・フアンは言う。「その頃、マウスを使ったさまざまなテストをする仕事をしていました。ドラッグ・アンド・ドロップもたくさんしました。それで手首を痛めたんですね。それがフィンガーワークスを使い始めた大きな理由です」——。デラウェアに本社のあるフィンガーワークスは、手首に問題を抱えたコンピュータ利用者向けのトラックパッドを開発していた。

彼女はこのトラックパッド上に手でなめらかなジェスチャーを描き、複雑な命令を直接Macに伝えることができた。〝マルチタッチ・フィンガートラッキング〟と呼ばれる技術だ。チョードリーによれば、このトラックパッドがきっかけで、ENRIチームはマルチタッチ技術を詳しく調べ始めたという。

「こうしてマルチタッチをいじくり回してみたら、メンバーの多くが〝これはいい〟と感じたんです」とストリコン。彼はフィンガーワークスに知人がおり、みんなで接触しようとメンバーに提案した。同社の創業者は才気あふれる博士課程の院生ウェイン・ウェスターマンと、その博士論文を指導した教授の二人だ。フィンガーワークスの社員はすでに数年前からクパチーノに出入りしては、アップル社員にマルチタッチ技術を売り込んでいたが、ほとんど手応えは得られていなかった。アップルのマーケティング部門は、核となる技術の素晴らしさはおおむね認めたものの、マルチタッチを何に使うのか、どう商品化するのか考えつかなかったのである。

「じゃあ、もう一度検討してもいい頃じゃないか――ともちかけたわけです」とウッピ。「マーケティング部門はびっくりしてましたよ。〝なんとまあ、この静電容量式センシングを使ったマルチタッチとかいう技術の使い方を、こいつら本当に見つけやがった〟という感じでしたね」

さてこの「静電容量式センシング」とは何か。それを理解しなければ、現代のコンピュータ用語やｉＰｈｏｎｅを理解することはできない。以下では少し技術面の話に踏み込もう。

タッチ式技術の変遷

当時はタッチ式技術といえばほとんどが「抵抗膜方式」だった。昔の銀行ＡＴＭや空港のチケット端末を思い浮かべてほしい。抵抗膜方式のタッチパネルは複数のレイヤーを重ねた構造で、電気抵抗力のある物質をコーティングした二枚の膜の間にわずかなすき間がある。指でタッチパネルを押すと二枚の膜がくっつくため、触れた場所がわかる仕組みだ。抵抗膜方式は精度が低くて誤作動が多く、使用者はイライラすることの多い技術だった。空港のチケット端末で、触れた場所とはまったく違うボタンが作動して困った経験をお持ちなら、抵抗膜タッチパネルの欠点が切実にわかるだろう。

一方、静電容量式は〝指で押す力〟ではなく、人体の電気化学を利用して指が触れた場所を知る。我々人間は誰もが導電体なので、静電容量式センシングのタッチパネルを指で触るとパネル表面の静電場にゆがみが生じ、それを静電容量の変化として検知することで触った場所をかなり正確に特定できる。どうやらフィンガーワークスはこの技術に精通しているらしい。

ＥＮＲＩチームはフィンガーワークスの入力デバイスを実際に使ってみた。説明書には何十種類ものジェスチャーが図解されている。ウッピは「まともに演奏できる人のあまりいない変わった楽器みたいだ」と思ったが、操作方法は簡略化できそうに見えた。アップルにはその手の実績がある。「ピンチやズーム、二本指でのスクロールなど、核心となるアイデアがそこにはありました」(ウッピ)

手で直に触れるまったく新しいコンピュータの操作法。マウスと太古のキーボードに頼る必要はなくなる――これこそ正解への道だと思えてきた。ＥＮＲＩチームのメンバーは、ウェスターマンが開拓した「指を使ったマルチタッチ言語」を中核にして新しいＵＩを開発するというアイデアに心惹かれた。〝語彙〟の書き換えや簡略化が必要だとしてもだ。「スクリーンに映っているものを、デスクの上の紙切れであるかのように動かせるようにしたい。その思いが去りませんでした」とチョードリーは振り返る。

しかもこの方法はトラックパッドで使えるだけでなく、タッチスクリーン式タブレットの操作法としても理想的だ。消費者向け市場では昔から根強くタッチスクリーン式タブレットのアイデアが検討されてきたが、完璧と言える製品はそれまで一つも生まれていない。ニュートン（抵抗膜のタッチスクリーンを備えていた）に関わった古参社員も乗り気になるだろう。彼らは今でもモバイル・コンピューティング時代の幕開けを見たいと願っているのだから。

しかも、アップルのエンジニアがよその企業を詳しく調べてＵＩのヒントを得るのは、実はこれが初めてではない。シリコンバレーに伝わる有名なエピソードをご存じだろうか。こんな話だ。

一九七九年、スティーブ・ジョブズ率いるアップルの若きエンジニアの一団がゼロックスのパロアルト研究所（ＰＡＲＣ）を訪れた。彼らは見たこともないような「ウィンドウ」や「アイコン」、「メニュー」といった革新的なグラフィカル・ユーザーインターフェース（ＧＵＩ）に目を見張った。そしてジョブズと配下の〝パイレーツ（パクリ屋）〟たちは、そのアイデアの一部を開発初期段階にあったマッキントッシュに借用したのである。その後、ビル・ゲイツがＷｉｎｄｏｗｓを世に送り出すと、ジョブズはゲイツに向かって「アップルから盗んだな」と罵倒したが、ゲイツは冷静に反論した。「うーん、スティーブ、これはいろんな見方ができると思うよ。僕の考えでは、どちらも近所にゼロックスという金持ちがいたんだ。僕がテレビを盗もうとゼロックスの家に押し入ったら、すでに君が盗んだ後だった、というほうが近いんじゃないかな」――。人間のために神の火を盗んだプロメテウスにちなんで、このエピソードを「シリコンバレーのプロメテウス神話」と呼ぶ人もいる。

さて、アップルの上層部がフィンガーワークスとの会談の準備をしている頃、ＥＮＲＩチームはマルチタッチをＭａｃに持ち込んだらどうなるか実験する方法を真剣に検討し始めるのだが、最初から大きな問題があった。この技術を透明なタッチスクリーン上で試してみたいのに、フィンガーワークスの製品はいわば「キーボードが刻印されたマウスパッド」のようなもので、不透明な素材でできていたのだ。彼らはこの問題を〝ハードウェア・ハック（物理的な改造）〟という古臭い方法で解決する。

寄せ集めのハイブリッド装置

どうすればマルチタッチの試作機を作り出せるか、ヒントを求めてインターネットを当たっていたＥＮＲＩチームは、不透明な物体の表面に上からプロジェクターの映像を投影し、それを直接操作しているエンジニアの動画を見つけた。「まさにこれだ、と思いましたね」（ウッピ）

彼らは研究室にＭａｃを一台持ち込むと、テーブルの上にプロジェクターをセットし、上から下に向けて映像を投影できるようにした。そしてちょうど映像が映る位置にフィンガーワークスのトラックパッドを置いた。要するに、Ｍａｃのモニター上に表示されるものをすべてそのままトラックパッド上に投影すれば、トラックパッドの表面が〝仮設スクリーン〟になるというわけだ。こうすると、トラックパッドはまるで後のｉＰａｄのように見えたという。

だが、この〝仮設スクリーン〟の映像はピンぼけで非常に見づらい。そこでクリスティーが自宅までひとっ走りしてガレージからマクロレンズを見つけ出し、それをテープでプロジェクターに固定してみた。するとピントを合わせると、トラックパッドの表面にＭａｃの画面が出現する。最後に極めてローテクながら、この〝仮設スクリーン〟が本物のディスプレイ装置に見えるよう、A４の白い印刷用紙をトラックパッドの上に置いた。これで「実験用タッチスクリーン」の完成である。

完璧とは言いがたく、この〝タッチスクリーン〟に指を置くと影ができて画面が見にくくなる。それでも十分役に立った、とオーディングは振り返る。「マルチタッチでどんなことができるのか、ついに実験を始められました」

この「Ｍａｃ＋プロジェクター＋タッチパッド＋印刷用紙」のハイブリッド装置は(かろうじて)作動したが、次にチームはソフトウェアにも手を加える必要があった。指の動きを本格的に検証し、操作方法にアップル流のアレンジを加えるためだ。ここでストリコンの出番となる。彼は指先を検知する処理アルゴリズムをたくさん書き、また実験用ハイブリッド装置から生み出されるマルチタッチ・データと処理アルゴリズムをつなぐ「仲介ソフト」もこしらえた。

ＥＮＲＩはなんの決まりもない自由気ままな実験プロジェクトではあったが、この段階になるとメンバーは次第に「部外秘」を意識するようになってきた。ストリコンの記憶によれば、誰かが「よし、今日からこのプロジェクトはマル秘だぞ」と言ったわけではない。だが、ある時点から口外しないことが暗黙のルールになった。それにはもっともな理由がある。せっかくこの実験プロジェクトが急速に大きな可能性を帯びてきたのに、早すぎる段階でスティーブ・ジョブズの耳に入り、彼がお気に召さなかった場合、すべての取り組みが中止になってしまうからだ。

鳥肌が立つようなデモ

実験用ハイブリッド装置は、新しい住処となったユーザーテスト研究室に何の違和感もなくとけこんでいた。長いこと空き部屋となっていたこの研究室は小さな教室ほどのサイズで広々としている。天井からは巨大な監視カメラがいくつもぶら下がり、マジックミラーの向こう側にはもう一部屋ある。そちらには旧式のレコーディング・スタジオのようにミキシングコンソール類がたくさん設置されていた。「どれも八〇年代には最高級品だったでしょうね。録画装置が全部VHSなのでみんなで大笑いしましたが」（ウッピ）

研究室の入り口にはチェック装置があり、入室権限がないと入れない。クリスティーはその権限を持つ数少ないアップル社員の一人だった。「奇妙な空間でしたね。何しろユーザーテスト用に作られた部屋でユーザー経験の問題を解決しようというのに、実際のユーザーを一人も連れてこられないんですから」（ストリコン）

オーディングとチョードリーは研究室に長時間こもってマルチタッチの設計仕様を決め、体験版をこしらえ、指先だけに頼った新しい操作法の土台を築き上げた。ストリコンによるデータ仲介ソフトを利用してフィンガーワークスのもともとのジェスチャーを修正し、彼ら独自の考えを反映させた。二人が力を入れたのは、ＥＮＲＩチームが「ダメだし」した問題点の長いリストを一つずつ解決することだ。例えば「虫眼鏡アイコン」の代わりにピンチによるズーム、「クリックしてドラッグしてスクロール」の操作はフリック一つに簡素化、といった感じだ。

オーディングとチョードリーの組み合わせは、最初から最後まで創意工夫に満ちた実り多き共生関係だった。「技術面ではバスのほうがわずかに上手でしたが、私は美的な要素で貢献できました」とチョードリー。彼は幼い頃から技術と文化の交差する場所に強い興味を抱いてきた。「行きたいところが三つありました。ＣＩＡかＭＴＶ、それかアップルです」。アップルの最先端技術研究所（ＡＴＧ）でインターンをした後、クパチーノ本社で働かないかと打診された。友人たちは「ちっちゃなアイコンばかり作らされるはめになるぞ」とアップルへの就職に反対したが、チョードリーは笑い飛ばして誘いを受けた。「結果的に彼らは三割ほど正しかったですね」

とはいえ、魅力的なアイコンを生み出すチョードリーの才能は、オーディングのアニメーション（目を引く画面上の動き）の実験には不可欠だった。オーディングいわく「二人の協力関係はとてもうまくいきました。彼は全体的なスタイルを決めるのが本当に上手で、多くのアイコンと素敵なグラフィックスを作りました。私は操作方法の原型を考えたり、感触や動きのある部分を作ったりするのが彼よりちょっとだけ上手でした」

もちろんこれは謙遜だ。かつてスティーブ・ジョブズの参謀役を務めたこともあるマイク・スレードは、オーディングを魔法使いのような天才だと褒め称える。「スティーブが〝こんな絵を描いてくれ〟と言えば、その場でキーボードを叩いてどんなものでも一分半で作り出してしまう。まるで神様だよ。スティーブは〝バス化の処理中です〟って言ってはよく笑ってたね」

オーディングの父親はアムステルダム郊外でグラフィック・デザインの会社を経営しており、子供の時からプログラムが書けたという。息子もその血を受け継いだのだろう。トニー・ファデルのような業界の大物たちもオーディングを称え、ｉＰｈｏｎｅ開発時代の同僚は「バスについては天才としか言いようがない」と証言する。

マルチタッチのデモ版は鳥肌が立つような出来映えになりそうだった。チョードリーとオーディングは日がな研究室にこもり、日が暮れても気づかない。〝UIのレノン＝マッカートニー〟のアクセルは全開だった。「毎日太陽とともに研究室に入り、月とともに家に帰る。食事さえ忘れました。相手以外は何も見えない熱烈な恋と同じです。これはすごいものになる、とわかっていましたから」とチョードリー。オーディングも「カジノのように窓がない部屋だったので、ふと気づいて顔を上げるとすでに午後四時で、昼食をすっ飛ばしたと気づくわけです」。

二人は仕事の進み具合を他人に隠すようになり、上司のクリスティーにも報告しなくなった。弾みのついたこの流れを誰にも邪魔されたくなかったのだ。「その頃から誰とも話さなくなりました。スタートアップ企業がステルス・モードに入るのと同じ理由です」（チョードリー）。彼らの頭の中では新しいUIの秘める巨大な可能性が次第に明確に見え始めていた。その全容を効果的なデモではっきりと示せるようになるまで、決して中断させるわけにはいかない。

当然ながら上司はイライラする。チョードリーいわく「コーチェラ（有名な音楽祭が開催される砂漠地帯）に遊びに行く計画があったんです。その時にクリスティーに言われました。『砂漠の乱痴気騒ぎから帰ってきたら、あそこにこもっていったい何をしているのか話してもらえないかな』と」

ついに二人は息をのむようなデモを完成させた。マルチタッチの可能性を見事に示すデモだ。指の動きに応じて地図が拡大、回転する。指をさっと動かすだけで写真は画面内を飛び回る。みんなが見守るなか、オーディングは二本の指先だけで一枚の写真を回転させ、色の一つ一つがはっきり見えるまで拡大し、ピクセル単位の操作をして見せた。すべてがなめらかで、打てば響くように反応した。その時点ですでに、これが革命を起こすほどの可能性を秘めていることを二人は知っていた。どんな感じかは読者もすでにご存じだろう。それがいずれ、台頭しつつあったモバイル機器と人間の共生関係の出発点となるのである。そろそろこの天才的なひらめきの真価を問う時期が近づいていた。

「ジョブズに見せたらつぶされる」

手作りの改造マシンでマルチタッチを体験できる何種類かのデモの準備が整った。ダンカン・カーはまずこれをジョニー・アイブとIDグループのメンバーに見せた。「すごいね、これは」とIDグループの中心メンバーの一人ダグ・サッツガーは驚きの声をあげた。デモにもっとも感心したのはアイブだった。「これはすべてを変えてしまうぞ――」

だが、アイブはこのプロジェクトの件をまだジョブズの耳には入れないことにした。素晴らしいデモではあるが、洗練されているとは言いがたく、まだコンセプト・モデルに過ぎない。この出来映えではあっさりとジョブズに切り捨てられかねない、と心配したのだ。

「何しろスティーブはその場で評価を下すので、私は他の人がいる時は彼にモノを見せないんです」とアイブが説明する。この段階でマルチタッチのデモを見せれば、「彼は『こんなものクズだ』と中止を命令しかねません。開発中のアイデアというのは極めてもろく、いつ壊れてもおかしくないので、慎重に扱う必要があります。私はこの（マルチタッチの）アイデアはとても重要だとわかったので、もしスティーブにつぶされたら悲劇だと思いました」（アイブ）

ジョブズ以外の関係者はほぼ全員がマルチタッチに夢中になった。「誰だって見た瞬間に〝こんなすごいの見たことない〟って思いますよ。みんな使ったとたんに目が輝くから、僕たちにもわかるんです。この技術には何か本当に特別なものがあるんだなって」（ウッピ）

たった一つ残された問題は、果たしてスティーブ・ジョブズもそう感じるかどうかだった。結局はジョブズが最高権力者であり、彼がマルチタッチに将来性を見いだせなければただの一言でプロジェクトを中止にできる。

ENRIチームはさらに改良を重ねた。いよいよ改造マシンはしっかりと動き、デモも引き込まれる出来映えになった。キーボードを叩いたりマウスをクリックしたりする代わりに、指先のタッチやドラッグにより、なめらかで直感的に情報を操作できる――それをきちんと証明する準備は整った。「ジョニーはもうジョブズに見せても大丈夫だと判断しました」（ウッピ）。ここまで来たら、あとはタイミングの問題だけだ。「スティーブの機嫌の悪い日には何を見せてもぜんぶ〝クズ〟になってしまいます。『二度とこれを私に見せるな。二度とだぞ』ってなもんです。だから彼の雰囲気を読み、正しいタイミングで見せることがとても大事なんです」（ウッピ）

インフィニット・ループ2番地のユーザーテスト研究室では、テーブルほどの大きさの改造マシンが真っ白な印刷用紙の上に未来を投影しながら、その時を待っていた。

第1章

"スマホに至る道を示したまえ"とサイモン

Simon says, Show us the road to the smartphone

電話とコンピュータの合体

A Smarter Phone

これからする話、もし前にも聞いたことがあるなら、途中でもそう言ってほしい。

世界でもっとも名の知られたテクノロジー企業に、先見の明を持つ一人のイノベーターがいた。ある時彼は、携帯電話とコンピュータの一体化こそコミュニケーションの未来を切り開くと考えた。この新しいデバイスは直感的に操作できなければならない。初めてこのデバイスを手にした利用者でも、すでに使い慣れていると感じるように――。そこがカギになると彼は確信した。このデバイスには指で操作できるタッチスクリーンが必要だ。わかりやすいホーム画面にはアイコンが並び、それをタップすれば起動する仕組みがいいだろう。インターネットに接続でき、eメールも読める。ゲームやアプリも楽しめる。

まずは、この先に予定されている大規模な記者会見の場で世界に見せつけるのだ。彼はメディアの注目を一身に浴びるだろう。それまでに第一号の試作機を完成させなければならない。このイノベーター氏は開発チームに猛烈なプレッシャーをかけ、限界ぎりぎりまで追い込んだ。社内の空気はピリピリと張り詰める。開発は壁にぶつかり、技術的ブレイクスルーが生まれ、またしても壁にぶつかる。そしてついに記者会見の日が訪れる。開発は奇跡的に間に合った。新しいハイブリッド電話機の第一号はこの日までにかろうじて動いたのだ。

彼はスポットライトの当たる壇上に現れ、この電話がすべてを変えると宣言する。スマートフォン誕生の瞬間であった。

○○○○

時は一九九三年。このイノベーターの名前はフランク・カノバ・ジュニアという。フロリダ州にあるＩＢＭのボカラトン研究所で働くエンジニアで、多くの人が史上初のスマートフォンだと認める「サイモン・パーソナル・コミュニケーター」を一九九二年に考案し、特許を取り、試作品まで作った人物だ。ワールドワイドウェブ（ＷＷＷ）が一般に公開される一年前、スティーブ・ジョブズがｉＰｈｏｎｅを世に送り出すより一五年も前の話である。

ｉＰｈｏｎｅは初めて一般に普及したスマートフォンではあるが、初めて世に出た画期的な新発明ではない。

「ｉＰｈｏｎｅが〝新発明〟だとはまったく思いません。むしろ既存技術の集合体であり、優れたパッケージングの勝利というべきです」と評するのはクリス・ガルシア。コンピュータ関連物品の世界最大級のコレクションを誇るコンピュータ歴史博物館のキュレーターだ。「ｉＰｈｏｎｅは集合技術であり、どの側面から見てもイノベーションは大きな役割を果たしていません」

スマートフォンの一番根本にあるイノベーションは、米国内のすべての世帯が利用できる「電話機」という装置にコンピュータを組み込んだ点にある。電話機をスマートに（賢く）するための方法、すなわちタッチスクリーンを搭載してみたり、アプリを最前面に持ってきたりというやり方は、その後で現代社会のあり方に大きな影響を及ぼすことになる。こうした根本部分は、実に二〇年以上も前に決められていたのである。高名なコンピュータ科学者のビル・バクストンは断言する。「現代のタッチスクリーン式携帯電話のほぼ全機種は、サイモンに盛り込まれたイノベーションの影響を受けています」

ＩＢＭが一九九四年に発売したサイモンは、ｉＰｈｏｎｅの中核的機能をほとんど搭載していた。フランク・カノバはスマートフォンのコンセプトを考えただけでなく、市場投入までの推進力にもなった。サイモンの後継機となるはずだった「ネオン」は、結局発売には至らなかったものの、本体を横にすると画面も横向きになるというｉＰｈｏｎｅの旗印ともいえる機能まで搭載していた。もちろんサイモンはコンピュータの歴史における主役にはならず、ただの興味深い注釈程度の存在で終わった。ここで大事なのは、「なぜサイモンはｉＰｈｏｎｅになれなかったのか」である。

カノバは史上初のスマートフォンを手に取り、「すべては時期の問題でした」と苦笑いする。

黒くて角張った形のサイモンはレンガほどの大きさだ。「当時の技術は、かろうじてこの種の電話機を作れるようになったばかりでした」

私たちはシリコンバレーの中心部、サンタクララにあるカノバのオフィスにいた。彼は現在、産業用レーザーのコヒレントでエンジニアチームのマネジャーをしている。アップル本社から車で二〇分ほどの場所だ。カノバが手にしているのは組み立てラインからはき出された三台目のサイモンで、シリアルナンバーは３。近くスミソニアン博物館に寄贈する予定だ。

「コンピュータだから起動する必要があります」――カノバが笑いながらサイモンを立ち上げる。九〇年代らしい独特なビープ音とともにサイモンの緑黄色の液晶モニターが点灯する。私は〝アドレス帳〟と書かれたアイコンに触れてみた。すぐにアプリが立ち上がる。バッテリーが数秒しか持たないため、充電コードをコンセントに差しっぱなしにしなければならないが、それ以外はスムーズに動く。数字キーもキビキビと反応する。スライドパズルのゲームもある。確かにこれは八ビットのｉＰｈｏｎｅみたいだ。

「一九九二年に試作機を作りました。何ができるか見せるため、たくさんのアプリを作りましたよ。未来を感じさせるものにしたかったんです。地図、ＧＰＳ、株価一覧、いろいろ盛り込みました。ゲームもね」

クラウドはまだ存在せず、ハードディスクは大きすぎて内蔵できないため、アプリはサイモン本体には搭載できなかった。そこでカノバはカードの差し込み口を作り、ＧＰＳなどの機能を拡張カードで追加する仕組みにし、今では懐かしい「実店舗型」のアプリ・ストアで拡張カードを販売するという方法を提案した。

カノバは現在五〇代。切れ味鋭くエネルギッシュな男性だ。頭をつるつるにそり上げ、白いものが混じった口ひげを生やし、いたずらな笑みをちらりと浮かべる。フロリダ育ちで、機械いじりが大好きだった。ジョブズよりはウォズニアックのタイプだ。「ハッカーでしたね。僕の時代はゼロからコンピュータを自作できる人をハッカーと呼びました」。彼の作ったコンピュータの中には、ウォズニアックの設計したマザーボードを使ったものもある。「(シリコン) バレーと切り離されたフロリダで育ったのは不運でした」

フロリダ工科大学で電気工学を学びIBMに就職。ハードにもソフトにも詳しかったため、一六年間の在籍中は出世街道を進んだ。一九八〇年代には〝先端研究チーム〟に属し、IBM初となるノートPCの設計に関わる。シャツのポケットに収まるほどコンピュータを小さくすることが目標の一つだった。

だが当時それほど小さいコンピュータを作るのは技術的に無理だった。ノートPCチームが壁にぶつかった頃、ボカラトン研究所のすぐ近所にあったモトローラのフロリダ支社から朗報が舞い込む。一九九〇年代初頭、モトローラは世界最大の携帯電話メーカーであり、フロリダ支社も巨大な生産設備を抱えてあらゆる種類の無線製品を作っていた。この支社が当時としては変わった経営理念を持っており、IBMと手の内を見せ合って一緒に仕事をしたいと言ってきたのだ。両社のエンジニアは、テック業界の二人の巨人が互いの製品を合体させる方法はないかと探り始めた。「どうすればデスクトップ・コンピュータに無線機を搭載できるか」――エンジニアはみなこの問題に取り組んだ。

だがカノバはさらに大きな夢を描く。「それは違うだろ、と私にはすぐにわかりました。コンピュータらしくする必要はないんです。ラジオや無線機のメーカーなら、それを片手で持ち運べるよう小さくしようとするでしょう。そして直感的に操作できるように。何か仕事をさせるためにDOSみたく命令文をタイプするなんて誰も望みません」――当時のフランク・カノバはそれをなんと呼ぶか知らなかった。だが彼はスマートフォンを作りたかったのである。

だがモトローラ側は不確実性が高すぎるとして彼のアイデアに乗らなかった。ただ、カノバのチームを舞台裏から支援し、最新の携帯電話を提供してくれた。「商品名を削り落とし、モトローラのロゴはペイントを塗って消しました。彼らの部品を使って（サイモンの）試作機の第一号を作ったのです」

モトローラはスマートフォン第一号にまったく関心を示さなかった。そしてIBMもどうやら無関心だと判明する。しかし、カノバは画期的ななにかの手がかりをつかんだ確信があった。資金さえあればそれを証明できる。すでに彼は販売担当の経営幹部を一人、味方に引き込んでいたが、その幹部も上司である所長を説得しなければ先に進めない。そこでカノバは、スマートフォンでできることのリストをこの幹部に伝えた。

「彼は大きな袋に〝おもちゃ〟をいっぱい詰め込んでボカラトンの所長の部屋に乗り込みました。そして袋から計算機やGPS無線機や分厚い本やら地図やらを取り出して所長のデスクにずらりと並べて言いました。『資金が要ります。これら全部が別々の装置でなく〝たった一つのデバイス〟でできるようになるんです。そのための資金です』と」

〝ワン・デバイス〟を訴求するプレゼンテーションは一九九二年当時にも効果抜群だった。カノバのチームに予算が与えられ、メンバーが緊急招集された。きちんと動く試作機を作り、COMDEXの「未来の技術」コーナーに展示し、その後の大きな見本市にも出品した。猛烈な仕事ぶりが報われ、サイモン・プロジェクトは一時メディアから賞賛される。予算の額も増えた。「私からすれば、そこらへんの電話に劣らないほど使いやすいインターフェースにするのは基本中の基本でした」とカノバ。確かにＩＢＭはその通りのものを作った。「サイモンはいろんな意味で時代を少し先取りしてしまったんですね」とカノバは残念そうに振り返る。その言い方は控え目に過ぎよう。スマートフォンが世界を制覇するのはサイモン誕生からはるか先の話である。

○○○○

「新しいものは何一つない」――マット・ノバクは言う。「アップルやサムスンはこうした技術を自社で開発したと思っているかもしれない。だけど、どの技術にも必ず先駆者がいる。少なくとも誰かがすでに考えている」

ノバクは「パレオ・フューチャー（「旧・未来」の意味）」というブログを運営している。昔の人が考えた未来像や将来予測を集めて分析するサイトである。ｉＰｈｏｎｅやサイモンの登場以前、人々は今のスマートフォンのようなデバイスについてどのような空想をしてきたのか、または実際に存在したのか、私はその長い歴史について彼に聞きに来た。

人類はすでに一八〇〇年代後半にはiPhone的デバイスを想像していた。ジョージ・デュ・モーリアが一八七九年に風刺雑誌『パンチ・アルマナック』に描いた漫画には驚かざるを得ない。「エジソンのテレフォノスコープ」と題したこの漫画は、もし高名な発明家エジソンが映像も送れる電話を発明していたらどうなっていたかを想像したものだ。

壁に投影された映像の前で、裕福な夫婦が寝る前のひと時を楽しんでいる。映っているのは地球の反対側にいる彼らの子供たちだ。

「その女の子は誰かね？」

「ちょっと待ってて、パパ。ゲームが終わったら紹介するね」

漫画の説明文にはそんな会話が紹介されている。夏合宿に参加中の子供とフェイスタイムを楽しむ現代の両親となんら変わらない。また、未来派の風刺画家・作家のアルベール・ロビダも一八九〇年にイラスト付きの未来小説『二〇世紀』で同様のデバイスを描いている。

ここで注意したいのは、こうした未来像の多くが皮肉っぽく描かれている点だ。地球全体がネットワークで繋がり、何もかもが電化された世の中は、注意力を乱す喧噪と娯楽に満ちた愚か者の世界だと彼らは考えたのである。したがって、こうした

未来予測が正確だったことを手放しで喜んではいられない。

ロビダは人々がこうしたデバイスを娯楽に使うと考え、演劇やスポーツ、ニュースを遠く離れた場所から楽しむ姿を空想した。モーリアは、人々が家族や友人と四六時中つながり続けるためにデバイスを利用する様を描いた。この二つの機能――超高速のソーシャルネットワーキングと映像・音声付きコミュニケーション――こそ、現在のスマートフォンが持つ最大の魅力であり、その方向性は一八七〇年代からすでに見えていたのである。

この種のアイデアは昔から常に、奇想天外なものも現実的なものも一緒になって、一部の学者が〝テクノカルチャー〟と呼ぶ「技術と文化の相互作用」を生み出してきた。それは発明心と想像力をかきたてるアイデアの地平線のようなものだ。したがって、今のスマートフォンを彷彿とさせる概念や空想が一八〇〇年代の終わりからあったとしてもなんら驚くに当たらない。当時は電気技術革命の真っ盛りであり、主に電信装置から派生したさまざまな発明で世の中は活気に満ちていたのである。

○○○○

人類初の〝テレグラフ〟は、望遠鏡を使って視覚で情報を遠くに伝える腕木(うでぎ)式信号機だった。フランス革命の最中、フランスとオーストリアの間で軍事情報を伝達するのに使われた。一分間に伝えられる情報量は単語二つ分しかなかったが、それでも突如として情報は何キロ、何十キロという距離を移動できるようになった。とはいえ、その基本的な役割は今も古代もそう変わらない。紀元前に外敵の侵入を万里の長城で一日中食い止めた兵士が、遠くの狼煙を見て援軍の到着を知った時の気持ちを想像してみてほしい。フェイスブックの新しい投稿に「いいね！」をたくさんもらったのと同じような満足感だったろう。

テレグラフが急速に普及したのは、一八三七年にサミュエル・モールスが電気を使ったテレグラフ——電信装置——を商用化したことがきっかけだ。データは彼の名を冠した「モールス符号」に変換され、電線があればはるか遠くまで送れるようになった。

「歴史的に見れば、コンピュータは巨大なメモリを搭載した瞬間テレグラフ装置に過ぎない。それまでに生まれたコミュニケーションに関するすべての発明も、要するに最初のテレグラフの機能を次々に高度化していっただけなのである」と技術史研究家のキャロリン・マーヴィンは書く。「初めて電気をコミュニケーションに利用して以降、その方法は長い時間をかけて変化を続けてきたが、なかでも一九世紀の最後の四分の一は特別に重要である。二〇世紀のマスメディアの原型が五つ、この時期に生まれているからだ。電話、蓄音機、電灯、無線、そして映画である」

実はこの五つは、スマートフォンの主たる構成要素でもある。この五つの幼芽を論理的に高度化していくことで多くの技術が生まれた。高解像度の映像や無限のプレイリスト、LTEワイヤレス・ネットワークなどが代表例だ。しかし、こうした初期のさまざまな電気関係技術のなかで、結局他のすべての受け皿となったのは電話であった。

○○○○

サイモンとはまず第一に電話機であり、決してコンピュータではなかった、とカノバは言う。「確かにサイモンの機能にはいずれもコンピュータが必要でした。しかし利用者には内部のコンピュータなど意識させず、極めて簡単でわかりやすく使えるようにしたかったのです」――そう言うと彼はデスクにある加入電話の受話器を手に取り、耳にあてた。「電話のインターフェースはシンプルで自然です」

一九九〇年代、電話機ほど文明社会に欠かせないデバイスはなく、誰もが使い方を知っていた。だが一〇〇年前は違った。多くの投資家や官僚は電話機があまりに奇妙で見慣れないため、一種の玩具だと見なしたほどだ。とはいえ、一八七〇年代の空気中には「電信装置を使って音を送る」というアイデアが濃密に漂っていたようだ。発明者とされるアレクサンダー・グラハム・ベルより前に電話機を思いついた人は何人もいた。ベルと同じ日に特許を申請した電気技師のイライシャ・グレイを始め、電話の発明者として繰り返し名前の挙がる人は五～六人いる。

だが、開発・発表・市場投入への最も強い意志を持っていたのはベルだった。その点ではトーマス・エジソンやスティーブ・ジョブズと大いに共通点がある。ベルは一八七六年に電話の特許を取得すると、フィラデルフィアの万国博覧会でデモンストレーションをするなど普及に努めた。一九一〇年には米国の人口九二〇〇万人に対して電話台数は七〇〇万台まで広まっている。その年に出版されたジャーナリスト、ハーバート・N・カソンの *The History of the Telephone*（日

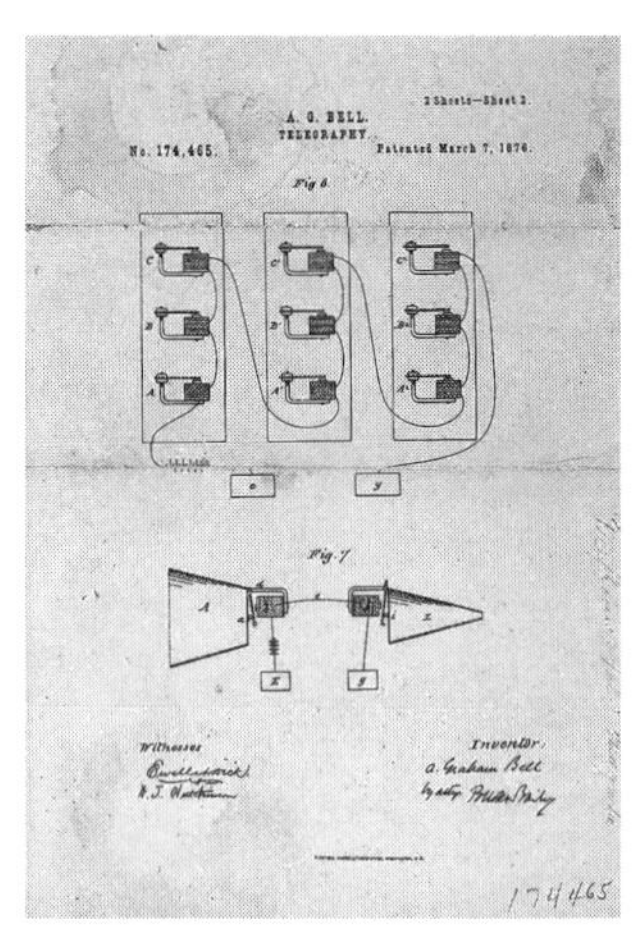

1876年に出願されたグラハム・ベルの有名な特許

本未訳）にはこうある。「今やどこでも電話は当たり前の存在となった。まるで最初から地球に備わっている自然現象であるかのように」――。いつでも連絡がつくように常にネットワークに繋がっていたい、という我々の欲求は、一世紀前のオリジナルの電話に端を発していたのである。

次のステップは電話からコードを取り去って持ち運べるようにすることだ――そんな空気が一九〇〇年代初頭には濃密に漂っていた。一九〇六年に発売された風刺雑誌『パンチ』に掲載された漫画は未来のモバイル・コミュニケーションの姿を見事に描いている。「一九〇七年の予想図」と題したこの漫画には公園でくつろぐ夫婦が描かれ、説明文にはこうある。「この夫婦はお互いに相手と会話をしているのではない。妻は別の男性から愛のメッセージを受け取り、夫は競馬の結果を聞いている」――当時からすでに社会に広がりつつあった電話の悪影響をチクリと皮肉り、ぞっとしない未来像を示しているではないか。すぐそばにいる相手を無視して手元のデバイスに没頭する人々を、私は笑い飛ばす気にはなれない。

実際に電話が移動するようになったのは自動車電話からだ。一九一〇年、スウェーデンの修理屋で発明家のラーシュ・マグナス・エリクソンは妻の自動車に電話を据え付けた。車か

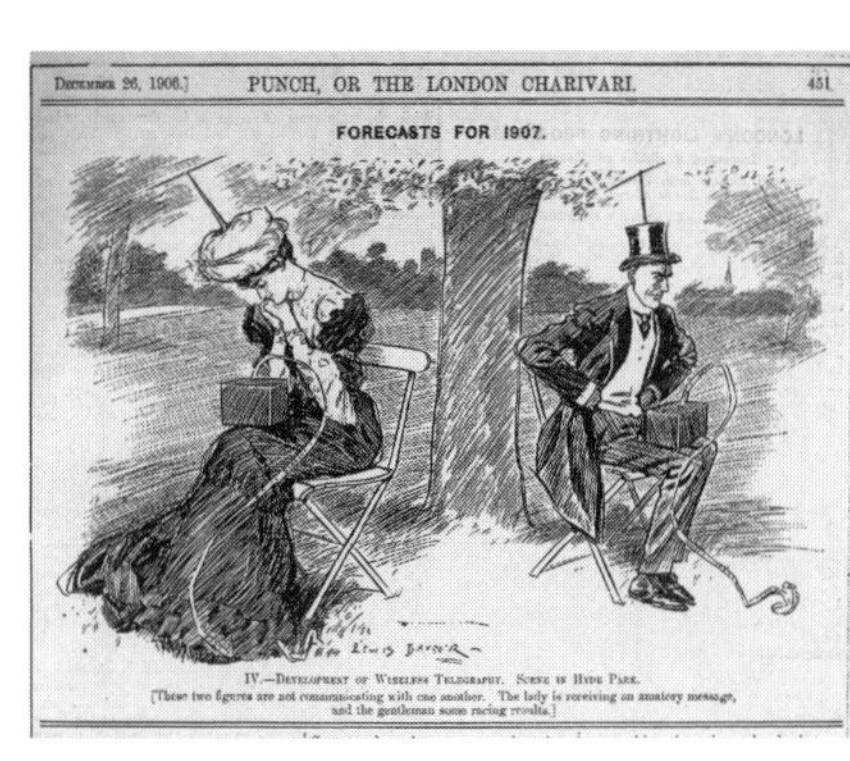

らまっすぐ上に立てた棒にコードをはわせ、スウェーデンの田園地帯の道路沿いに設置した〝電話線〟と接触するようにしたのである。実用的というよりもおもちゃに近かったが、それでもエリクソンの〝自動車電話〟はきちんと機能したという。彼の名を冠した会社は、後に世界有数の携帯電話会社へと成長する。

本物の携帯電話が誕生したのは一九一七年だ。マイクロフォンと音響の分野で画期的な発明をして「フィンランドのエジソン」と呼ばれた発明家エリック・ティーガーシュテットがこの年に獲得した携帯電話の特許こそ、今の我々が見ても違和感なく携帯電話に見える。デンマーク特許商標庁の出願番号22901には「極めて薄いカーボン製マイクロフォンを内蔵したポケットサイズの折りたためる電話」というティーガーシュテットの説明文がある。系列としては折りたたみ式携帯電話の祖先だが、薄くてコンパクトで余計な飾りをすべて排除したミニマリスト設計はiPhoneに通じるデザイン上の特徴も備えている。私の見る限り、真に現代的だと思えるデザインを初めて採用した携帯電話である。

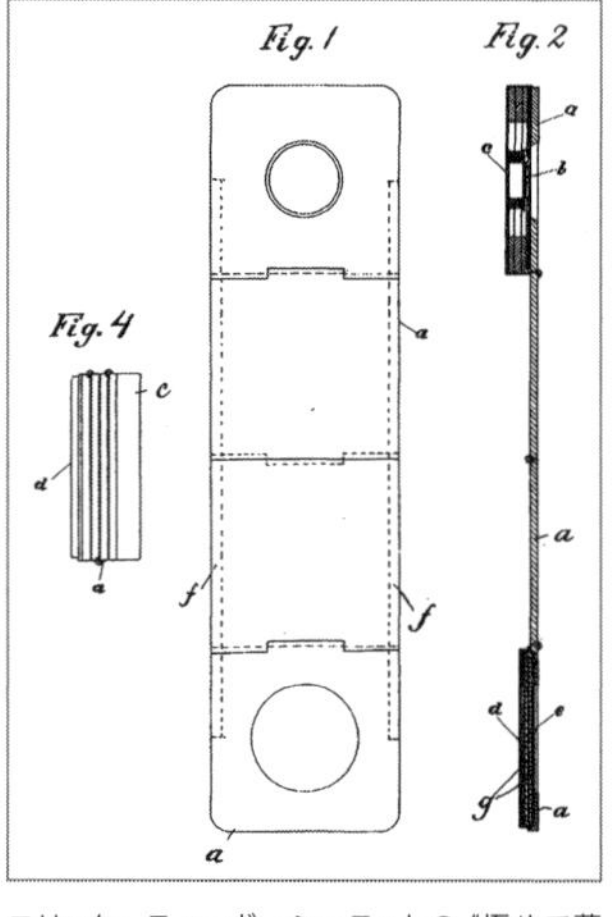

エリック・ティーガーシュテットの〝極めて薄い〟携帯電話の特許。1917年頃

この頃にはすでに、手持ち型デバイスやネットワーク、データ共有といった新しい概念も生ま

れつつあった。今のインターネットやモバイル・コンピューティング、地球規模の相互接続といった未来を予見させるアイデアが、少なくとも先見の明がある人々の間には生まれていた。著名な科学者で発明家のニコラ・テスラは雑誌コリアーズで次のように語っている。

「無線があまねく普及すれば、この地球は一つの巨大な頭脳に変わる。本当は今でもそうなのだ。地球上のすべてのものは、律動する巨大な一つの全体像を構成する極小の素粒子だと考えればいい」

「人々はどれだけ離れていても時間差なしに会話できるようになる。しかもテレビジョン(映像)やテレフォニー(音声)の技術によって、何千キロ離れた相手でも目の前にいるかのように、顔を見て声を聞いて話ができる。しかもそのための装置は今の電話機と比べて驚くほど簡素なものになる。チョッキのポケットに入れて持ち運べるほどに」

ファッションに関する未来予測はイマイチだが、技術の予測は的確だ。ポケットつきのチョッキはすたれたが、持ち運べる会話装置の描写は今のスマートフォンを思わせる。〝地球規模の頭脳〟はまるでインターネットのようだ。

他にも、タッチスクリーンなどのスマートフォンの基本的特徴はいつの間にかテクノカルチャーのなかに登場している。タッチスクリーンで操作する会話用デバイスを通して世界中の人々がコミュニケーションする様子はSFに欠かせない小道具となり、同時に現実のエンジニアの目標にもなった。両者の違いがはっきりしないことさえあった。

一九四〇年代から五〇年代になると、最も影響力を持つコンピュータ科学者の一部は、いずれパーソナルコンピュータが人間の〝知識増幅器〟になると考え始める。米科学研究開発庁長官を務めたこともある異彩のエンジニア、ヴァネヴァー・ブッシュは記憶補助デバイス「メメックス」を思い描いた。これは索引付けされたデータをタッチ操作で呼び出せる〝個人用データ図書館〟のような装置だ。

一方、ブッシュの仕事仲間で弟子にあたるJ・C・R・リックライダーは、人間とコンピュータが共生する時代がくると予見し、一九五〇年にこう述べている。「それほど遠くない将来、人間の頭脳とコンピュータが極めて密接に結びつき、そのパートナー関係によって人間だけでは決して思いつかないような思考が生まれると期待している」

ブッシュとリックライダーの予見は的確だったが、二人ともまさか最終的に人間の頭脳とコンピュータを密接に結びつけて「人間と機械の共生」を可能にする装置が〝携帯電話〟になるとは夢にも思っていなかった。だが実は、現代的コンピュータと現代的携帯電話が作れるようになる最初のきっかけは同じ場所で生まれている。いずれその二つが密接に結びつくことを予言するかのように――。すなわち、今のコンピュータに欠かせないトランジスタをベル研究所が発明したことで、現代的な携帯電話も製造できるようになったのである。

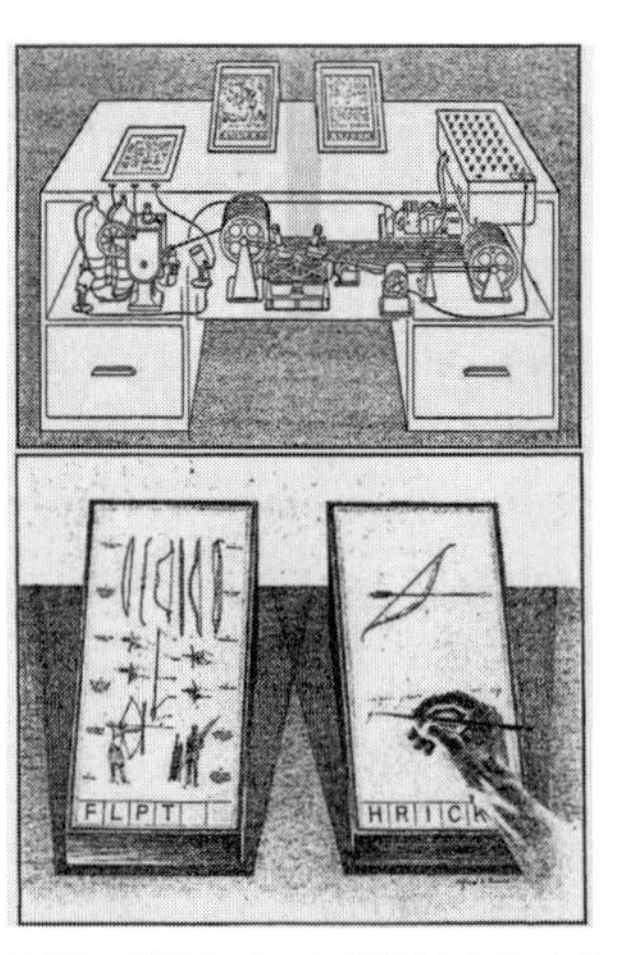

1945年の雑誌『ライフ』に掲載されたヴァネヴァー・ブッシュの「メメックス」

SFもまた、未来のスマートフォンの形態に影響を与えてきた。とりわけ影響の大きかった二作品が『スター・トレック』と『2001年宇宙の旅』だ。コンピュータ歴史博物館のキュレーター、クリス・ガルシアの解説によれば「トレックに登場する〝トリコーダー〟と〝コミュニケーター〟は（スマートフォンに）あからさまな影響を与えています。また、トレックに影響を受けたというイノベーターを何人も知っています」。そしてパレオ・フューチャーのノバクいわく「『2001年』こそiPhoneまたはiPad的なデバイスを具体化した一九六〇年代後半の代表的な作品でしょう。作品に登場する〝ニュースパッド〟を今見れば、iPadにしか見えませんよ」

アラン・ケイが最初のモバイルコンピュータである〝ダイナブック〟の設計図を描いたのもその頃だった。「どこにでも持ち運べるこのデバイスと、ARPA（アーパ）ネットや双方向ケーブルTVのようなグローバル情報インフラとを組み合わせれば、（店や掲示板だけでなく）世界中の学校と図書館を家庭に持ち込めるようになると考えたのです」とケイは私に話した。

だが、それからほぼ半世紀の間、コンピュータと携帯電話は別々に発展する。それぞれの開発者がコンピュータと携帯電話をより小さく速く多機能にしていった結果、最終的にこの二つを強引にくっつけても問題ないほど両者とも小さくなったのである。

最初からはっきりと「賢い電話機＝スマートフォン」を作ろうと意識して作られた初めてのデバイスはエリクソンのR380だ。見かけは普通の折りたたみ式携帯電話だが、開くとタッチスクリーンが現れてスタイラス・ペンで入力できる。ノキアもアプリを走らせたり音楽を再生したりできる携帯電話を何台も開発した。さらに一九九八年には「三つの機能が一つになったインターネット・タッチスクリーン電話」として〝iPhone〟と名付けられたデバイスさえ登場している。インフォギアという企業が売り出したこの製品は、eメール・リーダー、電話、インターネット端末の三つの機能を持っていた。

「これらの製品がなければ、iPhoneは絶対に生まれなかったでしょう。さらに言えば、こうした一九九〇年代の携帯型デバイスが一つでも成功していれば、やはりiPhoneは生まれなかったと思います。そこにおいしい市場があるとアップルは思わなかったでしょうから」（ガルシア）

サイモンとiPhoneの驚くほどの共通項

フランク・カノバは〝そこにおいしい市場がある〟と思った。史上初のスマートフォン「サイモン」を開発し、一九九三年のCOMDEXでお披露目する直前の不安と興奮を、彼ははっきりと覚えている。デモのテストをするため会場の外に出て、サイモンを立ち上げ、カレンダーアプリから自分のスケジュールをフロリダの同僚に送った。向こうはメッセージを返信し、カノバのカレンダーは予定通りアップデートされた。すべて順調だ――。「大きく深呼吸して、こう考えました。よし、これは世界を変えることになるぞ、と」

ハリウッド映画やTEDトーク、ビジネス書の中の話なら、この場面こそすべての努力が報われる瞬間になっていただろう。だが実際は違った。一九九四年から九五年にかけての半年間でサイモンは五万台しか売れず、ＩＢＭはサイモンの製造を打ち切った。それでもカノバは世界初のスマートフォンの特許を取った人物である。私がその人物に会いに行くと聞いた人は全員が「超大金持ちだろうね」と言ったものだ。だがカノバは「ご覧の通りですよ」と笑って否定する。「特許はＩＢＭが持っています。先行技術としての権利を守るため、私はほぼ毎年呼び出されますがね。要するに〝スマートフォンは大昔からあったんだよ〟と多くの企業に知らしめる手伝いです」

サイモンが売れなかった理由はいくつもある（ビジネス用語を使えばサイモンは「失敗作」だろう。だがその言葉をサイモンに使うのは正しくない。なぜなら「極めて重要なｉＰｈｏｎｅの祖先」を失敗作とは呼べないからだ。それはアインシュタインの祖父が自分で相対性理論を提唱できなかったから敗残者だ、と言うようなものだ）。理由の一部は明らかである。まず小売価格が八九五ドルと高すぎた。かさばって重たく、しかもＷｉＦｉ普及前だったので、ｅメールを送るにはダイアルアップ接続しなければならなかった。しかもｉＰｈｏｎｅのような高性能なメディア機能はなく、音楽や高画質ビデオも再生できなければ、ゲームもお粗末だった。

私はこう思う。スティーブ・ジョブズは近現代史に残る有名起業家の一人だ。一方でフランク・カノバはウィキペディアのページすらない（訳注：原書の発行直後に追加され、スマートフォンのページにも彼の名が記載された）。私が取材したｉＰｈｏｎｅ開発者の中に、サイモンから大きな影響を受けたという人はほとんどいなかったし、サイモンを知らなかった人や忘れていた人もいた。それでもサイモンとｉＰｈｏｎｅという二つの電話には、機能や理念に共通する部分が極めて多いことは否定できない。二つのデバイスを見比べると、そこにはほとんど普遍的とさえ思える何かがある。もしかすると、二つの電話の開発者はどちらも同じ「過去の豊かな遺産」を参考にしたからかもしれない。技術的コンセプトの歴史、そして大衆文化に登場する未来予想図の歴史という遺産だ。

サイモンは黒いプラスチック製で笑えるほど大きく、一見するとｉＰｈｏｎｅには似ていない。だが私にはどうしてもサイモンが、さなぎの外殻をまとったｉＰｈｏｎｅに見えてしまうのだ。アップルがサイモンの外殻をはがしてスマートなｉＰｈｏｎｅにしたと言いたいのではない。「スマートフォン」という概念的枠組み、持ち運べるコンピュータがあれば何ができるだろうかと人々が想像する内容、それはｉＰｈｏｎｅが誕生するはるか以前から固まっていたのだ。それどころか、サイモンの登場よりずっと前から。

スマートフォンに限らずあらゆる画期的技術は、数え切れないほど多くの人の努力とアイデアとひらめきの上に成り立っている。技術の発展というのは大勢の力を集めて少しずつ積み重ねていくものだ。自然にポッと生まれるのではなく、さまざまな要素が根深く関係し合って生まれてくる。

「ｉＰｈｏｎｅに至る進化の過程はまさに多元的宇宙です。複数の技術が結果的に一つの成果しか生み出さないということは決して起きません。一つのイノベーションは必ず新しいイノベーションをいくつも生み出します」（ガルシア）

私たちの生き方や暮らし方に大きな影響を与える技術に、突然どこからともなく誕生したものなどまずない。それらはみな、想像を絶するほど長く複雑にからみ合った流動的な進化の過程を経て生まれている。そしてその過程に貢献した大勢の人々は私たちからは見えない。技術の進化とは、最先端から振り返っても出発点が見えないほどに長い道のりなのである。

○○○○

いくつものアイデアとブレイクスルーが複雑に絡み合って最終的にスマートフォンを生み出した。その物語はゆうに一〇〇年を超える時間的広がりを持っていた。一方で、一台のスマートフォンを製造するのに必要となる原材料や元素類の物語は、地球を股にかける空間的広がりを持つ。ｉＰｈｏｎｅの始まりを詳しく見たのだから、次はその物質的な土台をつぶさに調べてみよう。

第2章

iPhoneの原材料を
掘り返す

Digging out the core elements of the iPhone

マインフォン～鉱山電話

Minephones

ボリビアの古い植民都市ポトシを見下ろすようにそびえるセロ・リコ山。スペイン語で「豊かな丘」と名付けられたこの山は、ほこりまみれの巨大なピラミッドのようだ。何キロも離れた町の入り口で高速道路を降りた時から自然と目に入る。別名は〝人を食らう山〟。二つの名前はいずれも一四世紀中頃から採掘の始まった鉱山に由来する。その頃にここに来たスペイン人が地元のケチュア族のインディオを徴用して掘らせたのだ。

〝人を食らう山〟は何百年にもわたりスペイン帝国の財政を支えた。一六世紀には全世界で産出される銀のおよそ六〇％がこの山の奥底から掘り出された。一七世紀になると、銀山の活況によってポトシは世界最大級の都市にまで発展する。地元の先住民、アフリカ出身の奴隷、スペイン人移住者などで人口は一六万人にふくれあがり、当時のロンドンより大きな産業拠点都市となった。多くの労働者がこの山に来ては飲み込まれた。落盤事故、粉塵吸入による肺疾患、そして寒さや飢えのため、四〇〇万人から八〇〇万人の労働者が死んだとされる。

「今のセロ・リコは、資本主義とその結果である産業革命の最初にしておそらく最重要な記念碑」だと人類学者のジャック・ウェザーフォードは述べている。「ポトシは資本主義にとって最も重要な都市である。なぜなら同市は資本主義の最も重要な成分、すなわち貨幣を供給したからだ。ポトシで作られた貨幣は、この世界の経済のあり方を不可逆的に変えてしまった」。ポトシの中心街には南米最古の貨幣鋳造所が今でも残っている。

セロ・リコ山は徹底的に掘り尽くされたため、山全体がポトシを巻き込んで崩壊する危険があると地質学者は警告する。だが、セロ・リコ鉱山では今でもおよそ一万五〇〇〇人が働いている。しかも数千人は子供であり、わずか六歳の子までいる。彼らはスズや鉛、亜鉛、わずかに残された銀などを苦労して見つけるため、掘り尽くされて薄くなった壁を日々削っているのだ。こうして得られたスズが、今あなたのポケットにあるｉＰｈｏｎｅの内部で使われている可能性はかなり高い。

我々は三〇分もそこにいられなかった。

○○○○

この種の冒険が嫌いでない人なら、死と隣り合わせのセロ・リコ坑内の雰囲気をわかってもらえるだろうか。地下にある無数の横穴と縦坑の迷宮をめぐるツアーは、積極的な一部のポトシ市民が提供している。私の仕事仲間であり友人、そして通訳のジェイソン・ケブラーがこの冒険のお膳立てをしてくれた。ガイドについたマリアは、ふだん小学校の教師をしているそうだ。彼女は我々に坑内の〝安全〟な場所にしか行かないと保証した。そう、今でも毎年多くの人が坑内で亡くなっているのよ。先週亡くなった二人はまだほんの子供だったのに、酒に酔って坑内で迷って凍死したわ。でも心配することはないからね——とマリア。心強い限りだ。

ヘルメットをかぶり、防御用ポンチョとブーツを身につけ、ヘッドランプを点灯して二、三キロだけ坑内に潜る、という予定だった。鉱山に入る前、マリアは鉱員向けの売店に立ち寄り、コカの葉と度数九六%のアルコールを購入した。もし坑内で労働者に会ったらプレゼントするためだ。頭上では太陽がさんさんと輝いているが、空気は刺すように冷たい。さびついた鉱山用トロッコの横を通り過ぎていよいよ坑内へ。入り口を振り返ると遠くポトシの町並みが見えた。

私は怯えていた。週に一度は観光客が洞窟探検をしているとはいえ、子供たちが毎日ここで働いているとはいえ、いい加減に作られたトンネルに恐怖を覚えずにはいられない。ポトシは世界で最も高い位置にある都市で、我々はさらにそこから上った標高およそ四五〇〇メートルの高さにいる。空気は薄く、私の呼吸は自然に速くなる。今から入る縦坑は狭くて真っ暗だ。それを支える木製の梁に走るひび割れを目にし、空気に混ざる硫黄の匂いを感じた瞬間、私は地上へ逃げ帰りたいという強い衝動にかられた。

何千人もの労働者が毎日この恐ろしい縦坑をくぐっている。彼らは坑内に入る前に悪魔に付け届けをする。そう、セロ・リコの鉱山労働者は悪魔を信じているのだ。といってもキリスト教の悪魔とは違う「エル・ティオ」という悪魔だ。坑内への入り口にはたいてい祭壇があり、ぞっとするようなエル・ティオの像がたたずむ。その口にはタバコの吸い殻とコカの葉が押し込まれ、足元にはビールの缶が置かれている。労働者が幸運を祈って捧げたものだ。天国と地上では神の支配が揺るぎないとしても、地下世界では悪魔が幅をきかせる。ジェイソン、マリア、私の三人は三本のタバコに火を着けてエル・ティオの口に押し込み、地下へ潜る準備を整えた。

○○○○

セロ・リコの採掘は分権的に行われている。鉱山の名目上の所有者はボリビアの国営鉱業会社コミボルだが、国が鉱員への給料を払うわけではない。一言でいえば彼らはフリーランサーとして働き、互いにゆるやかな協同関係を結んでいる。スズ、銀、亜鉛、鉛の鉱石を掘り出し、製錬業者や加工業者に売る。業者はそれをさらに大きなコモディティ取引業者に転売する。このように鉱員をフリーランスとして使う仕組みと、ボリビアが南米の最貧国の一つである事実とが相まって、セロ・リコ鉱山では坑内の仕事をしっかりと管理運営するのが困難になっている。

監視の目がないことは、三〇〇〇人ともいわれる児童労働者がここで働いている理由の一つだ。ユニセフとボリビア政府統計局、国際労働機関が二〇〇五年に実施した共同調査では、ボリビアのポトシ、オルロ、ラパスの三都市にある鉱山に計七〇〇〇人の子供の労働者がいることが判明した。二〇〇九年に出版された*The World of Child Labor*（日本未訳）によれば、ワヌニやアンテケーラなどボリビアの別の鉱山地帯でも児童労働が見られるという。ボリビアではあまりにも児童労働者が多いため、国が二〇一四年に児童労働法を改正し、一部の仕事に関しては一〇歳から合法的に働けるようにしたほどだ。だがそこに鉱山労働は含まれない。何歳であろうと法律上は子供が鉱山で働くことは違法になる。だが法律違反の取り締まりもなく、鉱員が協同組合型のフリーランサーということもあり、法の目をかいくぐって子供が働くのはたやすい。セロ・リコ鉱山では二〇〇八年だけでも六〇人の子供が坑内の事故で死んでいる。マリアの話では、子供たちは坑内の一番深いエリアで作業しているという。狭くてたどり着くのも大変な場所で、それだけ安全性も低い。多くの場合、子供たちは家計の足しにするため、または学校で必要な文具類を自分で買うために、父親の後を追って坑内に潜り、イチかバチかの危険な仕事に手を染める。鉱山労働はその危険性ゆえ、特別な技能を持たない労働者が最も高い収入を得られる仕事の一つなのだ。

今はガイドとして働くイフラン・マネーネも元はセロ・リコの鉱山労働者だった。彼は一三歳で父と一緒に坑内で働き始め、七年間鉱員を続けた。家計の足しにするためだ。父親は人生の大半をセロ・リコの坑内で働き、今では珪肺症に苦しんでいる。これは結晶シリカ（珪酸）など有毒な化学物質を含む粉塵を吸い込むことで起こる肺疾患だ。鉱山で長期間働いた人の多くがかかる。セロ・リコ鉱山のフルタイム鉱員の平均寿命が四〇歳なのはこれが一因である。

セロ・リコの鉱員は、苦労して削り出した鉱物の量に応じて収入を得る。時間給ではない。つるはしとダイナマイトで岩盤を砕き、それをトロッコで運び出す。もっと効率的に掘り出す技術もあるが、鉱員たちはそうした技術に不信感を持っているという。仕事を奪われる恐れがあるからだ。このため、セロ・リコの坑内の様子は数百年前からあまり変わっていない。

運の良い日なら鉱員は一日で五〇ドルほどを稼ぐ。ここでは大金だ。銀やスズ、鉛や亜鉛などがほとんど掘り出せなかった日は一銭も手にできない。彼らはこうした鉱物資源を含んだ石の塊を地元の加工業者に売る。加工業者はその場で製錬して原鉱にし、原鉱が一定量まで貯まると他の都市にいる規模の大きな製錬会社に向けて出荷する。

銀と亜鉛は鉄道でチリに出荷される。スズはポトシから北に向かい、ボリビア国営のスズ製錬会社ＥＭビントか民間精錬所ＯＭＳＡの元に運ばれる。ここまで来たスズは、アップル製品の一部となるまであとわずかである。二〇一四年のブルームバーグの報道によれば「今日、採掘されたスズのざっと半分は、電子機器の内部の部品をくっつけるはんだを作るのに使われる」という。はんだの成分はほとんどスズだ。

つまりこういうことだと私は思う。一六世紀最大の金持ち帝国の財政を支えた鉱山、そして今でも世界最大級かつ最古の鉱山の一つにおいて、極めて原始的な道具で掘り出された金属が、最終的に現代の最先端のデバイスに使われている。そしてそのデバイスは、今日最大の金持ち企業の一社を財政的に支えているのである。

○○○○

ところで、ＥＭビントで製錬されたスズをアップルが使っているとなぜわかるのか――。答えは簡単だ。アップル自身がそう言っている。

アップルは公開文書の「サプライヤー責任報告書」のなかで、自社のサプライチェーンに含まれる精錬所を公表しており、ＥＭビントもＯＭＳＡもそのリストに載っている。さらに私は現場の鉱員や産業アナリストなど複数の情報源から、ポトシのスズがＥＭビントに出荷されていることを確認した。

米国では、紛争問題の生じたコンゴ共和国で産出された鉱物資源（いわゆる「紛争鉱物」）をなるべく使わないよう企業に促すため、二〇一〇年のドッド＝フランク金融改革法に地味な修正が加えられ、上場企業は自社製品に含まれる紛争鉱物（俗に「３ＴＧ」と呼ばれるスズ、タンタル、タングステン、金）の出所を公表することが義務づけられた。アップルは二〇一〇年、自社のサプライチェーンの詳細なリスト化に着手したと発表し、二〇一四年からは取引を確認済みの精錬所のリストを公開している。同社は、紛争鉱物を買っている精錬所を自社サプライチェーンから完全に排除するつもりだと発表した（そして二〇一六年時点でアップルは業界で初めて、自社のサプライチェーンに関わるすべての精錬所に定期的な監査の受け入れを合意させた企業となった）。

これは決して簡単なことではない。アップルは自社製品の部品を作るため、何十社という（直接取引のない）サードパーティー企業から間接的に部品や原料を仕入れている。そして、それらサードパーティー企業もまた、さらに細かい部品や原料をそれぞれのサードパーティー企業から仕入れている。その全体像には膨大な数の企業・組織・プレイヤーが絡み合っている。アップル製品に使われている原料のうち、アップルが直接仕入れているものは数えるほどしかない。アップルだけでなく、スマートフォンやコンピュータ、高度な機械を製造する企業の多くは複雑に絡まったサードパーティー企業のネットワークに依存している。

要するに、あなたのｉＰｈｏｎｅの出発点は、おうおうにして苛酷な状況のもとで苦労して部品に使う元素を掘り出している何千人もの鉱員なのである。

○○○

そもそも、こうした原料となるのは正確にはどんな物質なのか？　元素レベルで見るとｉＰｈ

oneは何からできているのか？　それを明らかにするため、私は鉱物コンサルタント「911メタラジスト（冶金家）」を経営する専門家、デイビッド・ミショーの助けを借りてiPhoneの化学的成分を分析することにした。

二〇一六年六月、私はニューヨークのマンハッタン五番街にあるアップルストアの旗艦店を訪れ、新品のiPhone6を購入、それをミショーに送った。彼はそのiPhone6を冶金ラボに転送し、以下のテストを実施した。

最初にiPhoneの重さを量る。アップルの広告通り一二九グラムだ。次に石を砕くのに使う衝撃粉砕器にかける。これは隔離された環境で重さ五五キロのハンマーを一・一メートルの高さから対象物の上に落とす装置だ。iPhone6の中にあったリチウムイオン電池は発火した。その後、iPhoneの残骸をすべてかき集め、もう一度粉砕する。「破壊するのがこれほど大変だとは驚いた」というのがミショーの感想だ。こうして粉々になった物質を種類ごとに抽出して精査し、冶金ラボの科学者たちはiPhoneを構成する元素を特定できた。

「二四％はアルミニウムです。筐体がアルミ製なのは見ればわかるでしょう。しかし筐体の重さが全体の四分の一に過ぎないとは意外かもしれませんね。アルミニウムはとても軽いのです。そして安い。重さ一ポンドで一ドルです」（ミショー）

そしてiPhone6の〇・〇二％はタングステンからできている。コンゴで採掘されることの多い元素で、振動子やスクリーン用電極に使われる。バッテリーの主要成分であるコバルトもコンゴでの採掘が多い元素だ。そしてiPhone6に含まれる金属で最も高価なのは金。ただしそれほど多くは使われていない。「貴金属はいずれも少量しか含まれていません。一〜二ドル分でしょうか。例えばニッケルは一ポンドで九ドルですが、含有量は二グラムでした」。そのニッケルはマイクロフォンに使われている。

ヒ素はどの貴金属よりも多く含まれているが、それでも〇・〇一グラムなので危険はない。鉛には驚かなかったが、ガリウムが検出されたのには驚いた。iPhoneに含まれる元素のうち、室温で液体になる唯一の金属だ。自然界には存在せず、他の鉱物を製錬する際に副産物として生じる。

酸素、水素、炭素が検出されたのは、iPhone内部のあちこちで使われている合金に含まれているからだ。例えばインジウム・スズ酸化物はタッチスクリーンの導体として使われている。酸化アルミニウムは筐体、酸化ケイ素はiPhoneの頭脳であるマイクロチップに使われている。ちなみにヒ素とガリウムもマイクロチップにある。

ケイ素（シリコン）はiPhoneの六％を占める。主に内部のマイクロチップだ。さらに大きなウェイトを占めるバッテリーは、リチウムとコバルトとアルミニウムでできている。

これ以外の物質もiPhoneに含まれてはいるが、あまりにも質量が小さすぎて検出されなかった元素もある。銀などの貴金属や、レアアース（希土類元素）として知られるイットリウム、ネオジウム、セリウムなどだ。

こうした元素は、希少なものもそうでないものもすべて、合金や化合物やプラスチックに形を

iPhoneの成分表（iPhone6・16GBモデル）

記号	元素	重さで見た比率（％）	グラム数	グラム当たり単価（ドル）	1台に含まれる当該元素の金額（ドル）
Al	アルミニウム	24.14	31.140	0.0018	0.0550
As	ヒ素	0.00	0.010	0.0022	—
Au	金	0.01	0.014	40.0000	0.5600
Bi	ビスマス	0.02	0.020	0.0110	0.0002
C	炭素	15.39	19.850	0.0022	—
Ca	カルシウム	0.34	0.440	0.0044	0.0020
Cl	塩素	0.01	0.010	0.0011	—
Co	コバルト	5.11	6.590	0.0396	0.2610
Cr	クロム	3.83	4.940	0.0020	0.0100
Cu	銅	6.08	7.840	0.0059	0.0470
Fe	鉄	14.44	18.630	0.0001	0.0020
Ga	ガリウム	0.01	0.010	0.3304	0.0030
H	水素	4.28	5.520	—	—
K	カリウム	0.25	0.330	0.0003	—
Li	リチウム	0.67	0.870	0.0198	0.0170
Mg	マグネシウム	0.51	0.650	0.0099	0.0060
Mn	マンガン	0.23	0.290	0.0077	0.0020
Mo	モリブデン	0.02	0.020	0.0176	0.0000
Ni	ニッケル	2.10	2.720	0.0099	0.0270
O	酸素	14.50	18.710	—	—
P	リン	0.03	0.030	0.0001	—
Pb	鉛	0.03	0.040	0.0020	—
S	硫黄	0.34	0.440	0.0001	—
Si	ケイ素（シリコン）	6.31	8.140	0.0001	0.0010
Sn	スズ	0.51	0.660	0.0198	0.0130
Ta	タンタル	0.02	0.020	0.1322	0.0030
Ti	チタン	0.23	0.300	0.0198	0.0060
W	タングステン	0.02	0.020	0.2203	0.0040
V	バナジウム	0.03	0.040	0.0991	0.0040
Zn	亜鉛	0.54	0.690	0.0028	0.0020
	合計	100％	129グラム		1.03ドル

変えて最終的にiPhoneの一部となる前、どこかの時点で間違いなく地球上のどこかから掘り出されているはずだ。アップルは紛争鉱物以外の鉱物については、その入手先を明らかにしていない。とはいえ、過去何年もの間にさまざまな入手先が報道されている。以下、iPhoneの主要な元素の一部について、どのように採掘されているのか簡単に見てみよう。

アルミニウム：アルミニウムは地球上でもっとも豊富に存在する金属だ。そしてiPhone内にもっとも豊富に存在する。筐体にアルマイト処理されたアルミニウムが使われているからだ。アルミニウムの原料となるボーキサイトは露天掘りが多いが、露天掘りは自然の地形を破壊して生態系を危機にさらすことがある。一トンのアルミニウムを生産するには四トンのボーキサイトが必要で、同時に大量の廃棄物も生まれる。また、アルミニウム製錬業者は地球上の全電力の三・五％をも消費する。その生産過程で排出される温室効果ガスは、二酸化炭素の九二〇〇倍もの温室効果がある。

コバルト：iPhone内に存在するコバルトの大半はリチウムイオン電池で使われており、生産地はコンゴ共和国だ。二〇一六年のワシントンポストの報道によると、コンゴのコバルト鉱山では原始的な道具を手にした労働者が小さな採掘坑で二四時間働いているという。安全装備を身につけている労働者はほとんどおらず、監督者のいない鉱山現場はほぼ完全に無秩序だった。ここでも子供が働いており、「死とケガは日常茶飯事だ」と記事は伝えている。

タンタル：アップルが上場企業として史上最高額となる企業収益をあげたと発表したのと同じ頃、同社は自社製品に使うタンタルにはまちがいなく「紛争鉱物」が含まれないことを確認したと発表した。タンタルは長いことコンゴ共和国で採掘されており、これが同国の反乱軍と政府軍の両方の資金源になってきた。どちらの軍も子供と奴隷を鉱山で働かせ、その利益が集団レイプや子供の兵士徴用、民族虐殺といった暴力的行為を支えている。

レアメタル（希土類金属）：ｉＰｈｏｎｅに使われる何百という部品には一定のレアメタルが必要となる。例えばセリウムは、タッチスクリーンの研磨やガラスの着色に必要な溶液に使われる。ネオジムは極めて小さく強力な磁石の原料となり、消費者向け電化製品のさまざまな部品に使われている。こうしたレアメタルの採掘は難易度が高く、時には環境汚染のリスクもある。

ほとんどのレアメタルはたった一つの産地から採掘されている。中国北部の内モンゴル自治区だ。現地ではレアメタル採掘の副産物として有害廃棄物に満ちた灰色の湖が出現し、現地を調査報道したＢＢＣが「地上最悪の地」と名付けたほど環境汚染が深刻化している。この湖を実際に見た数少ないジャーナリストの一人、ＢＢＣのティム・モーガンは「ｉＰｈｏｎｅや薄型テレビに対する我々の欲望がこの湖を生み出した」と私に話した。

レアメタルは、我々がその名前から受ける印象ほど〝レア（希少）〟ではない。埋蔵量が少ないわけではないのだ。ただし、ほんのわずかな量を採掘するのに信じられないほど大量の土地を掘り返さなければならない。これはエネルギーと資源を集中投下する作業になり、後には大量の産業廃棄物が残される。

アップル――だけでなくほぼすべてのメーカー――はレアメタルの採掘作業を中国にアウトソースしている。中国には他国のような環境保護規制がないのが主な理由だ（かつてモリコープという米国企業が米国南西部の砂漠地帯で環境を汚染せずにレアメタルを採掘しようとしたが、二〇一五年に経営破綻した）。前述のＢＢＣの調査報道は、この湖が有毒化学物質だけでなく放射能にも汚染されていることを明らかにした。湖の底から採取した泥を調べたところ、環境放射線量の三倍の放射線が検出されたのである。

スズ：アップルが公開したサプライチェーンのリストをみると、スズ製錬業者のほぼ半数はインドネシアのバンカ島にいる。おそらくその理由は、ブルームバーグ・ビジネスウィークの報道が明らかにしたように、アップルの製造パートナーであるフォックスコンがこの島からスズを仕入れているためだろう。

バンカ島の鉱山は命の危険にあふれた無法地帯だ。深さ五～一二メートルの何千という小さな採掘抗に押し込まれた鉱員は、つるはしか素手でスズを掘っている。大半は違法労働だ。鉱山の親玉たちは採掘抗を掘るのに主にブルドーザーやパワーショベルを使うため、坑内の壁は垂直で不安定だ。鉱員の上に崩れ落ちることもある。二〇一四年は平均して週に一人の鉱員が死亡している。

前述のブルームバーグの報道の後、アップルはインドネシアに調査団を派遣し、地元の団体や環境保護組織「地球の友」と協力していくと誓った。だが、それがどんな効果をもたらしたのか、まだ全面的には明らかにされていない。その間にもバンカ島の採掘作業により島の植物相の多くは徹底的に破壊され、鉱員は鉱石を求めて海底をさらっては水中の生息環境も台無しにしている。

○○○○

一台のｉＰｈｏｎｅを作るのにどれだけの土壌を採掘する必要があるのか、ミショーが計算してくれた。世界各地の採掘作業に関するデータをもとにはじき出した推計値によると、一二九グラムのｉＰｈｏｎｅ一台に必要な金属を得るには、ざっと三四キログラムの鉱石を掘り出さねばならない。一台に含まれる金属の原料価格は合計で約一ドル。その五六％はごくわずかに含まれる金（きん）の価格だ。一方、掘り出された三四キロの鉱石のうち九二％は、ｉＰｈｏｎｅ一台のわずか五％の重さを占めるに過ぎない各種金属を得るために使われている。言い換えれば、ごく微量の希少元素を得るために大量の採掘と製錬が行われているわけだ。

二〇一六年までに売れたｉＰｈｏｎｅは累計で一〇億台。鉱石量に換算すれば三四〇〇万トンになる。大量の土壌が掘り返され、その痕跡を地上に残しているわけだ。鉱石から金属を分離・抽出するには鉱石一トンあたりおよそ三トンの水を使う。すなわちｉＰｈｏｎｅ一台当たりおよそ一〇〇リットルの水を〝汚染〟していることになる。ミショーによれば、一〇億台のｉＰｈｏｎｅを製造したことで一〇〇〇億リットルの水が汚染されたことになる。

さらに、一トンの金鉱石を溶かして金を分離するには通常二・五ポンド（一一三六グラム）ほどのシアン化物が必要になる。ｉＰｈｏｎｅ一台のために掘り出される鉱石三四キロのうち一八キロは金鉱石なので、一台の製造には二〇・五グラムのシアン化物が使われる計算だ。

つまりミショーの計算をまとめると、それぞれの業界平均に従えば、たった一台のｉＰｈｏｎｅを作るために三四キロの鉱石と一〇〇リットルの水、そして二〇・五グラムのシアン化物が必要になる。鉱物専門家のミショーですら驚く結果であった。

○○○

セロ・リコの坑道の奥深くへ――。マリアとジェイソンと私の三人は、岩の割れ目からのぞく鉱床を調べつつ、崩れかけた梁をくぐって先へと進む。トンネルの先で分岐した道はさらに下へと続き、ヘッドランプの光も届かないほど深そうだ。ここまで潜ると暗闇は深宇宙のように真っ暗になる。ジェイソンも私もかなり背が高くひょろ長い体型だ。しばらくは坑内の高さが一二〇センチ強しかなく、我々はかなりの時間しゃがんだ状態でヨチヨチ歩きしなければならなかった。壁が目の前に迫るようで、空気さえもとろりと濃密に感じられる。まずジェイソンが恐怖を感じ始め、それが私にも伝染した。ガイドのマリアは鉱員への贈り物用に買った密造酒のボトルを開けると、私たちに匂いをかがせた。目が覚めるようなひどい衝撃で、確かにかなりの効き目があった。

次の瞬間、私の頭が天井にぶつかり、堆積物が天井からぱっと舞い散って顔面を覆った。私はフラッシュを使ってｉＰｈｏｎｅでビデオと写真を撮っていた。そのせいか、天井や壁の堆積物（おそらく硫黄だろう）は奇妙なほど美しく見えた。

ジェイソンの顔色は真っ青だ。私にはその気持ちがよくわかる。この鉱山は全体が巨大な時限爆弾のようなものだ。毎日何千人もの鉱員が奥底で働いているというのに、ちょっと入り口から潜っただけでそんな恐怖心を抱くのはもちろん馬鹿げている。だが、我々は実際にその場にいたのだ。今でも私は断言できる。ｉＰｈｏｎｅ所有者の大半は、ここで二〇分も過ごせば正気を失い始めるだろう。ジェイソンはもう引き返したいと強く思い始めている。

自分でも気づかぬうちに我々は真っ暗な道を引き返し、一目散に出口へと向かっていた。そしてついに小さく丸い太陽の明かりが角を曲がった先に見えてきた。冒頭で告白したように、我々は三〇分も耐えられなかったのである。

○○○○

一〇代で鉱員になり、後にガイドに転じたイフラン・マネーネは、なんの曖昧さもなく率直な言い方をした。友達二人が入院中で、父も病気だと。「（セロ・リコだけで）毎年鉱員の死者は一五人を超えます」とマネーネ。それがしごく当然であるかのように、彼の口調に怒りや悲しみは感じられない。セロ・リコ鉱山の人的損失が全体でどれほどになるのか把握するのは困難だ。しかも、ｉＰｈｏｎｅを構成する何十もの元素の多くをめ

ぐり、同じような話が地球上のほぼすべての大陸で起きている。

知るのは不愉快な事実だが、それでもきちんと咀嚼したほうがいい事実である。我々のデバイスの原料は、原始的な道具を手に、死の危険と隣り合わせの環境で働く鉱員によって供給されている。iPhoneを構成する元素の多くは、iPhone所有者の多くが数分と耐えられないであろう環境下で掘り出されている。こうした金属への需要がある限り、資源だけは豊富にある貧しい国々は今後も苦しい戦いを強いられるだろう。需要があれば採掘企業や鉱物ブローカーはなんとしてもそうした金属を手に入れる方法を見つけようとする。ボリビアなど資源に恵まれた貧しい国の政府は、こうした産業界の規制に手を焼くことになる。まだ当分の間、iPhoneの成分を我々に届けるために多くの鉱員がこれまでと変わらず肺疾患を患い、骨を折り続けることになるだろう。

実はもう一つ、まだ本書には登場していない大事な原料がある。iPhoneを手に入れた人が最初に触れるモノだ。それは、化学的に強化され、キズへの耐性を高めたガラスである。

第３章 iPhoneはキズつかない

ゴリラガラスが生まれるまで

Scratchproof Break out the Gorilla Glass

この心臓が止まるような気持ちは世界中どこでも共通だろう——ｉＰｈｏｎｅが手からすべり落ち、あわててつかもうとした指先もわずかに届かない。そして耳をふさぎたくなるような音とともに床に着地する。高まる不安を抑えながら拾い上げ、おそるおそる画面を見る。幸運にも割れていなければ安堵のため息がもれる。もし割れていれば絶望感に包まれる。

どちらにしても、これまであなたがｉＰｈｏｎｅにしてきた数々の乱暴狼藉をあらためて思い返せば——キーホルダーと一緒にポケットに押し込まれたり、ガラス面を下にザラザラした粗い表面でこすられたり、はたまたテーブルやデスクから落下したり——画面をカバーするガラスの性能は大したものだと言わざるを得ない。実はそのガラス、性能だけでなく出所も驚くべきものだ。

昔、祖父母にキャセロール（蒸し焼き鍋）の料理をごちそうしてもらったことはないだろうか。決して割れることのなさそうな真っ白い耐熱皿の横に青色でコーンフラワー（矢車草）が描かれたこの鍋は、かつてどの家庭にも一つはあったものだ。ｉＰｈｏｎｅを守るガラスはこの鍋から生まれた。この鍋はセラミックスとガラスのハイブリッド、コーニングウェアからできている。米国のガラス企業のなかでも規模と歴史でトップクラス、数多くの発明をしてきたコーニング社が開発した。

一九五〇年代初頭、コーニングの社内発明家でドン・ストゥーキーという化学者が感光性ガラスの実験を行っていた。場所はニューヨーク州北部にある本社内の彼の研究室。ガラスの表面にケイ酸リチウムのサンプルを塗り六〇〇度で熱する。ピザを焼く窯の温度がだいたいこれくらいだ。ところが制御装置の故障で温度が九〇〇度まで上がってしまった。これは地表の中性溶岩に近い温度だ。このミスに気づいたストゥーキーは、実験自体も実験道具も台無しになったと思いながらかまどの戸を開けた。すると驚いたことに、ケイ酸リチウムは溶けておらず、ガラスは黄色がかった白色のプレート状に変貌していた。トングでかまどから取り出そうとしたところ、つるりと滑って床に落ちた。なんと奇妙なことにガラスは割れず、跳ね返ったのである。こうして合成ガラス・セラミックスが誕生した。

当時、発明家たちは少なくとも五〇年以上にわたり、粉々に砕けない安全ガラスを作りだそうと努力していた。一九〇九年にはフランスの化学者にしてアールデコ芸術家、エドゥアール・ベネディクトゥスが誤ってフラスコを棚から落としたところ、ひび割れはしたが粉々にはならなかった。フラスコにはかつて硝酸セルロースの液体プラスチックが入っていたが、中身が蒸発してガラスの内側に薄い膜だけが残されていたのだ。ベネディクトゥスは世界初の安全ガラスの特許を取り、第一次世界大戦中の米軍やフォード製自動車のフロントガラスに使われるようになった。

一方、ドン・ストゥーキーが発明した合成ガラス・セラミックスはコーニングによって「パイロセラム」と名付けられた。軽くて鋼より硬く、普通のガラスよりはるかに頑丈だ。コーニングはこれを米軍に売り込み、ミサイルの弾頭に使われるようになった。また、当時生まれたばかりの最新技術、電子レンジとも相性が良かった。調理皿「コーニングウェア」シリーズは同社のドル箱になった。

コーニングに残る言い伝えによると、一九五〇年代後半、同社会長のビル・デッカーが研究開発部門トップのウィリアム・アーミステッドと会話中、こう言ったとされる。「ガラスは割れる。これをなんとかしたらどうかね？」

コーニングウェアは割れないが不透明だ。同社は研究開発予算を倍増し、透明でさらに強いガラスの開発を目指して「プロジェクト・マッスル」を立ち上げた。当時知られていたガラスの強化法は大きく二つに分けられる。低温で熱してから急速に冷やすテンパリングは昔ながらの方法。もう一つの新しい方法は、熱した時の膨張率が異なるガラスを何層か重ねるレイヤー化だ。プロジェクト・マッスルのメンバーは二つの方法を組み合わせて実験を重ね、ついに極めて頑丈で粉々に割れず、キズも付きにくい強化ガラスを生み出すことに成功する。

その秘密は、カリウム塩の溶液にガラスを浸すという当時すでに知られた手法で強化する前に、ガラスの素材に酸化アルミニウムを加えるというレシピにあった。素材を化学的に強化するこのやり方は「イオン交換」という新技術を利用している。コーニングの説明によれば、まずガラスの主たる原料である砂に化学物質を混ぜ、ナトリウムを多く含んだアルミノ珪酸塩を作る。次に、それを素材にしたガラスをカリウム塩の溶液に浸して四〇〇度に熱する。カリウムはガラス素材に含まれるナトリウムより重いため、大きなカリウムイオンがガラス表面に詰め込まれて圧縮状態になる。この新しいガラスは「ケムコール」と名付けられた。普通のガラスの一五倍の強度を持ち、一平方インチ当たり一〇万ポンドの圧力に耐えると言われる。

一九六二年になるとコーニングはいよいよケムコールが市場に出せる品質になったと判断する。だが、どの市場に売り込むべきかわからなかった。アイデアがありすぎたのだ。そこでマンハッタンの中心部で記者発表会を行い、その性能を見せつけることにした。そうすれば市場はおのずと見つかるだろう――。発表会では記者たちがケムコールを激しく叩き、曲げたり歪めたりしようとしたが、どうしてもこのガラスを壊せなかった。PR効果は絶大で、コーニングには何千件もの問い合わせが殺到した。電話会社のベルは暴漢に壊されないよう電話ボックスに使うことを検討した。メガネメーカーも興味を抱いた。コーニング自身も監獄用窓ガラスや自動車のフロントガラスなど、七〇前後ものマーケティングのアイデアをひねり出した。

しかし、興味は持たれても実際の契約にはほとんど結びつかなかった。例えば自動車のフロントガラスに使うにはケムコールは頑丈すぎた。事故の際にはフロントガラスが割れないと人間の頭蓋骨がダメージを受けてしまう。AMC（アメリカン・モーターズ）のレーシングカー〝ジャベリン〟の一部に採用されたが、ほどなくジャベリンは生産中止になった。

一九六九年までにコーニングはケムコール製造に四二〇〇万ドルを投資した。世界中のガラスを強くする準備は万端だった。しかし市場は反応しなかった。極めて頑丈で価格の高いガラスを欲しがる人は誰もいなかった。あまりにもずば抜けた性能で、あまりにも価格が高かったのである。一九七一年、ケムコールとプロジェクト・マッスルはお蔵入りとなった。

○○○○

それから三五年が過ぎた二〇〇六年九月。初代iPhoneを世界にお披露目するまでわずか四ヶ月となったある日、アップル本社に怒り心頭のスティーブ・ジョブズが現れた。

「これを見てくれ」——彼はiPhoneの試作品を手に持って一人の中級幹部の顔の前に突きつけた。プラスチック製の画面はどこもかしこもひっかきキズだらけ。ジョブズのポケットにカギと一緒に押し込まれていたせいだ。「これを見てくれ。この画面はどういうことだ?」

「ええとですね、スティーブ、ガラス画面の試作品も用意したんです。ただ一メートル落下テストを百回中百回ともパスできず——」

ジョブズが話をさえぎった。「私が知りたいのは、そのくそったれの試作品を使えるようにする気があるかどうかだけだ」

このやりとりは、ジョブズらしさが端的に表れたエピソードとして有名だが、大きく流れを変えた瞬間でもあった。初代iPhoneのエンジニアチームのトップ、トニー・ファデルが言う。「最後の最後で画面をプラスチックからガラスに変えたんだ。誰も予想していなかった展開だ」。彼は笑いながら「そんなこと、いくらでもあったけどね」と振り返る。

当初の計画では、iPodと同じく画面に強化プレキシガラスを使ったiPhoneを出荷する予定だった。だがジョブズの鶴の一声で事態は急転し、iPhoneチームは落下テストをクリアする代替品を急いで見つけなければならなくなった。残された時間は一年を切っていた。だが、条件を満たすような製品は消費者向けガラス市場には存在しない。もろくて粉々に砕けるか、厚すぎてデザイン的に受け入れられないか、どちらかのガラスしかなかったのだ。そこで当初アップルは、社内でガラス強化に取り組もうとしたフシがある。どれほどの期間、どれだけ本気で検討したのか、はっきりした記録はない。二〇〇〇年代中頃のアップルにはきちんとした材料科学部門などなかった。ともあれ、内製する案は破棄された。

その頃ジョブズは友人から、コーニングというニューヨークのガラス会社のCEOウェンデル・ウィークスに会ってみるよう勧められる。パイロセラムの発明後もコーニングはずっと研究開発を続けていた。一九七〇年代にはロスの少ない光ファイバーを発明し、インターネットの普及に一役買った。二〇〇五年には、「モトローラ・レーザー」などファッショナブルな折りたたみ式携帯電話の流行を受け、かつてボツにしたケムコールの再検討を始めた。強くてキズのつかないガラスを手頃な価格で携帯電話用に売り出せないかと考えたのだ。このプロジェクトは〝頑丈で美しい〟霊長類の象徴にちなんで「ゴリラガラス」と名付けられた。

こうしてアップルのトップがコーニングのトップに会うためにニューヨーク州北部の本社を訪れた。当時のウィークスは半世紀前の技術を掘り起こし、改めて本格的なプロジェクトとしてスタートさせたばかりだった。ジョブズはアップルが何を求めているかを伝え、ウィークスはゴリラガラスについてジョブズに話した。

この時のやりとりはウォルター・アイザックソンが著書『スティーブ・ジョブズ』で克明に描

いたので今ではよく知られている。ゴリラガラスがいかに強いかを説明するウィークスに対し、そんなに強いガラスがあるなんて信じられないとジョブズは言い、米国最大のガラス会社CEOに向かってガラスの製造方法について講釈を垂れ始めた。するとウィークスはジョブズをさえぎり、「しゃべるのをちょっとやめて、私に解説させてもらえませんか？」と言ったのだ。こうした会談でジョブズがやりこめられた珍しいケースである。ジョブズは口を閉じ、ウィークスはホワイトボードに向かってゴリラガラスがなぜ優れているのかを説明した。ジョブズは納得し、彼らしさを取り戻すと、コーニングが作れるだけのゴリラガラスを買い取りたいと注文する。しかも数ヶ月以内に欲しいと。

「作れないんですよ」とウィークスが答える。「いま、そのガラスを作っている工場はないんです」。時間内に注文に応えられるほど生産能力を高めるのは不可能だ、とウィークス反論する。

これに対してジョブズは「心配はいらない」と返す。「やる気を出して頑張れ。君ならできる」。アイザックソンの伝記によれば、ウィークスはこのエピソードを語りながらあきれて首を横に振ったという。「六ヶ月もかからずにやり遂げました。それまで作られたことのないガラスを作ったのです」

五〇年前に試作品は作ったことがあったが、ゴリラガラスを大量生産した経験は一度もなかった。だがそれから数年もせず、市場に出回るほとんどのスマートフォンの表面をおおうことになるのだ。

ゴリラガラスの製造には「フュージョン・ドロー」という工程が不可欠だ。コーニングの説明によると「溶かしたガラスを〝アイソパイプ〟と呼ばれるトラフ（訳注：雨どいのようなY字型の容器）に流し込み、ガラスが左右両側から均等にあふれるようにする。あふれたガラスは底部で再結合、すなわち融合し（フュージョン）、下方に引っ張られる（ドロー）ことで切れ目のない平らなガラスの薄板ができあがる。その薄さはミクロン単位になる」。ちょうどアルミホイルほどの薄さだ。次にロボットアームの手を借りてガラスの薄板をなめらかにし、その後でカリウム塩の溶液に浸してイオン交換で強度を増す。

ゴリラガラスはコーニングの一工場で生産されている。ケンタッキー州ハロッズバーグ（人口八〇〇〇人）のだだっ広い牛の放牧場とたばこ畑に囲まれた場所にある。この工場では数百人の労働者と一〇〇人前後のエンジニアが働いている。

「コーニングのような大企業がこんな田舎町にきた理由は、農場で育った連中を雇うためだよ。連中は働き方をちゃんと知っているからね」――地元の農家ザック・イプソンは二〇一三年のNPRのインタビューにそう答えている。大量の葉たばこの収穫で知られる牧歌的な田舎町。そこからさらに外れた場所にある最先端技術を駆使したガラス工場で、世界一売れているデバイスの大事な部品が作られている。iPhoneの部品のうち、数少ない米国製の部品である。

ゴリラガラスはいまや家電業界にとって最も重要な素材の一つになった。携帯電話やタブレットだけでなく、いずれはあらゆる商品の表面をカバーするようになるかもしれない。家庭の情報化、スマート・ホーム化が進むにつれ、家にあるすべての家具が表面にスマート・スクリーンを持つかもしれない――コーニングはそんな未来まで視野に入れている。さらに、スマート化の進む自動車のフロントガラスにもいずれゴリラガラスが使われる可能性もある。

アップルとの契約はコーニングの躍進に大きく貢献した。ｉＰｈｏｎｅが売れたせいだけではない。ｉＰｈｏｎｅの成功を見て携帯電話市場にあわてて飛び込んできたサムスン、モトローラ、ＬＧなどほとんどのメーカーがコーニングのガラスを頼りにした。ゴリラガラスの技術は何十年も眠りながら、〝キズ耐性〟が世界中に求められる日を待っていたのだ。多くのことがタッチスクリーン上で処理されるようになる新しい世界を。

第4章

マルチタッチの発明者は誰か？

アップルに飲み込まれた無名の天才

Multitouched How the iPhone became hands-on

世界最大の素粒子物理学の研究所CERN（欧州原子核研究機構）——。その敷地はフランス・スイス間の国境をまたぎ、急ごしらえの新興住宅地のように無造作に広がる。迷宮のように立ち並ぶ研究棟やオフィスビルの大きさには、毎日通う職員でさえも圧倒される。

「今でも迷子になるんですよ」と話すのはCERNの知識移転チームの法務専門家デイビッド・マズール。この場違いな集団、つまり私を含めた一日見学グループご一行様の一人だ。他にCERNの広報担当者と、エンジニアのベント・ストゥンペも同行している。我々は何度か道を間違えては引き返しを繰り返している。ビルにふられた番号にはなんの規則性もなく、一号棟の隣の建物は五〇号棟だ。「しびれを切らした誰かが、敷地内の道案内をしてくれるiPhoneアプリを作ったんです。今や手放せません」とマズール。

CERNで最も有名なのは大型ハドロン衝突加速器だ。敷地の地下にある全長二七キロのリング状の設備で、「神の粒子」と呼ばれるヒッグス粒子はここで発見された。各国の地政学的な対立関係から切り離されたCERNは、何十年にもわたり二〇を超える国々との協力関係を育み、国際的な共同研究の安息地となってきた。この宇宙について人類の理解を大きく進める発見がいくつもここで生まれている。そして、ほとんどその副産物のようなかたちではあるが、工学やコンピュータといったより世俗的な分野でもCERNは大きな貢献をしている。

我々は足を引きずって階段の上り下りを繰り返す。学者や学生に混じって時々ノーベル賞受賞者とすれ違う。先ほど踊り場ですれ違ったのは九五歳になるジャック・シュタインバーガーだ。ミューニュートリノ発見の功績により一九八八年にノーベル物理学賞を受賞した。今でもしょっちゅうCERNに顔を出すという。ここで迷子になるのは楽しい経験だ。

我々の目的地は、ほぼ歴史から忘れ去られたある技術が誕生した場所だ。その技術とは、一九七〇年代初期に開発されたタッチスクリーンで、発明者が言うには「マルチタッチ」もできたそうだ。

マルチタッチとはいうまでもなく、人間とコンピュータの新しい対話方法を探していたアップルのENRIチームが飛びついた技術である。スティーブ・ジョブズはiPhoneを初めて披露した基調講演で「私たちはマルチタッチという驚異的な新技術を開発しました」と宣言している。「まるで魔法のように便利です。スタイラスは不要で、今まで発売されたあらゆるタッチ画面よりもはるかに正確です。とても賢く、意図せざるタッチには反応しません。複数の指で画面に描いたジェスチャーを読み取ります。しっかりと特許も取りました」――ここで聴衆は拍手喝采を贈ったものだ。

だが、それは本当に真実なのだろうか？

ジョブズがあれほど強引にマルチタッチの権利を主張した理由ははっきりしている。マルチタッチのおかげでｉＰｈｏｎｅは、競合する他の製品とはまったく別世界の存在になれたからだ。だが、もしマルチタッチの定義を「二本かそれ以上の指で同時になされる表面への接触を検知できる技術」とするなら、その技術はｉＰｈｏｎｅ誕生の何十年も前からさまざまなかたちで存在していた。ただし、そうした技術の歴史は今までほとんど脚光を浴びたことがない。発明者や開発者も忘れられたか、もしくは知られないままでいる。

だから私はベント・ストゥンペに会いに来た。デンマーク人エンジニアのストゥンペは、「スーパー・プロトン・シンクロトロン（ＳＰＳ）粒子加速器」という大仰な名前の装置を管理運営するため、一九七〇年代にタッチスクリーンを開発した人物だ。彼が私に「静電容量式マルチタッチ・スクリーンが生まれた場所を見せる」ため、ＣＥＲＮの見学ツアーを勧めてくれたのだ。そう、ストゥンペは彼の開発したタッチスクリーンこそｉＰｈｏｎｅの直系の祖先だと思っている。どの程度似ているかといえば「〝ほぼ同じ〟か〝まったく同じ〟」であり、アップルの特許に自分のシステムについての記述がないのは不適切ではないだろうか、とストゥンペは言う。

「一番最初に開発したのは一九七二年、ＳＰＳ加速器で使うためでした。その基本原理は一九七三年のＣＥＲＮの刊行物で発表しています。その時点ですでにちゃんとした静電容量式の透明なマルチタッチ・スクリーンでした」

ストゥンペは活気あふれる七八歳。白髪を短く整え、常にやんちゃな笑みを浮かべている。目には好奇心の輝きがある（フランク・カノバの目にも同じ輝きがあった。「報われない発明家の輝き」と呼ぶべきか）。Airbnbで見つけたジュネーブの民家に泊まっていた私を車で迎えに来たストゥンペは、CERNまでドライブしながら愛想良く世間話をし、名所を通るたびに解説してくれた。

○○○

CERNはWWW（ワールドワイドウェブ）の生まれた場所でもある。CERNに数え切れないほどいる物理学者たちの間で手軽にデータを共有したいと考えたティム・バーナーズ＝リーが、ハイパーテキストで情報ページを互いにリンクする仕組みを考案したのがきっかけだ。その有名なエピソードは技術の歴史にしっかりと記録されているが、コンピュータを大きく進化させることになるベント・ストゥンペの貢献はほとんど知られていない。バーナーズ＝リーとストゥンペは互いに肉声が聞こえるほど近くの部屋にいたというのに――。

史上初めてマルチタッチに対応したデバイスの一つは、WWWが生まれたのと同じ研究機関、同じ環境下で（WWWより一〇年ほど早く）産声をあげた。iPhoneがずば抜けていた理由の一つは、WWWの豊かな情報の海をマルチタッチで自然に快適に泳げるようにしてくれた点にあった。だが、テクノロジーの歴史にストゥンペのマルチタッチは登場しない。欄外の注釈に、研究家でさえ見落としかねない小さな文字で追記されているだけだ。

またしても、と言っていいだろう。マルチタッチの発明に貢献した人々は、そのほとんどが注釈程度の扱いしか受けていない。マルチタッチは極めて重要な発明ながら、それに見合う正当な評価を受けていない技術の一つである。その理由は、共通基盤のない、まったく異なる業界や研究分野のアイデアを寄せ集める必要があったからだ。例えば、タッチ技術を最初に生み出した先駆者の一部は、頭の中にある独創的な音楽を現実の音に変換する方法を探し求めていたミュージシャンだった。また、別の先駆者となったのは、次々と流入するデータをもっと効率的に処理したいと考えた技術者だった。さらに、テック業界黎明期の一人の夢想家は、タッチ技術こそデジタル教育の効果を決めるカギになると考えた。その後に登場したもう一人の夢想家は、タッチ操作のほうがキーボードより人々の(手首の)健康に良いと考えた。こうして独創的音楽やデータ効率、教育効果、人間工学というバラバラの分野での半世紀におよぶ情熱的な改善努力が組み合わさった結果として、タッチ技術、ひいてはマルチタッチ技術がｉＰｈｏｎｅに搭載され、世界中の人々に使われる技術になったのである。

○○○○

二〇〇七年、スティーブ・ジョブズが基調講演で「自分とアップルがマルチタッチを発明した」という趣旨の発言をした直後から、ビル・バクストンのもとにメールが殺到した。「あの発言は正しいのか？」「ずいぶん前に君が似たようなことをしていなかったっけ？」

もしも世間に知られた〝マルチタッチの父〟が存在するとすれば、それはおそらくバクストンだろう。有名なゼロックスＰＡＲＣ（パロアルト研究所）で働いていた時代に、ロバート・モーグ（シンセサイザーの生みの親）と音楽テクノロジーの実験を繰り返し、一九八四年にはマルチタッチを継続的に検出できるタブレット型デバイスをチームで開発した。一九八五年には「三次元の接触に反応するマルチタッチ・タブレット」という論文をカナダのトロント大学から共同執筆者として発表している。〝マルチタッチ〟という言葉が使われたのはおそらくこれが最初だろう。

さて、バクストンはメール受信箱にあふれかえった問い合わせに個別に答える代わりに、一つの文書を書き上げてオンラインで公開した。そこでバクストンはこう述べている。

「マルチタッチの技術には長い歴史がある。全体像を俯瞰して見れば、私がトロント大学にいた時のグループが一九八四年にマルチタッチに取り組んでいる。これは初代マッキントッシュが発売された年だ。それでも我々のグループが最初ではない」

では、誰が最初にマルチタッチを生み出したのか。「それはおそらくベル研究所のボブ・ボイエだろう。私の知る限り、ちゃんと動くマルチタッチ・システムを最初に考え出したのは彼だ」とバクストン。「だが、ほとんど誰もそのことを知らない。彼は特許を申請しなかったから」――。他の多くの発明と同じく、それを何に役立てるべきか親会社（電話会社のベル・システム）には見当もつかなかったのである。

ここで少々、電子音楽の歴史を振り返りたい。タッチ技術のルーツを知るには電子音楽を避けて通るわけにはいかない、とバクストンは言う。この世に存在した職業のなかで、技術を媒介に独創的なアイデアを表現してきた歴史が最も古いのはおそらく音楽家である。例えばシンセサイザーは長い歴史と何人もの「生みの親」を持つ。グラハム・ベルと電話の特許を争ったイライシャ・グレイも〝シンセサイザーの父〟の一人とみなされている。彼が活躍したのは二〇世紀直前だ。「シンセサイザーの歴史はそこまでさかのぼる。しかも音量や鍵盤圧力、静電容量といったいろんな技術が混ざり合っているから、〝誰が何を発明した〟とはっきり決めるのは難しい。タッチスクリーンの歴史と同じだよ」とバクストン。「例えば指先がどんな動きをしているかというような、人間の感覚でとらえたタッチの感触は、昔から楽器の大切な一要素だった。だからそうした微妙なニュアンスを検知できる電子回路を作る人がでてきた。鍵盤を叩くにしても弦のビブラートにしても、〝触ったか否か〟ではなく〝どれほど強く触ったのか〟が大事なんだ」

ジェスチャーで音が変わる実験的な電子楽器で最古の一つはテルミンだ。一九二八年に特許をとったこの楽器は音高と音量を調節する二つのアンテナからなる。今でこそ古いSF映画やサイケデリック・ロックのイメージが強いが、発明当時は真面目な楽器として扱われていた。

このテルミンに触発されたロバート・モーグがポップ・ミュージックで使われるシンセサイザーを生み出す。モーグは、人間の手の微妙なタッチを機械がどこまで読み取れるかベースとなる基準を作っただけでなく、シンセサイザーの調節用にタッチパッドも作製している。カナダ人学者のヒュー・ル・ケインも静電容量式タッチセンサーを備えた電子楽器を作ったし、カリフォルニア州バークリーのテクノ・ヒッピー、ドン・ブックラもシンセサイザーの先駆者だった。バクストンだけでなく、彼らみんなが静電容量式タッチ技術の開拓者と言える。

○○○○

今の我々から見ても違和感のない現代的なタッチスクリーンを備えた初めてのデバイスが登場したのは一九六五年のことだ。英国空軍レーダー研究所のエンジニア、エリック・アーサー・ジョンソンが空の交通整理を効率化するために考え出した。

当時はパイロットが飛行計画の変更を管制塔に連絡してくると、そのたびに管制官は五文字から七文字の（その飛行機の）コールサインをテレタイプ端末に打ち込み、ディスプレイにデータを表示させる必要があった。この作業には時間がかかるし入力ミスも起きる。もしタッチスクリーン式の管制システムがあれば、管制官は飛行計画の変更を効率的に入力できるだろうとジョンソンは考えた。彼が作った最初のタッチスクリーンは、ブラウン管の表面に銅線をめぐらせた、いわば「触れるテレビ」であった。これだと一度に一つのタッチしか検出できないという限界はあったが、静電容量式であり、現代のタッチスクリーンの下地をそこに見ることができる。

このタッチスクリーンは、地域のすべての飛行機のコールサインが格納されているデータベースとつながっていた。それぞれの銅線には対応するコールサインが表示されており、飛行機から連絡が入ると、管制官はその飛行機のコールサインに対応する銅線にただ触れればいい。すると、実際に可能な飛行計画の変更プランのみが選択肢として表示される。コールサインの入力ミスといったささいな間違いでも壊滅的な事故につながりかねない管制塔にあって、これは賢く処理時間を短縮する素晴らしい方法だった。

これほど大きな技術的貢献をした人物なのに、ジョンソンに関する記録はほとんど残っていない。なぜ彼がタッチスクリーンを思いついたのかは想像するしかないが、ジョンソンの特許申請書には「先行技術」としてオーチス・エレベータの二つの特許が引用されている。一つは静電容量式の近接検知センサー（人が近くにいる時にドアを閉めないための技術）、もう一つはタッチ式の操作パネルだ。他にもＧＥ、ＩＢＭ、米軍、そしてアメリカン・マシン・アンド・ファウンドリーの特許に触れている。これら六つの特許はいずれも一九六〇年代初頭から中盤にかけて申請されたものだ。さすがにコンピュータの入力には使われなかったにせよ、タッチコントロールというアイデアは当時の〝空気中を漂って〟いたのである。

ジョンソンはさらにもう一つ、一九一八年の特許「タイプ記述式テレグラフ・システム」も引用している。コネチカットに住んでいた若いイタリア移民フレデリック・ギオの発明だ。これは要するにタイプライターをタブレット・サイズに平面化し、それぞれのキーのマス目をタッチ感知システムに繋いだものだ。今のスマートフォンで使うキーボードのアナログ版と思えばいい。

ジョンソンの静電容量式タッチスクリーンは実際に英国の管制塔で採用され、一九九〇年代まで使われていたが、その後は抵抗膜式タッチスクリーンに取って代わられた。抵抗膜式を考案したのは米国の原子物理学者サミュエル・ハーストのグループだ。圧力を検知する抵抗膜式タッチスクリーンは、安価ではあったものの精密さに欠け使い勝手が悪く、その後数十年間にわたりタッチスクリーンの評判を落とす結果になる。

○○○○

さて、CERNに話をもどそう。懇親会か何かで大勢の科学者のいるホールを抜け、我々一行はがらんとした会議室に案内された。そこでストゥンペは分厚いフォルダを二冊と一九七〇年代に作られたタッチスクリーンの試作品を取り出した。

ここで私は場の空気が少し緊迫してきたことに気づいた。というのも、ストゥンペは自分の技術がiPhoneに使われていることを立証しようとしているのに対し、法務専門家のマズールは、それがCERNの公式見解だと私に勘違いさせないためにこの場に立ち会っているのだ。ストゥンペがマルチタッチを思いつくに至った経緯を説明しだすと、二人は細かな点をめぐって(礼儀正しく)ジャブの応酬を繰り広げた。

ストゥンペは一九三八年にコペンハーゲンで生まれた。高校を卒業するとデンマーク空軍に入り、そこで無線技術とレーダー工学を学ぶ。退役後はテレビ工場の研究所に就職し、新しいディスプレイ装置の実験や試作品作りに明け暮れる。そして一九六一年にCERNに転職。当時のCERNはちょうど初代の粒子加速器「プロトン・シンクロトロン(PS)」を次世代の「スーパー・プロトン・シンクロトロン(SPS)」に格上げする時期にさしかかっており、この巨大な装置を制御する方法を探していた。PSは円周が〇・五キロメートル強と小さめなので、複数ある制御装置を一カ所にまとめずにバラバラにしたままでも操作できた。だがSPSの円周は約七キロメートルもあるのでそうはいかない。そして、それぞれの制御装置から制御室まで直接回線を引くのは予算的に無理だった。

制御装置の問題解決を一任された人物、フランク・ベックは、タッチスクリーンという生まれたばかりの新技術について聞いたことがあり、これがSPSに使えるかもしれないと考えた。そこでベックは同僚のストゥンペを訪ね、何かアイデアはないかと聞いてみた。

ストゥンペにはアイデアがあった。「私がテレビ工場の研究所で働いていた一九六〇年、プリント基板に取り付ける小さなコイルを女性たちが時間をかけて作っているのを見て、基盤に直接コイルをプリントできればコスト削減になると考え、そのような実験をしたことがありました。

コイルを直接プリントできたのだから、コンデンサ（キャパシタ）もプリントできるのではないかと。極めて細い線をつなげたキャパシタを透明なガラス基盤の表面にプリントするのです。このコンデンサを電子回路に組み込めば、その回路は指でガラスに触れた時の静電容量の変化を検知できるようになります。――ですから、ｉＰｈｏｎｅのタッチ技術は一九六〇年に端を発すると言ってもあながち的外れではないのです」（ストゥンペ）

一九七二年三月、ストゥンペはプログラム可能なボタンを一定数配置した静電容量式タッチスクリーンの図案を手書きし、ベックと共同でＣＥＲＮ内の上位グループに提案した。そのグループは年末になって、タッチスクリーンと小型コンピュータを中心に据えた新システムの設計図を発表した。ＣＥＲＮはこれを採用し、ストゥンペのために屋外の草地に二〇平米ほどの「仮小屋」を建てた。彼はここで同僚に「イオン・スパッタ蒸着法」という新技術を教えてもらい、透明で柔らかいマイラー・フィルム（訳注：デュポン社の商品名で、強化ポリエチレンのシート）の表面に薄い銅の層を定着させることに成功する。「同僚と一緒にいくつかの基本素材を開発しました。そして、初めて透明な物体の表面に透明な接触コンデンサを埋め込むことに成功したのです」とストゥンペ。

こうして一九七六年のＳＰＳの運転開始時には、ストゥンペの手によるタッチスクリーンとそこに表示された一六個のボタンで見事に制御できるようになっていた。彼はその後も「仮小屋」でタッチ技術の研究を続け、最後には格子状に張り巡らせたワイヤーでいっそう正確にタッチを検知でき、現在の我々が知るマルチタッチに近い操作ができる次世代のタッチスクリーンを考案した。

ストゥンペに言わせれば、ＳＰＳの制御に使われたタッチスクリーンはマルチタッチも可能で、最大で一六個のボタンすべてが同時に押されてもそれぞれを検知できる性能を秘めていたという。だがプログラマーは誰もその性能を利用しなかった。必要がなかったからだ。このためストゥンペの考案した次世代型タッチスクリーンも実際に製造されることはなかった――。

ホチキスで綴じられた書類を手にストゥンペは言う。「今のｉＰｈｏｎｅは、一九七七年のこの報告書に盛り込まれたタッチ技術も使っています」

彼は実際に動く試作品も作ったが、組織の支持は得られなかった。「ＣＥＲＮはご丁寧にも理由を説明してくれましたよ。最初のタッチスクリーンがなんの問題もなく役に立っているのに、なぜ予算を割いて別のタッチスクリーンを研究する必要があるのか、とね。それで私は開発をやめました」

それから数十年後、突如として携帯電話にタッチスクリーンを使う必要が生じた。「そこで企業は昔の技術を調べ返して、〝これは使えるのでは？〟と気づいたのです。産業というのは過去の経験を土台に成り立っています。今のｉＰｈｏｎｅ技術もそのようにして成り立っているのです」

○○○○

楽器や飛行機、粒子加速器――これらを操作するためタッチ技術は発展してきた。一方、初めてコンピュータの操作にタッチ技術が導入され、大勢の人に使われたのは、一九六〇年代に始まったコンピュータによる教育支援システムの「ＰＬＡＴＯ」だ。伝言板やマルチメディア、デジタル新聞などの機能を持ち、端末の画面を触ってそれらを操作できる。一九八〇年代までには米国中西部の大学を中心に国外まで含めて数千台の端末のネットワークが広がった。厳密にはタッチスクリーンではなく、画面の四辺に光センサーを搭載して画面上を光線でおおう仕組みだ。画面のどこかを触れれば光線がさえぎられるため、どこに触ったか検知できる。

ＰＬＡＴＯを製造したのはスーパーコンピュータを作っていたコントロール・データ・コーポレーション（ＣＤＣ）で、ＣＥＯのウィリアム・ノリスは「コンピュータ技術を社会的不平等の解決に役立てたい」という強い思いを抱いていた。彼が採算を度外視して二〇年近くかけて米国中西部を中心に普及させたＰＬＡＴＯのネットワークは、当時まだ存在すらしていなかったＷＷＷを先取りするものであり、「タッチ操作できるコンピュータ」というコンセプトを世間に知らせる役割も担った。最後のＰＬＡＴＯは二〇〇六年まで稼働していた。

〇〇〇〇

技術は常識外れの使い方をした時こそ最も役に立つ、という言葉がある。しかしマルチタッチの場合は常に本来の使い方を外れずに改善を積み重ねてきた。人間の思考や感情、アイデアをいかにコンピュータ・コマンドに変換するか、その方法に磨きをかけてきた。一九八〇年代から九〇年代にかけ、タッチ技術は主に学術界と研究機関、産業界において進歩し続けた。だが、マルチタッチが本当に世間で一般的に使われるようになるきっかけを作ったのは、一人のエンジニアだった。手に持病を抱えたエンジニアが個人的な思いを込めて作った製品が、幸運にも世界最大のテック企業のオフィスで使われていたことが、すべてのきっかけとなった――。

デラウェア大学で電子工学を専攻したウェイン・ウェスターマンは、一九九九年に書き上げた博士論文「マルチタッチ表面におけるハンド・トラッキング、指の検知、およびコード操作」のなかで、極めて個人的な献辞を述べている。

本稿を母ベシーに捧げる。
慢性痛に負けない賢いやり方を数多く考え出し、
私にも教えてくれた母に。

ウェインの母親は慢性の腰痛に悩まされ、日常生活の多くをベッドの上で過ごさざるを得なかった。だが彼女は落ち込んだりせず、ベッド上で料理の下ごしらえをしたり、米国大学婦人協会の議長として自宅で会議を開催したりと前向きに持病と戦った。ベシーと息子のウェインの不屈の努力がなければ、マルチタッチがｉＰｈｏｎｅに採用されることはなかったかもしれないのだ。

ウェイン・ウェスターマンのｉＰｈｏｎｅに対する貢献はあまり世に知られていない。その理由の少なからぬ部分は、アップルの秘密主義にある。アップルはウェスターマンがオンレコの（実名で記事に登場することを前提とした）取材に応じることを決して認めようとしないからだ。それでも私は姉のエレンと会い、ウェスターマン一家の歴史について聞くことができた。

ウェインは一九七三年にミズーリ州カンザスシティに近いウェリントンという小さな町で生まれた。姉のエレンより一〇歳下になる。父親は高校教師だった。ウェインは幼い頃からレゴなど手先を使う遊びに熱中し、また五歳からピアノを始めた。この二つが彼の創意工夫の才を開花させたと姉は見る。その後、母ベシーの腰痛が悪化するとエレンが主婦役を務めるようになるが、彼女が大学に通い始めると、今度は八歳のウェインが日中に掃除や料理など家事をこなした。彼は一〇代になると電子回路をいじくることに興味を持ち、高校を学年トップの成績で卒業するとパデュー大学の奨学生となる。

この頃からウェイン・ウェスターマンは手首の反復運動過多損傷（RSI：特定の筋肉を酷使することで生じる腱鞘炎のような症状）を発症し、コンピュータの前で長時間論文を書くと痛みを感じるようになる。だが彼は落ち込まず、自分で解決法を考え出そうと試行錯誤した。キネシスというメーカーのエルゴノミックキーボードにローラーを取り付け、タイプしながら手を前後に動かせるようにしたところ、これがたいへんうまくいき、手首の痛みが緩和された。ウェスターマンは特許を取ろうしたが申請は認められず、ワシントン州のキネシス本社に乗り込んで幹部に直接アイデアを売り込んだが、製造コストがかかり過ぎるため採用されなかった。

その後ウェスターマンはデラウェア大学の博士課程に進んでAIの研究を始める。この頃また手首が悪化し、キーボード以外の入力方法を探し始める。「光学式ボタンや静電容量式タッチパッドなど、力をこめないタイプの入力装置だと手首が長持ちするとわかりました」とウェスターマンは語っている（彼は数えるほどしかインタビューを受けておらず、その大半はアップルに入社する前のものだ。以下の発言はすべてそうしたインタビューからの引用である)。だが、当時の市場にはマルチタッチ対応のそうした入力装置はなかった。ウェスターマンと指導教授のジョン・エリアス博士は、本業である人工知能の研究から脇道にそれ、マルチタッチ対応の新しいタッチパッドを作ろうと決意する。

「私はピアノを弾くので、一〇本の指をすべて使って楽器を演奏するようにコンピュータに意志を伝えるのは、楽しく自然なことに思えました」(ウェスターマン)

二人は複数の指による複雑な動きを検知できるAIアルゴリズムを開発し、キーボードを使わずに入力できる独自のタッチパッドを作り上げた。ところが周囲の評判は芳しくなかった。人々は何十年も前からコンピュータの入力装置として定着しているキーボードに慣れており、平たいタッチパッドの表面を長時間タップしたりスワイプしたりしたいとは思わなかったのだ。ただし、この時に開発したAIアルゴリズムにウェスターマンは手応えを感じた。「(キーボードのように)カチっという打鍵感が得られないにもかかわらず、軽やかでしかも歯切れよく入力でき、かなりの精度でした」(ウェスターマン)

デラウェア大学は彼らのタッチパッドの将来性を認め、研究開発予算を割くと約束した。また全米科学財団からの補助金も獲得できた。こうしてウェスターマンはAIの研究からマルチタッチへと博士論文のテーマを乗り換える。彼が目指したのは、一連のジェスチャーによってマウスとキーボードを不要にすることだった。新しいタッチパッドは一本指のタップと複数の指のタッチとを見分けることができるため、一つの入力装置でキータイピングとジェスチャー入力をシームレスに切り替えられる。キーボードは必要に応じてタッチパッド上に現れたり消えたりする。ジェスチャーは、二本指でピンチすると（〝ズーム〟ではなく）〝切り取り〟、二本指を右回りに回転すると〝ファイルを開く〟、左回りだと〝ファイルを閉じる〟といった具合だ。このタッチパッドが実際に役立つという何よりの証拠は、三〇〇ページを超えるウェスターマンの博士論文だった。彼はRSIを抱えながら新型タッチパッドの試作品でこれを書き上げたのだ。「論文を仕上げるために試作品をほぼ毎日使ってわかったのは、この入力方法がキーボードとマウスの組み合わせに比べて、精度では決して劣らず、効率ははるかによく、疲労感は大幅に軽減されるということです」（ウェスターマン）

その博士論文にはこう書かれている。「昔ながらの機械式キーボードには確かにいくつもの長所があるが、最新のソフトウェアが必要とする豊かで複雑な視覚的操作に使うには物理的に相性が悪い。（中略）キーボードではなくマルチタッチ対応型パッドを使って手の動きを認識させれば、人間の手とコンピュータとの間に生じる相互作用の形は劇的に変わる可能性がある」

——まさに、彼の言うとおりだった。

○○○○

一九九九年に博士論文を書き上げると、ウェスターマンと指導教授のエリアスは二〇〇一年にこの入力装置の特許を取り「フィンガーワークス」という会社を設立する。資金援助を続けるデラウェア大学がこのスタートアップ企業の株主になった。当時はまだ〝インキュベーター〟や〝アクセラレーター〟などの言葉が流行する前の時代で、スタンフォード大学やMITを除くと、教授や学生による発明と起業をこうしたかたちで大学が支援する例は珍しかった。

二〇〇一年にフィンガーワークスは「iジェスチャーNumパッド」を発売する。マウスパッドほどの大きさで、パッド上で指を動かすとその動きをセンサーが検知する。ジェスチャー認識機能はパッド自体に内蔵されている。クリエイティブな職業の人々からは絶賛されたが、顧客基盤としてはそれほど大きくなかった。とはいえ世間に与えたインパクトは相当なもので、同社の二番目の製品「タッチストリーム・ミニ」の発売はニューヨークタイムズで報じられるほどであった。二四九ドルのこの製品は、右手用と左手用の二つのタッチパッドが一つのセットになり、キーボードを完全に代替する。新聞記事では「痛みでコンピュータが使えない人々をマーケティング対象としている」と報じられたが、同社にはマーケティング部門がないという問題があった。それでもフィンガーワークスの製品はネット経由で少しずつ売上げを伸ばし、熱狂的なユーザーを得るようになる。一部のユーザーは自らを〝フィンガー・ファン〟と呼び、ネット上で情報交換の掲示板を立ち上げるほどだった。とはいえ、当時の販売総数はせいぜい一万五〇〇〇個程度であった。

その頃、フィラデルフィアの投資フェアでフィンガーワークスはジェフ・ホワイトという人物と出会う。ホワイトは自分の興したバイオテクノロジー企業を売却したばかりで、その資金の投資先を探していた。彼はフィンガーワークスの技術に惚れ込んだものの、まともな経営陣がいない実態を知り、きちんとした経営者を見つけたら必要な投資資金をすべて出そう、と持ちかける。ホワイトによれば、フィンガーワークス側は「ではあなたが経営者になってください」と答えたという。彼は、自分を共同創業者にして他の創業者と同じだけの株式をくれることを条件に、無償で経営者役を引き受けた。「あれは私の人生で最高の決断でした」とホワイト。

自分と同じように手首に障害を持つ人々を助けたいというウェスターマンの意志は尊重しつつも、ホワイトはユーザー数と事業規模拡大を優先的に考え、会社の売却を提案する。そしてIBMやマイクロソフト、NEC、そしてもちろんアップルといったテック企業の巨人たちと次々に会談を行った。みな興味は抱いたものの、買収の決断には至らなかった。そうこうしている間にもフィンガーワークスの評判と顧客基盤は堅実な上昇を続け、二〇〇五年一月のCES(コンシューマー・エレクトロニクス・ショー)では「iジェスチャーパッド」が「ベスト・イノベーション賞」を受賞する。

それでもアップル経営陣はフィンガーワークスの買収が必要とは考えなかった。結局はENRIチームがマルチタッチを採用すると決めたことで、買収に向けた話が進み始める。当時の買収交渉を詳細に知る元アップル社員が私に語ったところによれば、アップル経営陣はフィンガーワークスに対しあえて格安の買収価格を提示し、フィンガーワークス側は当初これを拒否したという。アップルの入力担当グループのトップ、スティーブ・ホテリングはフィンガーワークスの知人たちに個別に電話をして説得し、最後は彼らも妥協して受け入れたそうだ。

「アップルは大いに乗り気でしたよ。ライセンス供与の打診があっという間に買収交渉に変わり、八ヶ月ほどですべてが決まりました」(ホワイト)

買収契約の条件には、ウェスターマンとエリアスがアップルに入社することも含まれていた。

彼らの持つマルチタッチの特許もアップルのものとなる。後から共同創業者になったジェフ・ホワイトは棚ぼた式の大金ににんまりしたであろう。しかし、ウェスターマンの姉によれば、ウェイン・ウェスターマンはフィンガーワークスをアップルに売却することに全面的には賛成していなかった。彼は創業時からの信念——腱鞘炎やRSIに悩まされている多くの人に安心して使えるキーボードの代替品を届けたい——に強い使命感を持っていたからだ。フィンガーワークスはそうした人々の一助になっており、アップルへの売却は、少人数ながらも熱狂的なこれまでの利用者をある意味で見捨てることになる——ウェスターマンはそう思ったのだ。

確かにその通りだった。二〇〇五年にフィンガーワークスのウェブサイトが閉鎖されると、フィンガーワークス利用者のコミュニティには驚きと不安が広がった。バーバラと名乗る利用者はウェスターマン本人に質問のメールを送り、その返事を利用者グループの掲示板で公開した。

私はウェイン・ウェスターマンにメールを書き、さきほど（非常に速やかな）返事をもらいました。私はメールで「会社を売ったのですか？　フィンガーワークスの一連の製品は、他の会社の製品となって今後も継続するのでしょうか？」と聞きました。ウェスターマンの返事は次の通りです。「私は製造の継続を望んだのですが残念です。少なくとも製造中止がこれほど突然でなければよかったのですが。とはいえ、私たちみんなで幸運を願えば、製品を支えた技術が永遠に消えてしまうことはないかもしれませんね :-)」

二〇〇七年にiPhoneという新しい携帯電話が発表されると、謎は一気に解けた。アップルが取得したマルチタッチ・デバイスに関する特許にはウェスターマンの名前があり、ジェスチャーで操作するiPhoneのマルチタッチ技術は誰が見てもフィンガーワークスのそれとそっくりであった。発表の数日後、ウェスターマンはデラウェア州の地方紙のインタビューに応じている。これが公の場での彼の最後の発言になる。

「(フィンガーワークスとiPhoneの技術には)実は非常に大きな違いがあります。iPhoneのマルチタッチは透明なディスプレイ上で行いますが、フィンガーワークスの製品はどれも不透明でした。両者には明らかに似ている点もありますが、アップルはディスプレイ上で機能するようにしたという点で、間違いなく一歩進んだ技術にしたのです」

生産中止になったフィンガーワークスのキーボード「タッチストリーム」は、RSI患者を中心に奪い合い状態になった。〝ギークハック〟という掲示板では、かつて三三九ドルで買えた製品を一五二五ドルで買ったという愛用者が「僕はフィンガーワークスを四年間使っているけど一度も後悔したことがない」と投稿している。「エルゴノミクス」をうたう製品は数あれど、本当にキーボードの代替品となる製品は唯一フィンガーワークスだけだ——愛用者たちはそう考えていた。だからこそ、少なからぬ〝フィンガー・ファン〟がアップルを非難した。前述の愛用者はこうも述べている。「二〇〇五年、慢性的RSIに悩む患者たちは、思いやりのないスティーブ・ジョブズのせいで突如として荒野に投げ出された。アップルは大切な医療製品を市場から取り上げたのだ」

フィンガーワークス以降、ＲＳＩを抱えるコンピュータ・ユーザーのために発売された大型商品は一つもない。ｉＰｈｏｎｅやｉＰａｄには、元のフィンガーワークス製品が備えていた画期的な操作性の一部しか使われていない。フィンガーワークスの説明書には何十種類もの「ジェスチャー・リスト」が図解されていたものだ。アップルはこれを幼児でも操作できるほどに単純化し、そのおかげでｉＰｈｏｎｅがとてつもない大ヒット商品となったのは確かだ。とはいえ、もしフィンガーワークスが従来通りの開発を続けていれば、まったく新しい豊かな入力方法が生まれていたかもしれない。もしそうなら、何千人もいたフィンガーワークス利用者の人生は劇的に改善されていたはずだ。実際、ＥＮＲＩチームがマルチタッチに目を付けるきっかけを作ったアップル社員のティナ・フアンは、手首の痛みを和らげるためにフィンガーワークス製品を職場に持ち込んでいたのである。

とはいうものの、ウェスターマンの助力でｉＰｈｏｎｅに装備されたマルチタッチ技術はいまや数十億人の利用者がいる。というのもアンドロイド端末や他のタブレット、トラックパッドなどを操作する際のデファクト・スタンダードになったからだ（また、ｉＰｈｏｎｅには視聴覚障害者用の補助機能など、数多くのアクセシビリティ機能が搭載されていることも指摘しておきたい）。

ウェスターマンの母は二〇〇九年にがんで他界した。その一年後には父も亡くなった。二人ともｉＰｈｏｎｅを持つことはなかったが、息子の成し遂げた功績は誇りにしていた。両親だけではない。姉の話によれば、故郷ウェリントンではウェイン・ウェスターマンは英雄である。彼は母と同じように慢性痛に負けない賢いやり方を見つけ出し、結果的にそれがコンピュータと対話する中心的方法としてタッチスクリーンを世界中に普及させるのに一役買ったのである。

○○○○

ここで我々は、あらためて二〇〇七年のスティーブ・ジョブズの発言に立ち返りたい。アップルがマルチタッチを発明した、という基調講演での発言は本当に正しいのだろうか？

「（アップルは）間違いなくマルチタッチも静電容量式タッチスクリーンも発明していません」とバクストンは言う。「ただし、それらの技術を最高水準に高めたのは彼らです。そこに疑問の余地はありません」

アップルは半世紀も前からあったタッチ技術の潜在能力を見事に引き出したのである。パイオニアの一社を買収し、タッチ技術をアップルならではの素晴らしい使い勝手に高めた。であれば、次の疑問が生じる。半世紀前から土台はできていたのに、タッチ技術がここまで普及するのになぜ何十年もかかったのか？

「技術の普及にはだいたいそれくらいの時間がかかるのです。マウスなんてマルチタッチよりゆっくりでした」――そう話すバクストンは、この現象を「イノベーションのロングノーズ（長い鼻）」と呼ぶ。何か一つの発明がなされたとしても、それが本当に役立ったり魅力的になったりするには、他のさまざまなエコシステムや技術が生まれ育つ必要があるが、それには数十年もかかるので、その間その発明は〝寝かせておく〟しかない、という理論だ。マウスが本当に普及したのはＷｉｎｄｏｗｓ95が生まれて以降だ。それまではほとんどの人がキーボードでＤＯＳコマンドを入力していた。いや、そもそもＰＣを使っていなかった。

ｉＰｈｏｎｅの登場によって、人々は流れるようになめらかな操作でコンピュータと対話できるようになった。アップルはマルチタッチを飛躍的に魅力的にした。だが、マルチタッチを生み出したのはアップルではない。無数の集団、チーム、発明家たちが過去の成果を土台に生み出したのだ。世界中で使われる中核的な技術とは常にそのようにして生まれる。マルチタッチの場合は、新境地を切り開こうとした音楽家や効率を追求したエンジニア、理想的な教育に情熱を燃やしたＣＥＯ、そして自分の障害に打ち勝とうとした科学者などが生み出したのである。

バクストンは若い世代が心配だという。「イノベーターやデザイナーを目指す若い人たちが〝エジソン神話〟を信じこまされていることが気がかりです。スティーブ・ジョブズでもビル・ゲイツでもいいのですが、一人の偉大な天才が発明するのではありません。いくつものチームが知恵と努力を積み重ねた結果なのです。そうした現実や史実を教えられていません」

○○○○

ベント・ストゥンペはＣＥＲＮで、自分の発明がｉＰｈｏｎｅへの下地を作ったという証拠を微に入り細に入り説明した。彼が書き上げたタッチスクリーンに関する報告書は一九七三年に出版され、翌年にはその図案をもとにデンマークのテック企業がタッチスクリーンの製造を開始したという。米国の雑誌がこれを記事にし、世界中のテック企業から何百件も問い合わせが殺到した――。話を聞く限り、ストゥンペはなんの名誉も報酬も得ていないが、彼のイノベーションが現在のタッチスクリーンへと続く血脈に組み込まれているのは間違いなさそうだ。もちろん、黎明期の技術というのは、どれが最初でどれが同時発生なのか見分けるのは不可能に近いのだが。

ジョンソン、テルミン、ノリス、モーグ、ストゥンペ、バクストン、ウェスターマン、さらに彼らの背後にいるそれぞれのチームメンバー――。誰か一人の貢献がなければ今のｉＰｈｏｎｅの操作性がこのように違っていた、と指摘することはできない。彼らの貢献は一つの発明を生むための土台を少し高くしたことかもしれないし、その時代の「空気中を漂うアイデア」を少し豊かにしたことかもしれない。いずれにしてもタッチ技術は彼ら全員の貢献によって生まれた。

もちろん、一つの技術を世界中の人に愛される製品へと具体化し、それを大量生産し、世界の市場に売り込み、人々に届けるというのは、発明とはまったく別のスキルである。アップルはそのすべてを見事にやってのけた。

だが、想像して欲しい。三〇年前に自分が実証してみせたと確信している技術について、億万長者のＣＥＯが〝自分たちがこれを発明した〟と宣言して拍手喝采を浴びる姿を、年金暮らしの質素なアパートのテレビで見るのはどんな気持だろうか。残念ながら、さまざまな技術が集積されたｉＰｈｏｎｅのような製品の実現に貢献した発明家やエンジニアの多くは、似たような人生を送っている。

我々は、技術や製品が極めて複雑で多面的であり、時には何世代もの努力が積み重なって生まれるものだという現実をうまく把握できない。一人の天才のひらめきで生まれると考えるほうがわかりやすいからだ。そしてその天才が億万長者になるのも当然だと納得する。ちょっと変わった先駆者たちの、なんの見返りも得られなかった人生の話など聞きたくないのである。

セクション2

○○●●

極秘プロジェクト“Q79”の始動

「唯一無二のデバイス」の最初の姿

Prototyping
First draft of the one device

やるなら今だ——ついにジョニー・アイブは腹を決めた。たまたまIDスタジオに立ち寄ったジョブズの機嫌がすごく良かったのかもしれない。もしくは、寄せ集めで不安定な手作りタブレット上でエンジニアやUIの天才が巧みにでっち上げたデモ（地図を指先で拡大して回転させる）がこれ以上は無理というほどの出来映えになったと判断したのかもしれない。いずれにせよ、二〇〇三年のある夏の日、アイブはジョブズをIDスタジオの隣にあるユーザーテスト研究室に連れ込んだ。ENRIプロジェクトの存在を明かし、マルチタッチの威力が実感できる手作りタブレットをジョブズに触らせた。

「彼はなんの驚きも興奮も感じていないようでした」とアイブは振り返る。「(マルチタッチに)なんの価値も見いださなかったのです。これをすごい技術だと考えていた私は、自分が馬鹿みたいに思えました。私は『例えばデジタルカメラの背面なんかに使えます。多くのボタンと小さなモニターを取り払い、全面ディスプレイにできますよ』とかそんなことを言ったと思います。その場で思いついた最初の利用法がそれだったんです。どれほど昔の話かよくわかるでしょう」

ジョブズは極めて否定的だった、とアイブは言う。

いちおうジョブズのために言っておくと、彼が見せられたのは机ほどの大きさの奇妙な装置で、一枚の白い紙にプロジェクターを映したシロモノだ。アップルのCEOとして彼が求めるのは科学実験ではなく製品である。

アイブによると、ジョブズはそれから数日間よく考えて意見を変えたらしい。実はすごくいいじゃないか、と思い直したのだ。前章で触れたように、彼は後にアップルがこれを発明したと宣言することになる。さらにジャーナリストのウォルト・モスバーグに対し、タブレットにマルチタッチを使ったのは自分のアイデアだったとまで言うのである。「ちょっと打ち明け話をするとね、実は最初はタブレットで始めたんです。マルチタッチ・ディスプレイに直接打ち込めれば、キーボードをなくせるんじゃないかと思いついてね」

だが実際は、アイブがユーザーテスト研究室でデモを見せるまで、マルチタッチ・タブレットのプロジェクトが存在したことさえおそらくジョブズは知らなかった。しかも、それを見せられた時、最初は拒否反応を示したのだ。

ストリコンの記憶によれば、「ジョブズがその試作品を見た時に最初に言ったセリフは『こんなものトイレでeメールを読むくらいしか使い道がない』だったか、それとも自分が欲しいのはトイレでeメールが読めるようなデバイスだ、だったかな。結局はどちらも言ってましたけど」

どちらにせよ、その機能は製品スペックに盛り込まれた。ジョブズはトイレに持ち込んでメールをチェックできる小さなガラス板を望んだのである。

ある時、IDスタジオにグレッグ・クリスティーがくるとENRIチームのメンバーがぐるりと彼を取り囲んだ。その頃クリスティーはジョブズと定期的に会ってマルチタッチについて話し合っていたからだ。誰かが聞いた。「スティーブはなんて言ってましたか？」

「ええと、まずは全員によく覚えておいて欲しいことがある。マルチタッチはスティーブが発明したんだ。みんな後で日記を書き直しておいてくれ」――そしてクリスティーはニヤリと笑った。

メンバーたちはあきれて笑い出した。これぞまさにスティーブ・ジョブズだ。ウッピは今でもジョブズがモスバーグに〝自分のアイデアだ〟と語ったエピソードを思い出すと笑ってしまう。「スティーブはこう話してました。『うん、僕がエンジニアたちにね、これこれこういう機能があるヤツが欲しいって言ったんだ』――でも本当はこれ、全部でたらめです。そんなこと一度も言われたことありませんから」

ENRIチームのデモを見るまで、スティーブ・ジョブズがマルチタッチについて話しているのを聞いた人は一人もいない。ウッピは笑いながら言う。「私の見るかぎり、ジョニーがマルチタッチのデモを見せたことで初めてスティーブの頭のスイッチがオンになったんですよ。ご存じの通り、彼にはそういうところがあるのです。後になって、これは自分のアイデアだったと。そうなれば誰も反論しようとなんかしません」――そう話すウッピの表情に苦々しさはない。「それでいいんですよ」。ジョブズ時代のアップルではそれが当たり前の日常だった。

○○○○

ジョブズのゴーサインが出たことで社内ではENRIプロジェクトの存在感が高まり、当然ながら利害関係の面倒ごとが増えた。会議の出席メンバーも一気に増えた。それまではまとまりのないアイデアや夢を試すプロジェクトだったのが、一つの製品を形にするという別のプロジェクトに生まれ変わったのだ。手作りの改造マシンではなくきちんとした試作品――当初はタブレット端末になる予定だった――を作り上げなければならない。プロジェクトは〝Q79〟というコードネームを与えられ、極秘扱いになる。

やることは山積みだった。

例えば、それまでの改造マシンはフィンガーワークスのプラスチック製パッドを土台にしていた。それを透明なスクリーン上でやらねばならない。「どうすればいいのか見当もつきませんでした」とウッピ。というのも、フィンガーワークスのパッドの内部には小さなチップがぎっしり詰まっていたが、パッドは黒くて不透明なので問題はない。ところが彼らは同じことを透明なガラスの上でできるようにしなければならないのだ。

ジョシュア・ストリコンは本を読み漁り、タッチ技術の論文や実験報告書を見ては、あの手この手を試し始めた。

ソニーの技術から着想を得る

まもなくストリコンは解決策になりそうな技術を見つける。ソニーの「スマートスキン」という〝紙〟だ。格子状に並んだ電極が静電容量を検知するセンサーとなる仕組みで、これなら大量のチップなしでもガラス上でマルチタッチを実現できそうに思えた。スマートスキンとの出会いは、プロジェクトの方向性を決定づける極めて重要な出来事の一つだった、とストリコンは言う。それまでより「はるかにエレガントに」マルチタッチが実現できるからだ。ただし材質は透明ではない。そこで彼はスマートスキンの概略を真似しつつ薄いガラスと銅テープを使って〝一ピクセルほどの〟極小のマルチタッチ・スクリーンを作ってみたところ、これがうまく動いた。「それがすべての出発点になりました」

当時のソニーは携帯音楽プレーヤーの分野でアップルの主たる競争相手だったが、ライバル社のやり方を真似することにストリコンは一ミリのやましさも感じなかったという。「私は研究畑の出身なので、現場にあるものを調べるのは当たり前なのです」――その感覚、そして他社の研究をベースに新製品を開発することになりそうだという見通しを聞いて、アップルの法務部門は飛び上がった。「マルチタッチの開発がいよいよ動き出すと、弁護士たちは〝他社の研究結果を調べるようなことはするな〟と指示するのです」と彼は苦々しく振り返る。「これまでの成功例を知らずにどうやって新しい方法を考え出せるのか、私には見当もつきませんでした」

ともかく、手作りの極小マルチタッチ・スクリーンはチップの山を埋め込まなくてもマルチタッチが実現できるという動かぬ証拠になった。あとはこれを〝一ピクセル〟からタブレット画面のサイズにまで拡大すればいい。入力担当チームは電子部品を山ほど買い込んで試作品作りに取りかかった。「板ガラスに銅の電極を貼り付けた試作品を〝ブレッドボード〟スタイルでゼロから作り上げたのです」（ウッピ）

エンジニアは電子機器の試作品を作る時、本物のブレッドボード（パンこね用の木のまな板）を使う。木の板の上に銅線をハンダ付けして実験用の回路を作るのだ。こんなやり方で作られたタッチスクリーンは他にはないだろう。彼らは三つのブレッドボードを作り上げた。ポーカーテーブルほどのサイズで、表面は部品と配線でごちゃごちゃになっている。この歴史的遺物は一つだけアップル本社に残っており、大切に保管されている。私は写真を見せてもらったが、中央部には埋め込まれたスクリーンをぎっしりと回路が取り囲み、緑色の音楽用ミキシングボードのようだった。この上に指を這わせて、どのように動きを把握するか実験したのだ。

スクリーンに触れた手と指の動きを正確に把握するため、ストリコンはセンサーが感知した手のひらと指をリアルタイムで視覚化するプログラムを書いた。ピンを敷き詰めて手を押しつけると反対側に同じ形が浮き出るおもちゃ（ピンアート）をイメージすれば近い。これは「マルチタッチ・ビジュアライザー」と名付けられ、ウッピによれば今でもアップルでタッチセンサーの検査に使われているという。

さらにストリコンはいたずら心を発揮して、タッチパッドをテルミンに変えてしまうプログラムまで書き上げた。指を左右に動かすと音高が変わり、上下に動かすと音量が変わる。ｉＰｈｏｎｅの祖先が最初に手に入れた能力は、シンセサイザーの祖先のような音を奏でることだった。

実験を続けるうちに期待はどんどん高まってきた。どうやらマルチタッチにより、楽しく効率的で直感的に操作できるまったく新しいタブレットを作れるだけでなく、一般のコンピュータでも使える新しいトラックパッドと入力システムも生み出せそうだとわかってきたのだ。まさか電話に使うことになるなど、当時は誰一人思ってもいなかった。

○○○

一方、ハードウェア担当チームはきちんと動くタッチスクリーンの作製に取り組み、IDグループは標準規格となるデザインを煮詰めていた。タブレットの試作品はいよいよストリコンの作ったタッチセンサー用プログラムを走らせるための特別なチップが必要な段階に入ろうとしていた。

入力担当チームはそれまでカスタムチップの設計などしたことがなかった。だが、チームの責任者スティーブ・ホテリングにはその経験があり「簡単だよ。業者に入札させて一〇〇万ドルくらい払えば、八ヶ月後にはできあがってるさ」と言ってのけた。

結局このカスタムチップは南カリフォルニアのチップメーカー、ブロードコムに発注することになった。アップルにしては珍しく、ブロードコムの営業担当チームを招いて彼らにもマルチタッチの魔法を見せてあげたそうだ。「そんなことをしたのはその時以来一度もないと思います」(ウッピ)。ホテリングは、チップメーカーの人々にもマルチタッチのデモを見せつければ、そのすごさに感激して仕事の質もスピードも一段高まるだろうと考えたのだ。「彼らは大いに興奮してました。そのうちの一人は今ではアップルの社員ですが、今でもその日のことを覚えているそ

うです」(ウッピ)

こうした試作品とはまた別に、アップルの幹部連中に触らせるために実際の製品イメージに近い見本も作る必要があった。彼らの関心を維持していくためだ。そこで、"Macタブレット"とでも言うべき見本を五〇台ほどこしらえた。色は白でかなりの厚さがある。いわばiPadの祖先である。

プロジェクトが進むにつれ、メンバーの一部は融通の利かないアップルの企業文化にイラつくことが増えてきた。例えばMITから来たばかりの野心に燃える研究者であるストリコンは、アップルのピラミッド型組織構造、そして事なかれ主義の社風に違和感を覚えた。会議で上司の話をさえぎったりすると、直接の上司にあたるホテリングから後で叱責されることもあった。ストリコンに言わせればホテリングこそ組織べったりの会社人間だし、もっとひどいのは決定権を持つ長老たちだ。「その多くは極めて長期間ポストに居座っています。例えば(マーケティング担当上級副社長の)フィル・シラーのように、永遠に重要ポストをおさえているんです。ほとんど特権階級ですよ」――どうも彼らが幹部会議で自分のアイデアを却下しているようだ、ストリコンはそう感じていた。

また、バス・オーディングはCEOも出席する週一の幹部会議に出ていたが、ジョブズの暴走に違和感を持ったと話す。悪意を丸出しにして仕事仲間を厳しく叱責する姿を見て、人のいいオーディングはジョブズのいる会議に参加したくなくなり、数ヶ月も出席しないこともあった。「これといった理由もないのにひどく意地悪になることがしょっちゅうでした。私は〝スティーブなんかくそったれだ〟と思っていました」

この間、ENRIチームは自分たちがなにを作ろうとしているのか、はっきりとわかっていなかった。タッチ操作できるMacなのか、それともMacとはまったく別のOSを持つタブレットなのか――。当時は普通の人々が使うタッチ操作のタブレットなどこの世に存在せず、実際の製品というよりもSFの小道具のように思えたものだ。彼らは地図のない荒野に足を踏み入れていた。

パックマンがルーツの画面エフェクト

オーディングとチョードリーは〝直接操作〟できるUIにますます磨きをかけていた。「それまで〝直接操作〟と呼ばれていたのは、マウスを使ってアイコンをクリックすることでした。つまりユーザーとコンピュータの間をマウスという余計なモノが仲介していたのです」（グレッグ・クリスティー）

マウスを介さないマルチタッチ操作により、それまでコンピュータの世界を支配していた「ポイント＆クリック」操作の常識に縛られる必要がなくなった。「我々が（UIを）ゼロから作り上げるのだからなんでもできました。そこでアニメーション効果をうんと増やしたり、画面切り替えを工夫したりして、全体として今までにない独特の感覚が味わえるようにしました。これをマルチタッチと組み合わせると、驚くほど自然な操作感になり、ちょっとしたバーチャルリアリテ

ィのようでした」（オーディング）

オーディングは直感の命ずるまま、遊び心に満ちたデザインにした。小さい頃からビデオゲームを賛美してきた彼は、UIのどんなつまらない細部にも思わず人を引きつけるような効果を埋め込んだ。「実用的であると同時に、どれほど楽しく使えるようにできるか、そこに私のこだわりがありました」とオーディングは振り返る。「例えばiPhoneで画面を下にスクロールしていくと、最後までできた時に小さく跳ね返されます。こういうのを私は〝楽しい〟と言っているのですが、このエフェクトは同時に実用性も高いのです。そして、このエフェクトをもう一度見るためだけに同じ操作をしたくなってしまうでしょ？」

子供時代にオーディングが夢中で遊んだパックマンやドンキーコングといったビデオゲームは、小さな果物などのボーナスを手に入れるため、同じ操作を何度も繰り返す作業だった。登る、降りる、ジャンプする、走る、程度の少数の動きを駆使して次のレベルに行く——慣れて巧みに操作できるようになると満足感が得られた。「ゲームと同じです。触っていたい、次を見たいと思わせるんです。なぜかソフトウェアは退屈でなければならない決まりになっている。私はそれに納得できません。アイコンの動きや操作した時の反応が楽しくてもいいじゃないですか」

我々がこれほどスマートフォンに熱中するのは、オーディングの動くアイコンとUI、そしてそれを磨き上げたチョードリーのデザインセンスも一因なのかもしれない。しかも彼らはアドビの簡単なソフトウェアだけでこれらを全部作り上げた。

「フォトショップとディレクターだけで仕上げたんです。フランク・ゲーリーの建築をアルミホイルで作ったようなもんです」とチョードリーは笑う。何年も後にそれをアドビの人々に話したところひどく驚かれたそうだ。

すれ違い

二〇〇三年末の時点では、アップルはまだ豊富なキャッシュを持つ巨大企業ではなかった。一部の社員は給料の低さと職場の備品のボロさに不満を抱いていた。ストリコンによれば「給料は極めて低く、社員は満足していませんでした。昇給やボーナスもなかったのです」。ストリコンやウッピの使っていたコンピュータは古く、まともに動かないことも多かったが、会社に新しいMacを要求しても応じてくれなかった。

しかも彼らにはMacだけでなくWindowsPCも必要だった。ファームウェア（訳注：最初からデバイスに書き込まれているハードウェア制御用プログラム）用のツール類はすべてWindowsで動くソフトウェアだったからだ。「結局パーツからWindowsPCを自作しました。まともに動くMacを入手するより簡単でしたね」（ストリコン）

Q79プロジェクトには弾みがついてきたが、会社のマーケティング部門は新しいタブレット製品に懐疑的だった。持ち運べるタッチ式タブレットなど誰が使いたがるのか見当もつかなかったのである。ストリコンはIDスタジオで行われた会議のことを覚えている。そこで若手エンジニアたちがタブレット端末の優れた点を訴えたが、その意見は上層部に相手にされず、会議は殺気立った。幹部の中で唯一Q79プロジェクトの味方だったティム・ブッチャーが「いいかい、この場にいる人は誰もが意見を持っていいんだ」とその場をとりなしてくれたという。
「最大の問題はそこでした、僕たちはまったく新しい種類のコンピューティング・デバイスを創造しようとしているのに、誰も僕たちの意見を本気で聞こうとしないのです」とストリコン。新型タブレット端末の売り込み先の一つとしてマーケティング部門が考えたのは不動産業者だった。タブレット端末を使って客先に物件の写真を見せられるからだ。「ズレすぎていて、話にならない」とストリコンたちはあきれた。

同じ頃、入力担当チームは高品質の液晶パネルを大量生産できる納入業者を探していた。当時液晶ディスプレイ市場は異様な活況で、生産ラインを確保するのは大変な作業だった。深夜の電話会議や台湾出張を何度も繰り返した。どうにかウィンテックという企業に決め、同社から送られてきたテスト用の液晶パネルをタブレットにはめ込んだところ、翌日には画面に何本もの縦線が走っていた。タッチセンサー用の電極がはっきりと線になって浮き出てしまったのだ。それを隠すためストリコンが考え出したのは「線と線の間にダミーのパターンを作り、表面が平らで一様に見えるようする」という手法だった。これはタッチ技術の開発過程で生まれた重要な特許の一つになった。

アップルを見捨てたストリコン

チップの開発は順調に進み、ガラスの表面でマルチタッチを使う方法も見つけた。タブレットの試作品は何十個も作られ、みんなが実際に手で触ってテストできるようになった。それでも次々に問題は浮上してきた。

第一に、ソフトウェアがどのようなものになるのかまだ見当がつかなかった。このタッチデバイスはどのようなOSで動くことになるのだろうか――。「プロジェクトが何を目指しているのか、あの頃はちょっと方向性を見失っていたように思います」とオーディング。当時はまだiOSなど影も形もなかった。

第二の問題は、かなり早い時点から、このタブレットがかなり高価になりそうだとわかってきたことだ。ウッピは当時、IDスタジオのテーブルを囲んでみんなで話し合ったことを覚えている。「君たちならこのタブレットを何に使う？　そしてそのためにいくら払うと思う？」「そうですね、例えば写真を見るとか、ソファに座ってネットサーフィンとかに使うかもしれません。でもメールには使わないでしょうね。使いやすいキーボードがないから」

だれもはっきりとしたことは言えなかったが、少なくとも五〇〇ドルから六〇〇ドルならみんながこのタブレットを買うだろうという結論になった。だが、高価な原材料のせいで一〇〇〇ドル前後になりそうだった。ノートパソコンと変わらない値段だ。「〝それでは高すぎて売れない〟とスティーブが決断したのはその時だったと思います」（ウッピ）

第三の問題点は、ジョブズの病状が深刻になってきたことだ。彼は先送りしてきた膵臓の悪性腫瘍の除去手術のため、二〇〇四年に数ヶ月仕事から離れなければならなかった。「まったくおかしな話ですが、スティーブがいないと何一つ話が先に進まないのです」（ストリコン）

好調に進んできたプロジェクトQ79のエンジンはいきなり不調になった。進展が止まり、プロジェクトの将来が不透明になり、経営陣には邪魔をされ、マーケティング部門はいつまでも腹をくくれない。ストリコンのストレスは限界を超えた。燃え尽き症候群となって、彼はアップルを辞めてしまった。タッチプロジェクトはアップルでは日の目を見ないと確信して――。

辞めたことは今でもまったく後悔していない。「楽しい経験でしたよ。でも、誰の目にも止まらぬ隅っこで作業するだけではなく、何らかの結果を生み出したかったのです」(ストリコン)

突然浮上した「携帯電話」

プロジェクトは停滞を続けたが二〇〇四年の年末に状況が変わった。アップルは携帯電話を作る必要がある、とジョブズが心に決めたのだ。オーディングはジョブズからの電話でこう言われた。「電話をやるぞ。ボタンはなし。タッチスクリーンだけの電話だ」

大ニュースだったが、ハードウェア・チームは素直に喜べなかった。というのも彼らはマルチタッチ技術を使った同じ〝言語〟で操作する入力装置をいろいろと作りたいと考えていたからだ。「いつも通りのスティーブ・ジョブズでした」とウッピ。「他のすべては中止して電話だけに集中しろ、というのです。我々は正直言ってがっかりしました。〝は? 電話? 本気なの?〟という感じでした」

携帯電話と聞いて彼らは最初、プロジェクトが矮小化されたように感じた。だがジョブズは携帯電話こそマルチタッチをいかすのにうってつけだ、という。例えば画面が小さければ意図せぬ誤タッチは減るだろう。また、携帯電話市場はタッチ技術を普及させるのにもってこいの市場だった。というのも「キャリア（通信会社）は顧客を囲い込めるので、一種の〝補助金〟を負担してくれる。八〇〇ドルのデバイスを二〇〇ドルで売れるんです」（ウッピ）。

さらにジョブズは携帯電話に適したOSを開発するため、iPodチームとMacソフトウエアチームを競争させた。世間の評価の高いMacOSを携帯電話用にスリム化する大事業には、その後二年間かかることになる。幹部の間には意見対立が生じ、会社を辞める者もいた。プログラマーはiPhone発売までの何年間も仕事に没頭し、家庭や健康を犠牲にする者もいた。

こうして突如、携帯電話が浮上したわけだが、すべての種が蒔かれたのはそれより何年も前だったことを忘れてはならない。iPhoneのコンセプトはスティーブ・ジョブズの想像力の産物ではない。確かに彼はiPhoneの開発過程を徹底的に管理し、細部まで磨きをかけ、素晴らしい特徴やデザインの取捨選択をした。しかしiPhoneのコンセプトを生み出したのは、自由で縛りのない議論と好奇心、そしてコラボレーションである。iPhoneは他社が育てた技術から生まれ、アップル最高の頭脳たち——後にiPhone正史から排除された——によって磨きあげられた製品なのだ。

ジョブズがゼロックスPARCを訪れ、そこで初めてGUIやウィンドウ、マウスを目にしたというのは有名なエピソードだが、ウッピはiPhoneの開発もそれに似ていると言う。「ちょっと変わった回り道があったことで、結果的に世の中に大きな影響を与える大ヒット商品が生まれたのです。そんな風にうまく事が運ぶなんて驚きです。全然違う結果になっていてもおかしくなかったのに」

ＥＮＲＩチームの〝ちょっと変わった回り道〟のおかげで、我々が他の何よりも多用するＵＩ——アイコンをタップしてアプリを開いたり、スワイプやピンチをしたり——が生まれたのだ。

そして、誰でも使えるその簡単な操作を可能にする仕組みは、簡単からはほど遠い。画面を一枚隔てた裏側では極めて複雑なメカニズムがそれを支えている。次からの五つの章ではハードウェアに焦点を当てる。小さなバッテリー、カメラ、プロセッサ、ＷｉＦｉチップ、各種センサー類だ。

第5章

現代生活の燃料源に迫る

薄くて長持ちのバッテリーを求めて

Lion Batteries　Plugging into the fuel source of modern life

チリのアタカマ砂漠は南極と北極を除き、世界で最も乾燥した場所だ。現地に行けばすぐにそれが実感できる。まずノドの奥に渇きを感じる。渇きは次第に口腔内の天井部に広がり、鼻の奥がまるで何週間も砂漠の太陽にさらされた動物の皮のように感じられる。

私と世話役のジェイソンをピックアップ・トラックに乗せてハンドルを握るのはクラウディオ。我々はチリで最大級の鉱山都市カラマから南に向かっている。車窓から、アンデス山脈の赤茶けた岩山がそびえるのが見える。

我々の目的地はアタカマ塩原。世界最大のリチウム埋蔵地だ。ここでリチウムの採取を行っているチリの資源会社SQM（ソシエダード・キミカ・イ・ミネラ・デ・チリ）はかつては国有企業だったが、現在は以前の独裁者（アウグスト・ピノチェト）の義理の息子が所有している。同社は硝酸カリウム、ヨウ素、リチウムの世界最大級の生産者である。私とジェイソンは同社から現地のプライベート・ツアーの許可を得てここに来ている。

アタカマ砂漠で周囲の景色を見ても、それほど乾燥しているようには見えない。冬には雪をかぶった山々が遠くに見える。だが、ざっと一〇万平方キロメートルにおよぶアタカマ砂漠の年間降水量は平均で一五ミリメートル。場所によってはさらに少ない。設置されてから一〇〇年以上、一度も降雨の記録がない測候所がいくつもあるほどだ。

アタカマ砂漠でも最も水分の乏しいエリアには、ほとんど生物がいない。微生物すらいない。我々は、最も生命から離れた不毛の地として有名な「月の谷」に立ち寄ってみた。ここの環境は火星にそっくりなので、NASAが火星探査車のテストを行ったほどだ。生命探査ミッションのテストができるほど生命に乏しい。この、地球上とは思えないほど不毛な土地のおかげで、私たちのiPhoneは日々問題なく動いているのだ。

ここではチリ人作業員が干上がった塩湖から毎日リチウムを採取している。数千年もの間、アンデス山脈から流れる雪解け水が山中のミネラルをアタカマ塩原まで運んだ結果、リチウムを極めて多く含んだ塩湖ができあがった。リチウムは金属のなかで最も軽く、固体元素としては最も密度が小さい。世界中に広く分布しているが、他の物質とたやすく反応して化合物になるため、自然の状態で純粋なリチウムは存在しない。化合物を精製してリチウムだけを分離しないと入手できないため、通常は高コストになる。ところがここアタカマでは、高濃度に凝縮されたリチウムの塩湖と、極度に乾燥した気候とが結びついたおかげで、昔ながらの天日干しをするだけでこの貴重な金属が入手できる。

しかもアタカマのリチウム埋蔵量は莫大だ。チリは世界のリチウム生産量のゆうに三分の一を占め、埋蔵量も判明しているだけで世界の四分の一になる。アタカマのおかげでチリは〝リチウムのサウジアラビア〟と呼ばれる（そう呼ばれる可能性を持つ国はたくさんあり、例えば隣国ボリビアのリチウム埋蔵量はチリより多い。しかしボリビアは採取していない）。

リチウムイオン電池はノートパソコン、タブレット端末、スマートフォン、電気自動車などに使われる。産業界におけるリチウムの重要性は高まっており、実情を知る人々の間では〝白い石油〟とも呼ばれる。二〇一五年から二〇一六年の間にリチウムの価格は二倍になった。将来の需要見込みが急増したためだ。新しいリチウム採掘場もあちこちで開発されつつあるが、現時点でリチウム採取に最も適した場所はここアタカマ砂漠である。

車で移動中、私は道ばたに立つ十字架をいくつも見た。いずれも周囲には花と写真、遺品が置かれている。「この道路は〝死の道〟として有名です」と運転手のクラウディオが解説する。「長いドライブに退屈した家族連れの観光客やトラック運転手などが、極度に乾燥した砂漠の危険をよく知らずに車から降り、砂漠に迷い込むことがあるのです」

○○○○

リチウムイオン電池の開発が始まったのは一九七〇年代にまでさかのぼる。その原動力となったのは人類の石油依存への危機感で、世論や科学者、石油会社までもが代替燃料を必死になって探し始めた。「電池」という技術はそれまでの一〇〇年間、あまり進歩もなく注目もされない分野だった。

電池と呼べるものを最初に発明したのはイタリア人科学者のアレッサンドロ・ボルタで、

一八〇〇年のことだ。まず、ボルタの研究仲間ルイージ・ガルバーニが、死んだカエルの神経系に電流を通すと筋肉がけいれんすることを発見した。真鍮製のフックにぶら下げたカエルの足を鉄製のメスで切ると足が動くことが何度もあった。このためガルバーニは両生類が体内に「動物電気」を持つと考えた（ちなみにこの実験がヒントとなってメアリー・シェリーは怪奇小説『フランケンシュタイン』を書き上げた）。一方、ボルタはガルバーニの説が間違っていると考えた。水分の多いカエルの死体を通って、二種類の金属製器具の間に電荷が流れているというのがこの現象の正しい解釈だとしたのである（結果的には二人とも正しかった。生体の筋肉と神経細胞は確かに生体電気を起こすし、また死んで間もないカエルの死体は確かに電極間をつなぐ媒体となるからだ）。

電池には原理的に三つの部品しかない。二つの電極（負電荷を引き寄せる陰極と、正電荷を引き寄せる陽極）およびその二つの間を満たす電解質だ。ボルタは自分の考えを検証するため、亜鉛と銅の金属片を交互に積み重ね、金属片の間には塩水を染みこませた布を挟み込んだ。この不安定な金属片の山こそが最古の電池である。

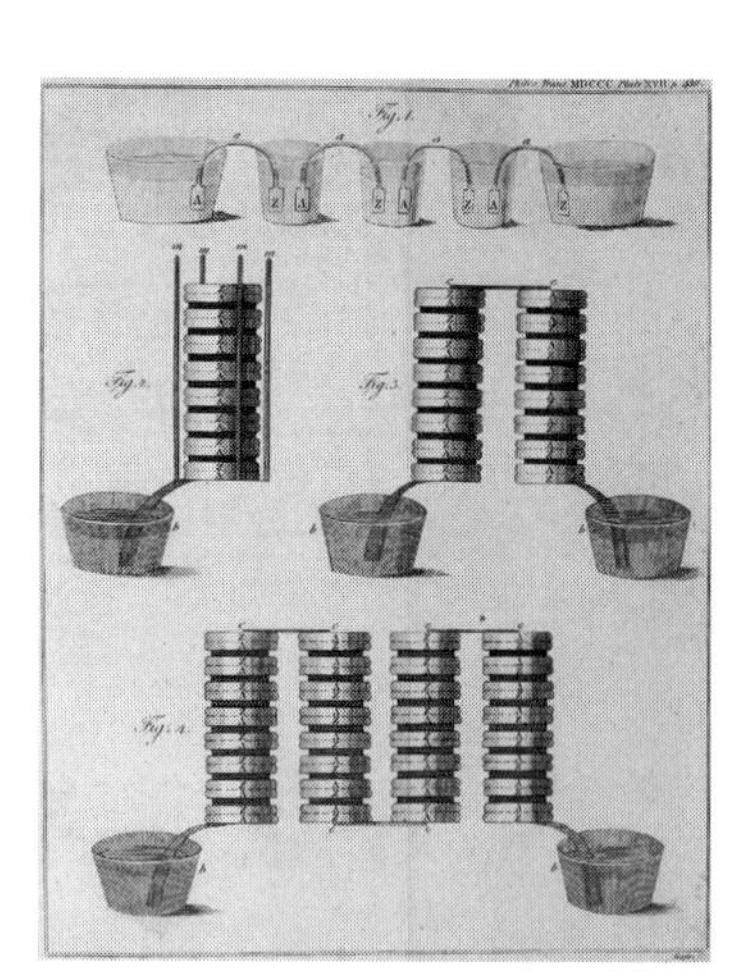
初期のボルタ電堆（1793年）

最古の電池は現代の電池と同じ原理できちんと機能した。すなわち「酸化還元反応」という化学反応によって陰極（ボルタ電堆(でんたい)では亜鉛）に電子が蓄積され、陽極（銅）に飛ぼうとする。だが電解質——塩水を含んだ布や死んだカエル——がそれを妨げる。そこで陰極と陽極を電線でつなげば回路が完成し、陰極が酸化して電子を失い、その電子が陽極に移動することで電流が生じる。このボルタ電堆をさらに実用的に発展させたのがジョン・フレデリック・ダニエルの考えたダニエル電池だ。一八三六年に発明されると一躍有名になり、電信技術の普及にも役立った。

だが、それ以降は電池に関するイノベーションはあまり進まなかった。それが変わったのは一九七〇年代のオイルショックで原油価格が急騰して経済が大打撃を受けたことと、新しい水素電池の登場だ。これが電池の開発競争をもたらすカンフル剤になった。

○○○○

リチウムイオン電池は、たんに私たちの身の回りにあるガジェットに電気を供給してくれるだけでなく、電気自動車の基盤でもある。それゆえ、リチウムイオン電池を発明した人々がまだノーベル賞を受賞していないのはノーベル賞の名折れだと考える人は多い。発明者の一人は、ある意味で皮肉な話だが、世界で最も悪名高い石油会社の社員だった。

一九七〇年代初頭にスタンフォード大学でポスドクをしていた化学者のスタンリー・ウィッティンガムは、硫化チタンの薄膜を使ってリチウムイオンを貯める方法を見つけた。これは、繰り返し充電できる蓄電池への道を開く発見である。すぐにエクソンから「うちで代替エネルギーの研究をしないか」と声がかかった（地球温暖化を否定するのに熱心なことで知られ、アップルと世界最大企業の座を競っている、あのエクソンである）。

当時は環境保護への関心が世間で急速に高まっていた。農薬の危険を訴えたレイチェル・カーソンの『沈黙の春』が出版され、カリフォルニア州サンタバーバラ郡で原油が海に流出する事故が起き、オハイオ州カヤホガ川では近隣の工場から排出された廃油が燃える火災事故が起きた。自動車が大気汚染の原因となっているとの批判を受け、フォードは環境に優しい電気自動車を目指して電池の開発に注力するとした。同時に世界の石油産出量はこれ以上増えないとの見方が広がり、石油会社も多角化を検討し始めていた。

ウィッティンガムがエクソンに入社した一九七二年はそんな時代だった。彼が私に語ったところによると「（エクソンは）石油・化学の会社からエネルギーの会社に変身しようと決意したのです。蓄電池、燃料電池、太陽電池に熱中していました。太陽電池セルの米国最大の生産者だった時期もあります」――さらに、プリウスがヒットする何十年も前にディーゼルエンジンのハイブリッド車を作ったことさえある。

エクソンに入社すると、ウィッティンガムの研究チームはほぼ無制限に研究予算を与えられた。研究の目的は「石油が枯渇した時に備える」ことだ。当時すでにパナソニックが夜釣り用の電気ウキに使うリチウム電池を開発していた。ただ、この電池は充電できないし、ウキ用なので水中でしか使われないという恵まれた特殊条件もあった。リチウムは極めて変化しやすい性質なので、すぐに何かに反応して発熱する。リチウムに限らず、一般に電池は陰極に電子を貯め過ぎると大量の電子が一気に放出されて過熱してしまう。まずはこの過熱を抑えないことには使い物にならない。そこでウィッティンガムのチームは、層状構造を持つ物質のすき間にイオンを挿入するというアイデア（インターカレーション）により、室温以上にならない初めての充電式リチウム電池を開発した。陰極の層状構造に貯まったリチウムイオンが陽極に移動すると電流が発生し（放電）、逆に陽極から陰極に戻ることで充電できる。

二〇一五年から二〇一六年にかけ、かつてエクソンが地球温暖化を警告する自社の科学者に口を閉ざすよう圧力をかけていたことが判明し、新聞紙上をにぎわせた。そのエクソンが実は、最新の電気自動車に不可欠なリチウムイオン電池の生みの親だったのである。

リチウム電池開発の内幕を描いたスティーブ・ルヴィンの*The Powerhouse*（日本未訳）には次のようにある。「六〇年もの間、家電製品に使われる電池の主流は亜鉛と炭素からなるマンガン乾電池で、一部ではニッケルカドミウム（ニッカド）電池も使われてきた。ウィッティンガムの発明した電池はこの二種類より格段に優れていた。高パワーで軽量なため、それまでの電気製品よりはるかに小型で簡単に持ち運べる製品を開発できる可能性が生まれた（iPodとウォークマンの違いを考えてほしい）。ただし、この新しい電池がきちんと動けばの話だが――」

画期的な電池を開発したというニュースはエクソン本社にも伝わり、ウィッティンガムは取締役たちに説明するためニューヨークの本社に呼び出された。「みんな大いに興奮していました」とウィッティンガム。だが問題もあった。新しい電池はすぐに発火するのだ。加えて製造が難しくコストがかかる。しかもすごい悪臭を放つ。結局、こうした問題と石油危機の後退によって、エクソンは電気自動車の分野でも電池技術の分野でも代替エネルギーの分野でも先駆者となることはなかった。本業の石油に賭けたのである。ただし、一人の男がウィッティンガムの仕事を引き継ぎ、その後の家電ブームの下地を整えることになる。

○○○○

アタカマ塩原自体は周囲の美観とくらべて美しいとは言えない。だが、見たものの心を打つ奇観である。サーモンピンクにかすむ遠くの山々を背景にして、トゲのようにとがりねじ曲がった薄汚れた塩の結晶が、海のようにえんえんと広がる。ほこりまみれの陸地の珊瑚礁にも見える。周囲五〇平方キロメートルにあるのはただ乾ききった塩の結晶だけだ。

「馬に乗ってここまで来たスペイン人の征服者は、この景色をみてびっくり仰天しただろうな」と言うのはアタカマ塩原のリチウム採掘事業のチーフ・エンジニア、エンリケ・ペーニャだ。山から吹きおろす風が土ぼこりを運んでこなければ、塩の結晶は真っ白だったろう――と彼は話す。

エンリケは真面目な顔をした三〇代半ばの髭もじゃの男だ。愛想がよく、笑うとたんに親しみやすくなる。資源会社ＳＱＭでスピード出世してきたエンリケの今の仕事は、彼が愛情を込めて〝私の池〟と呼ぶ塩原の管理だ。週に一度は家族のいるサンチャゴを離れ、アタカマ砂漠の無人の出張所に通勤している。

塩の砂漠のど真ん中で繰り広げられる採掘作業は独特だ。山肌を削った入り口もなければ縦穴もない。えんえんと広がる不思議な色をした塩水のプールが日光にさらされ蒸発しているだけ。水面は地平線に連なる山々を映し、プールとプールの境目には採取の副産物である塩の盛り土が果てしなく続く。その下、場所によってはわずか一〜三メートルの地下には、巨大な塩水の貯水湖が眠る。その地下水に高濃度のリチウムが含まれている。

ＳＱＭの担当者はまず我々をベースキャンプへと案内した。業界のお偉方が視察に来た際に泊まる贅沢な施設である。専属シェフのいる一〇部屋ほどの五つ星ホテルが砂漠の真ん中に突如出現したかのようだ。部屋に入って私は考えた。現代のバッテリーはここから生まれる。それを発明した人に電話をかけるのに、これ以上の場所はない――。

○○○○

ジョン・グッドイナフに電話をかけ、今アタカマ砂漠のリチウム採掘場にいると伝えると、彼は大きな笑い声をあげた。九四歳のグッドイナフは、リチウム電池の世界でウィッティンガム以来の最も重要なイノベーションを先導してきた人物だ。第二次世界大戦で軍役を終えた後、シカゴ大学でエドワード・テラーとエンリコ・フェルミから物理学を学び、卒業後はＭＩＴのリンカーン研究所に所属して磁気記録装置の研究を始めた。ウィッティンガムと同じように一九七〇年代中頃の石油危機の影響を受け、研究テーマをエネルギーの節約と貯蔵に変更する。ちょうどその頃、議会が彼の研究予算を削減したため、海を渡ってオックスフォード大学で研究を続けた。

エクソンがウィッティンガムを雇い、リチウムと硫化チタンで新型電池を開発したことは知っていたが、実用化できないだろうこともわかっていた。「というのも、電極にデンドライト（樹枝状結晶）が形成され、燃えやすい電解質の中で次第に大きく育っていくため、発火や最悪の場合は爆発の危険すらあるからです」（グッドイナフ）

彼は自分ならこの問題を解決できると考えていた。以前の実験から、酸化マグネシウムとリチウムの化合物を使えば層状構造が作れると知っていたからだ。さまざまな酸化物を試して酸化マグネシウムより効率的な化合物を見つければ、充放電を繰り返しても不安定化しないだろう――こうして彼はコバルト酸リチウムとニッケル酸リチウムがうってつけの材料になることを発見する。彼の研究チームは一九八〇年に正極にコバルト酸リチウムイオンを用いたリチウムイオン電池を開発した。これが万能の解決策になった――とまでは言えないにしても、少なくとも軽量かつ大容量の蓄電ができ、他の酸化物を使うよりはるかに安定性も高まった。今のｉＰｈｏｎｅのバッテリーも基本的にはこの方式を採用している。

この新しいリチウムイオン電池は、いずれスマートフォンが世の中を変えるのに一役買うわけだが、その前にまずはビデオカメラに大きな恩恵をもたらした。一九九〇年代初め、ビデオカメラは肩に担ぐ巨大な機材から手持ちのカムコーダーへと進化し、かさばるニッケルカドミウム電池より小型・大容量で充電できる新しいリチウムイオン電池が大いに役立った。まずソニーがハンディカムにこの新型電池を採用し、その後は充電型バッテリーを持つほとんどすべてのカメラへ、さらにはノートパソコンや普及し始めた携帯電話など、さまざまな消費者向け電気製品へと広がっていった。

こうしてグッドイナフの研究とソニーの商品開発に端を発したリチウムイオン電池は、今や地球規模の一大産業へと発展し、市場規模は年間三〇〇億ドル（二〇一五年）にまで成長した。電気自動車やハイブリッド車の需要で市場の拡大はさらに続くとみられる。トランスペアレンシー・マーケットリサーチは、二〇二四年までに七七〇億ドルの市場規模になると予測する。

　グッドイナフとはずいぶん長電話になり、これから私をリチウム採掘場に案内するはずのエンリケを待たせてしまった。

「すまない。リチウム電池の発明者と話していたんだ」

「その人はなんて言ってた？」――エンリケは好奇心をおさえて何気ない口調で聞いた。

「さらに性能のいい電池を発明したそうだ」

「それはリチウムを使うのか？」

「いや。ナトリウムを使うそうだ」

「ちくしょうめ」

○○○○

　リチウムのため池に向け、砂漠のなかの荒れ果てた道に入ると、空気にも足元にも塩分が満ちてくる。車外を見れば、どちらを向いても巨大な塩の盛り土が目に入る。デコボコの硬そうな地面と産業機械のある風景は、うち捨てられた辺境の前線基地のようにも見え、なんとなく不安な気持ちにさせる。迷信深い地元の労働者たちも同じだという。

「チュパカブラ（血を吸う化け物）が出るとか、人が消えるとか聞くね。それと宇宙人だ。ＵＦＯを見たという話をよく聞く。たぶん充電するために立ち寄るんだろうね」とエンリケは笑う。だが、極度に乾ききった空気と広大な砂漠、無人の予備施設、塩の盛り土に仕切られた塩水のプール、いずれをとってもここは超常現象を信じたくなる気配に満ちている。迷信深い労働者の気持ちも理解できるというものだ。

我々が最初に立ち寄った場所では、真っ白なため池の上を何本ものパイプラインが横切っていた。原油の採掘で地中へとボーリングするように、SQMは地下の塩水に向けて穴を掘っている。アタカマ塩原には全部で三一九の油井ならぬ〝塩水井〟があり、高濃度のリチウムを含んだ塩水を一秒ごとに二七四三リットル汲み上げ、天日干しするための巨大なため池に流し込む。

これも原油採掘と同じように、SQMは常に試掘をしては新しい地下塩水を探している。エンリケによるとボーリングで掘った穴は全部で四〇七五カ所にものぼり、最も深いものは地下七〇〇〜八〇〇メートルになるという。こうして地下から汲み上げた塩水を、数百ものため池で天日干しにして蒸発させる。高高度の乾燥した砂漠なので時間はそれほどかからない。塩水を運ぶパイプは日に二回、水を吹き付けて掃除しないと塩がこびりついて目詰まりをおこす。ここではリチウム採掘の副産物である塩でいろんなものをこしらえている。ため池を区切る土手、テーブル、ガードレール——。一時間前に掃除したパイプの継ぎ目にはもう塩の結晶がこびりついていた。

アタカマに広がるリチウム塩水のため池。著者のiPhoneで撮影

塩水が蒸発してリチウム濃度が六%まで高まると、塩水はタンクローリーで海岸沿いのサラル・デル・カルメン（カルメン塩原）にある精製工場に運ばれる。アタカマと違い、ここには目を奪う一面の白い砂漠はない。そびえるような煙突と低くうなる機械音が我々を出迎えるだけだ。塩の結晶が機械にこびりつき、細かいリチウムが雪のように上から降ってくる。ここで一日一三〇トン、年間四万八〇〇〇トンの炭酸リチウムが精製され、港から送り出されている。ｉＰｈｏｎｅ一台に使われるリチウムは一グラムに満たないので、計算上は四三〇億台のｉＰｈｏｎｅを作れる量になる。

アタカマから運び込まれた濃縮リチウム塩水は貯蔵プールに貯められ、不純物を取り除いた後、濾過・炭化・乾燥・凝縮という長いプロセスを経る。さらに、リチウムのさまざまな形態のうち最も需要の高い「炭酸リチウム」にするため、ソーダ灰を加える。一トンの炭酸リチウムを作るには二トンのソーダ灰が必要になる。採取現場のアタカマで精製しないのはこのためだ。高地の砂漠まで大量のソーダ灰を運ぶのではなく、リチウム塩水をこちらに運ぶほうが効率的である。

細かいリチウム片が吹雪のように舞う精製工場で、安全帽と耳栓を身につけ、うなるポンプと塩まみれのパイプの間を歩きながら、私はふと思った。世界中の充電池の多くはここで生まれているのだ――。手のひらを空中にかざしてリチウム片を集め、しげしげと眺めてみた。私は今、ｉＰｈｏｎｅを生み出すための複雑怪奇に絡み合ったサプライチェーンの一端に確かに触れている。ｉＰｈｏｎｅを可能にした技術は多数あるが、そのうちのわずか一つの原料を精製するために、この場所は存在するのだ。

ここで精製されたリチウムは、近くの港から電池製造業者へと出荷される。行き先はおそらく中国だろう。電池を含めｉＰｈｏｎｅの部品の大半は米国外で製造される。アップルは電池のサプライチェーンを公表していないが、ソニーや台湾のダイナパックなど長年電池を製造している外国企業は多数存在する。

こうしたメーカーの製造する電池は、現在でもボルタ電堆から原理的にはそれほど大きく進化していない。例えばｉＰｈｏｎｅ6プラスに使われている電池は、正極にコバルト酸リチウム、負極に黒鉛（グラファイト）、電解質にポリマーを使っている。そのままでは過熱や不安定化するリスクがあるので、小さな専用コンピュータを取り付け、そうならないよう制御している。

解体のプロ、ｉＦｉｘｉｔのカイル・ウィーンズは「バッテリーの出来不出来がデバイスの評価を決めるカギになっている」と指摘する。バッテリーの持ちが悪いと、利用者はデバイス自体の評価を下げる。バッテリーが長持ちする携帯電話はそれだけで好感を持たれる。今後もリチウムイオン電池は激しい覇権争いが続くだろう。アプリや動画に対する消費者の要求水準は高まる一方であり、同時にバッテリーは少しでも長く持ってほしい。しかもアップルはｉＰｈｏｎｅをさらに薄くしたいと思っている。初代ｉＰｈｏｎｅのハードウェア担当責任者だったトニー・ファデルは「ｉＰｈｏｎｅを一ミリ薄くすれば製品寿命は二倍に延びる」と言う。

○○○○

世界最大のリチウム精製工場を後にしてわずか二時間後、友人兼通約のジェイソンと私は、自分たちのリチウム電池を盗まれてしまった。もちろん、その電池が電源を供給していたデバイスも一緒に――。

私たち二人は工場からバス・ターミナルまで送ってもらい、私は食べ物を探しにターミナル内の店をうろつき、ジェイソンが我々の荷物を見張っていた。すると一人の老人がジェイソンに近寄り、ターミナルに到着したばかりのあのバスの行き先はどこかと聞いてきた。二人が話している間に老人の仲間が私のバックパックを持ち去ったのだ。その直後に戻ってきた私は荷物を盗られたことに気づき、ジェイソンと二人、半狂乱で「青いバックパックを見ませんでしたか？」と叫びながらターミナル中を走り回った。だがすでに手遅れだった。

被害はノートパソコン二台と録音機とカメラ、予備のｉＰｈｏｎｅ４ｓ、そして資料用のさまざまな本とノート類。だが本書の原稿は失わなかった。アイクラウドにバックアップを自動保存するよう設定してあったからだ。結果として私はこの取材旅行の残りの日程を、自分のｉＰｈｏｎｅ一台だけに頼って取材をするはめになった。ボイスレコーディング機能でメモを取り、写真もｉＰｈｏｎｅで撮った。ストレージ容量がぎりぎりだった点を除けば、それでなんの問題もなかった。

それ以降、ホテルのチェックアウトや国境を越える時、ジェイソンは呪文のように「ケータイ、サイフ、パスポート」と唱えるようになった。最低限その三つさえあれば旅行の目的を果たせるからだ。ちなみにチリの警察は親切だったが、あきらめて旅を続けたほうがいいと言われた。チリではアップル製品はレアで高値がつくので、すぐにブラックマーケットで転売されてしまうだろうと。

○○○○

世の中を変えるような、今よりさらに優れた電池が遠からず登場するだろう――グッドイナフはそう考えている。それはリチウムではなくナトリウムを主成分とする電池だ。ナトリウムはリチウムより重くて不安定だが、海水から抽出できるので入手が容易で安価だ。現在は国の軍事政策や外交政策を決める際に、石油やリチウムの確保という要因も考慮されているが、ナトリウムがエネルギーの中心になればその必要もなくなる、とグッドイナフは指摘する。将来はｉＰｈｏｎｅが「塩」から電源供給される可能性もゼロではないというわけだ。

今後も電池技術は発展を続けるだろう。エクソンの研究所で誕生したリチウムイオン電池は、日本の家電メーカーによって世界的な主流商品に育て上げられ、その主成分は今日もなお地球上で最も乾燥した砂漠でかき集められている。そして近未来のデバイスを動かす影の主役を続けるだろう。

その生みの親、グッドイナフは言う。「携帯端末の登場で我々のコミュニケーションの方法が変わり、異文化理解が進んだことは素晴らしい成果だ。しかし技術自体は倫理を持たない。我々がそれをどう使うかで結果が決まる」

第6章 世界で最も使われているカメラ

手ブレ補正を発明した日本人技術者

Image Stabilization　A snapshot of the world's most popular camera

「オーケー、彼だ」

デイビット・ルラスキは私にささやくと、一人の男をそっとあごで示した。整髪剤でべっとりとした長めの髪、シワの寄ったレザージャケットを着て、パリのアンリ4世通りを私たちに向かって大股で歩いてくる。

その男とすれ違ったとたん、ルラスキは音も立てずにくるりと振り向くと、私のｉＰｈｏｎｅを胸元でタテに構えて画面上のシャッターボタンを連打する。その間、私は両手をポケットにつっこんだままぎこちなく周囲の人混みを眺めていた。人目を引かないよう意識し過ぎて、マヌケな米国人スパイになったような気がする。

私はプロのストリート写真家と一緒に、一日じゅうパリの街中で道行く人々をこっそりつけ回していた。ルラスキが仕事のやり方を見せてくれるというので、私は自分のｉＰｈｏｎｅを彼にあずけ、一緒に街へ出た。興味を引く被写体が現れるまでひたすら待つ。対象を見つけたら、相手に不審に思われないようなるべく長いこと尾行する――。

「カメラはオンにしたまま、イヤホンを着けて歩き回るんだ」とルラスキ。「ここの音量ボタンを押して撮る」。そうすれば写真を撮っていると周囲にバレない。「コソコソしている時は気を遣わないとね。コソコソするのは嫌だけど」と周囲の人混みをちらりと見てから私にニヤリと笑った。

我々はバスティーユ広場にそびえ立つ七月革命記念柱のまわりをうろうろとさまよった。ルラスキは、踊りながら歩いている女性を見つけて後をつけ、右手を空中に伸ばしている美しい写真を撮った。ここにはあらゆるタイプのパリジャンがいる。ルラスキはどんなタイプでもターゲットにした。トレンチコートにハイヒールのおしゃれな二〇代前半の女性、髭を伸ばしてだらしない服装をした男たち、ヒジャブをまとったイスラム教の女たち――。

フランス系アメリカ人のルラスキはファッション写真家だ。多くのアーティストがそうであるように、彼も最初はインスタグラムとその画像加工フィルターを批判的に見ていた。「写真を加工する必要なんてないと思ってたんだ。この世界は型にはまって様式化されたものであふれてい

るから」

結局は彼もインスタグラムを使い始めるのだが、驚いたことに彼はその世界で有名人になってしまう。被写体がまったく知らないうちに背後から撮った一連の後ろ姿の写真が大きな注目を集めたのだ。こうした写真を撮るのは、想像よりはるかに難しい。

彼の撮った〝後ろ姿〟シリーズは、ソーシャルメディアと極めて相性が良かった。ちょうどインターネット空間でも匿名で顔の見えない交流が広がりつつあり、顔のない後ろ姿の写真はその誰でもありえた。それが人気となった理由かもしれない。いずれにせよ、ルラスキの写真は何百何千という「いいね」とシェアを集め、あっという間に〝新進気鋭の天才アーティスト〟ともてはやされるようになる。世界中の人々から、彼らの撮った後ろ姿の写真がeメールで送られてきた。

ご存じのように、インスタグラムはiPhoneアプリの中でも最も人気があり影響の大きなアプリの一つだ。デジタル・カルチャー専門のウェブメディア「マッシャブル」は、iPhoneアプリのランキングでインスタグラムを文句なしの一位としている。

フォトグラファーの世界では、アマチュア写真家の急増でプロの仕事が減り、報酬単価も下がるだろうとの懸念があるが、ルラスキはインスタグラムで有名人となった結果、実世界の仕事でも報酬額がアップした。本人はそうしたことにはあまり興味がなさそうだ。

「新しいデジタル技術を試すのはいつでも面白い。昔ながらのフィルム撮影にも愛着はあるけど、iPhoneのカメラもあえてデジカメっぽくしようとしていないところが好きなんだ。被写体に気づかれないないように撮る〝盗み撮り〟は、写真の世界では昔から大きなテーマの一つだった。iPhoneはそれを簡単にしてくれた」

○○○○

簡単にする――。

もし未来の考古学者が大昔の広告を発掘したら、一九世紀と二一世紀の大衆向けカメラがそっくりの宣伝文句を使っていたことに驚くかもしれない。

［広告1］あなたはボタンを押すだけ。あとはすべて私たちがやります。

［広告2］技術面は私たちにお任せください。あなたは美しいものを見つけてシャッターボタンを押すだけでいいのです。

広告1は一八八八年のコダックの宣伝文句。広告2はアップルによるiPhoneのカメラ機能の売り文句だ。二つの広告が世に出た時期は一世紀以上離れているが、訴えている内容はそっくりだ。マニアではない普通の人をカメラの世界に誘い込もうと、操作の簡単さを強調している。かつてコダックはこの戦略によって、それまで一度もカメラに触れたことのなかった何千万という人々を顧客にした。今、おそらく世界最大のカメラメーカーであるアップルが、同じ戦略を使っている。

撮影が簡単なボックスカメラを最初に製造したのはコダックではない。だが、マス・マーケットを念頭に使い勝手をよくし、巧みな宣伝をしかけたのがコダック成功の秘訣だった。創業者ジョージ・イーストマンの伝記を書いたエリザベス・ブライヤーは次のように述べている。

「イーストマンの最終目標は〝アマチュア写真家〟の世界を生み出すことにあった。彼は写真業界の人々がなかなか気づかない点を本能的に見抜いていた。すなわち、アマチュアの市場を育てるには宣伝が不可欠だという事実だ。イーストマンは会社の事業内容の大半について自ら細かく指示を出したが、広告宣伝についてもそうした。しかも彼は広告宣伝が上手だった。生まれつきの才能を持っていたとさえ言えるだろう。言葉を操って見事なスローガンを考え出し、どんな人の心にも直接訴えかける鮮やかなビジュアル・イメージを思いつく才能を持っていた」

もう一人、似たような人物が思い浮かばないだろうか?

○○○○

初代iPhoneに搭載された2メガピクセルのカメラは、二〇〇七年当時の平均的水準にも満たないものだった。初代iPhone開発チームの上級メンバーの一人は「他社の携帯電話はみなカメラ付きだから、〝ではうちも〟くらいの感覚だった」と打ち明ける。カメラ機能を軽視していたわけではないが、限られた予算と時間のなかで他に優先すべきことがあった。スティーブ・ジョブズもカメラは中核的機能とは考えておらず、初めてiPhoneを披露した基調講演でも、カメラ機能についてはほとんど触れていない。

だがiPhone利用者が増え、またインスタグラムなど写真中心のアプリの利用が広がるにつれて、アップルもカメラ機能の大切さを理解するようになった。スマートフォンの機能競争が激化する現在、搭載カメラは極めて重要かつ極めて複雑になっている。アップルのカメラ部門の責任者グラハム・タウンセンドは、二〇一六年に米人気テレビ番組『シックスティ・ミニッツ』に出演した際、iPhoneカメラには二〇〇を超える部品が使われていると明かし、またカメラの性能向上だけを担当する社員が八〇〇人もいると語っている。

iPhone6に搭載されたカメラは8メガピクセルで、ソニー製のイメージセンサーと光学式手ぶれ補正モジュール、そしてアップル製の画像処理プロセッサが使われている。こうしたカメラの性能はもはやレンズの善し悪しだけで決まるのではなく、センサーやソフトウェアといったレンズ以外の勝負になっている。

○○○

ブレット・ビルブレイはアップル本社の会議室に座り、目立たぬよう息をひそめていた。右隣には上司のマイク・カルバート。会議室は半分ほど席が埋まり、みな会議が始まるのを待っていた。スティーブ・ジョブズだけが座っていなかった。

「スティーブは行ったり来たりして歩き回っていました。みな彼の注意をひかないよう息を殺していました」とビルブレイは振り返る。「遅刻者がいたので彼はイライラしており、みな緊張していました」。その頃から〝不機嫌なスティーブ・ジョブズ〟の恐ろしさは有名だったのだ。

誰かがテーブルの上でノートパソコンを広げており、画面上部にiSight（アイサイト：アップル製の外付けウェブカメラ）が取り付けてあった。ジョブズはふと足を止めてその男のほうに顔を向け、パソコンから突き出た不格好なカメラを見つめた。「そいつはクズみたいだな」――。

自社製品でさえ彼の怒りから逃れることはできない。「スティーブはｉＳｉｇｈｔが大嫌いでした。デザインに一貫性がなく洗練されていないものはなんであれ許せないのです」（ビルブレイ）。ちなみに初期のｉＳｉｇｈｔを開発したのはトニー・ファデルとアンディ・グリグノン。後にｉＰｈｏｎｅ開発の牽引役となる二人だ。

ノートパソコンを開いていた哀れな男は、なんと反応していいかわからず凍り付いた。ビルブレイは「その表情を見た瞬間、考えるより先に言葉が出たんです。『私ならなんとかできます』って」

ジョブズは振り向いてビルブレイを見た。「まるで〝その驚くべき大ニュースを詳しく聞きたいな〟と言わんばかりの表情でした。（横にいた）上司のカルバートは自分の額をぴしゃりと叩いて『ああ、なんてこった』とつぶやきました」

当時、新製品のｉＭａｃの発売が迫っており、アップルは密かにＣＰＵをインテル製に切り替えている最中だった。これはトップシークレットの大事業で、会社の経営資源はすべてその作業に吸い上げられていた。だが、新ＣＰＵの他には世間を驚嘆させるようなインパクトが新製品にないことをジョブズは気にしており、社員はみなそれを知っていた。ジョブズはｉＭａｃに付け加える、何かわくわくさせるような新機能を探していたのだ。

ジョブズはビルブレイに向かって歩いてきた。会議室は水を打ったように静まりかえっている。

「さて、君は何ができると？」

「はい、ＣＭＯＳイメージャを内部に――」

「それができるのか？」とジョブズはビルブレイをさえぎって聞いた。

「できます」とビルブレイはかろうじて答えた。

「よし。デモを見たい。二週間でできるか？」

「はい、二週間でできます」――そう答えると、隣で上司がまた額をぴしゃりと叩く音が聞こえた。会議が終わるとカルバートがビルブレイを部屋の隅に連れていき、ささやいた。「自分が何をしているかわかってるのか？　失敗すれば彼はお前をクビにするぞ」

○○○○

ブレット・ビルブレイはアップルに入社する前、一九九〇年代に「インテリジェント・リソーセズ」という画像処理の会社を興し、本人いわく「コンピュータ業界と放送用映像業界をデジタル的に橋渡しした初めてのビデオカード」を製造していた。同社の製品「ビデオ・エクスプローラー」はＨＤビデオに対応した初のコンピュータ用ビデオカードだったという。アップルはこうしたビルブレイの専門性を高く評価し、二〇〇二年にメディア・アーキテクチャ・グループのマネジャーとして引っこ抜いた。当時はアップルをはじめほとんどのテック企業が、動画の処理に頭を悩ませていた。不格好な外付けカメラはこうした問題のほんの一部に過ぎなかった。

覚えているだろうか。二〇〇二年当時にビデオ映像をノートパソコンで再生するのがどんな有様だったかを――。小さなウィンドウ内で流れる動画は一五フレーム／秒でなめらかとは言いがたく、〝圧縮アーティファクト〟による歪みもひどかった。これは、遅いネット回線でユーチューブを観ようとしたり、記録装置がすべてハードディスクという古いＰＣでＤＶＤを再生したりする時などに発生し、本来は細かくなめらかなはずの部分が、四角いピクセルの塊のように見える状態（ブロック化）になってしまう。回線容量や記録容量の不足でオリジナルのデータ量が処理できない場合、システムはデータの一部を捨てる非可逆圧縮という手法を使ってデータを減らすが、減らしすぎると動画再生時にブロック化が起きる。するとパソコン側は動画の再生処理をしながら同時にブロック化した画像の補正という余計な処理もしなければならなくなる。

動画のストリーミング再生をするユーザーが増えるにつれ、パソコンメーカーにとってこの問題はますます大きくなった。逆にこれを解決できれば、外付けのｉＳｉｇｈｔカメラをパソコン本体に組み込める可能性が高まる。

「シャワーを浴びている時にひらめいたんです。そもそもブロック化が起きないようにすれば、それを補正する必要もなくなる」とビルブレイ。どうすればブロック化なしで圧縮されたデータから動画を復元できるのか。それには画面全体をブロックにしてしまえばいい。こうして彼は〝デブロッキング（ブロック化の補正処理）〟をしないで動画再生ができるアルゴリズムを作り、すべてのコマがきちんと再生できるようになった。

加えてビルブレイにはもう一つの〝秘策〟があった。カメラが写した映像をＣＰＵではなくＧＰＵ（画像処理専門の演算装置）に送るのだ。遊んでいるＧＰＵに色調補正やノイズ処理をやらせれば、ＣＰＵの負担を軽減できる。この秘策によって二〇〇二年当時の主流だったＣＣＤ（電荷結合素子）からＣＭＯＳ（相補型金属酸化膜半導体）へとイメージセンサーを切り替えることが可能になった。外付けのｉＳｉｇｈｔカメラはＣＣＤを使っていた。ＣＭＯＳは品質では劣るものの、ＣＣＤより安価で小さく、処理速度も速いし電力消費も少ない。ＧＰＵを活用してセンサーをＣＭＯＳにすればカメラを内蔵できる――。

ビルブレイは画質向上やノイズ削減、フィルタリングなどのアルゴリズムを大量に書き上げ、外付けカメラのｉＳｉｇｈｔを内蔵カメラにしたハードウェアも準備した。だが、最大の難関はこうしたエンジニアリング作業ではなく、社内政治だったという。パソコンに新しくカメラを内蔵するということは、カメラ以外のすべての部分に影響を与える。カメラ担当チームはよいが、それ以外の機能を担当するチームはみなしわ寄せをくらうことになる。

「あの時の社内政治は悪夢でした」とビルブレイ。それほど大きな設計変更など誰一人として望まない。「そこで私は、誰かに邪魔される前にすべてをスティーブの目にさらすという作戦に出たのです。スティーブのお墨付きをもらえば、私の邪魔をできる人は社内に一人もいません。〝でもスティーブがこうしたいと言ったんだよ〟というセリフは、白紙委任状と同じ効果を持ちます。本当にそう言ったのか彼に確認する人なんかいませんからね」

いよいよ明日はジョブズと約束したデモをするという前の夜、ビルブレイのチームメンバーは会議室に集まり、デモ用ノートパソコンをセットした。画面側上部にｉＳｉｇｈｔカメラを内蔵したノートパソコンだ。準備は完璧で、ビルブレイは「さあ、もう誰もこれに触るなよ。家に帰ろう」と言って切り上げた。

ところが翌日、デモの始まる直前にノートパソコンを立ち上げると、なんと内蔵カメラの映像が紫色に変色している。何が起きたかわからず呆然としているところにスティーブ・ジョブズが現れた。

「紫色だな」と彼はすぐに指摘した。

「はい。いったい何が起きたんだか――」とビルブレイ。

その時、ソフトウェア担当者の一人が口を開いた。「実は昨夜ソフトをアップデートして、その結果を確認してなかったんです」

ジョブズはビルブレイを見るとニヤリと皮肉な笑いを浮かべ、「直してからもう一度見せてくれ」と言った。少なくとも今はまだクビにならないようだ。

翌日、問題を解決してデモを見せると、ジョブズは「素晴らしい」とだけ言って、この内蔵iSightを採用することに決めた。

こんなふうにして、内蔵カメラは業界標準化にむけた第一歩を踏み出した。彼らは内蔵カメラの特許を取得した。その後、さらに小さいiPhone用内蔵カメラの特許も取った。ビルブレイは初代iPhoneの内蔵カメラの責任者だったエンジニアのポール・アリオシン（誰からも好かれた優秀なエンジニアだったアリオシンは、残念なことに二〇一三年の自動車事故で亡くなった）に力を貸した。今でもiPhoneの内蔵カメラは〝iSight〟と呼ばれている。

○○○○

数年前、妻が私に電話をかけてきて、感涙にむせながら「妊娠した」と告げた時（二人ともまったく予期していなかったのだ）、私たちはすぐに会話をフェイスタイムに切り替えた。この突然の大ニュースをなんとか受け入れようと会話をしながら、私は無意識のうちに何枚かのスクリーンショットを撮っていた。それはこれまでに私が撮った写真のなかで最も素晴らしいものだ。愛と興奮と畏れと画像ノイズがいっぱい詰まった写真である。

ｉＰｈｏｎｅが登場する前、きちんとしたデジタル写真を残すには、数百ドルを費してデジタルカメラを買う必要があった。我々は旅行や特別なイベントにはそのデジカメを持っていったが、常に持ち歩きはしなかった。

ところが今や、スマートフォンカメラの性能は専用デジタルカメラに近づきつつある。ニコン、パナソニック、キヤノンといったデジタルカメラの巨人は急速に市場シェアを失いつつある。しかも皮肉なことに、アップルはこうした既存企業の開拓した技術を使って彼らを市場から駆逐しているのだ。

新型ｉＰｈｏｎｅが登場するたびに内蔵カメラの性能は上がっているが、アップルはなかでも「光学式手ブレ補正機能」を何度となく最大の売り物にしてきた。ｉＰｈｏｎｅは本体がとても軽いので、この機能なしでは手ブレでまともな写真が撮れない。

この極めて重要な機能を開発した人物の名前を知っている人はまずいないだろう。その人物は大嶋光昭博士という。パナソニックの研究者だった大嶋は、初期のカーナビシステムに使われた振動ジャイロスコープの研究をしていた。だが、一九八二年の夏に休暇でハワイを訪れる直前、そのプロジェクトは突然打ち切られた。

「休暇で来たハワイで、友達とドライブしていたんです。友達は車内からハワイの景色をビデオ撮影しながら〝どうしても映像がブレてしまう〟と文句を言っていました」と大嶋は私に話した。その頃のビデオカメラは肩に乗せる大型の機材で、揺れる車内から撮影すれば手ブレは避けられない。高額の製品だったが、手ブレを避けるための機能などついていなかった。友人の不満を聞きながら、大嶋の頭に一つの考えがひらめいた。振動ジャイロでビデオカメラの回転角を測り、それに応じて画像を補正すれば、手ブレをなくせるのではないだろうか——。「日本に帰るやいなや、振動ジャイロを使った手ブレ補正の研究に着手しました」

残念なことにパナソニックの上司は彼のアイデアに興味を示さず、予算が確保できなかった。だが大嶋には手ブレ補正の価値を実証できるという確信があった。彼は通常業務を終えてから夜遅くまで職場に残り、ついに試作品を作り上げた。「試作品のカメラを初めて起動した時のドキドキした気持ちを今でも覚えています。カメラ本体を揺さぶっても、映像はまったくブレません。信じられないほどの効果でした。私の人生であれが最高の瞬間でした」

大嶋はヘリコプターをチャーターして大阪城の上空を飛び、手ブレ補正機能をオンとオフにして二種類の映像を空撮した。映像は手ぶれ補正機能の効果をはっきりと物語り、上司に見せるとすぐさまプロジェクトの予算が獲得できた。ところが、何年も研究を重ねて量産用の試作品までできたのに、会社の上層部が製品化に乗り気にならない。

「手ぶれ補正機能の製品化には一部に反対意見がありました。日本のビデオカメラ市場は何しろ小型化することに熱中していましたから。一方、米国市場では小型化がそこまで重視されたことは一度もありませんでした」

そこで大嶋は、北米市場を担当していたグループ会社の松下寿電子工業（当時）を頼って米国で売り出す道を探った。一九八八年、世界初の手ブレ補正機能付きビデオカメラとしてＰＶ－

460が米国で発売されると、二〇〇〇ドルという高めの価格にもかかわらず大ヒットした。競合製品より高くても消費者は手ブレ補正付きを選ぶと証明されたのだ。

一九九四年にはニコン、一九九五年にはキヤノンがこの技術を自社のデジタルカメラに採用するとあっという間に普及が進み、大嶋の開発した技術は世界中のデジタルカメラの手ブレ補正に使われるようになった。「信じられないことに、最初に開発してから三四年経った今でもほとんどのカメラにこの技術が使われています。iPhoneやアンドロイドのカメラにも使われています。世界中のすべてのカメラにこの技術を使って欲しい、という私の夢がついにかないました」

大嶋にとってイノベーションとは、異なるアイデアを結びつける新しいネットワークを創り出す、または既存のネットワーク同士をつなげる新しい道筋を創り出す作業だという。「ひらめきとは、一つのアイデアがまったく思いもしなかった別のアイデアと頭の中で結びつく現象だと思います」と大嶋は言う。そうした現象はエコシステムの拡大によって引き起こされる。

私のiPhoneを使ってルラスキがパリで撮った写真を今あらためて眺めてみると、さまざまな記憶や感情がくっきりとよみがえってきて驚かされる。公園で読書に没頭する年配の女性、人混みの広場で巧みに人々をよけて踊りながら歩いて行く女性、つり橋の上のオープン・カフェでじっと立ち尽くす男性——。私のお気に入りは、鉄のフェンスを無造作によじ登ろうとしている小さな女の子の写真だ。地平線上の一点に向かって整然と並ぶ格子柄を背景に、しなやかな身体をみごとにとらえている。この写真を撮るのにかかった時間はわずか数秒。そのまた数秒後には加工され世界中にシェアされていた。

第7章 動きを読み取るセンサー

iPhoneはいかに自分の居場所を知るか

Sensing Motion From gyroscopes to GPS, the iPhone finds its place

見上げるような石柱と門を通った先に「フーコーの振り子」はあった。大聖堂のように静まりかえった広大な部屋で、はるか頭上の天井から何十メートルもあるワイヤーでつり下げられた鉛メッキの球体。そこから突き出た細い先端が、丸いガラスのテーブルをかすめるようにゆっくりと横切っていく。ステンドグラスを通して朝日がやわらかく差し込んでいた。フーコーの振り子は、おそらく最も宗教的経験に近い科学の実験と言えるだろう。

ステンドグラスの効果か、それとも時差ぼけのせいか、はたまた一五〇年前にナポレオン三世も見たというこの振り子に圧倒されたせいか、いずれにせよフーコーの振り子を見つめながら、私は聖ペトリ大聖堂に初めて足を踏み入れた時や、グランドキャニオンをのぞき込んだ時のように敬虔な気持ちになった。我々は虚無の宇宙を進む想像を絶するほど巨大な塊の上に立っており、その塊は高速で回転している——。この振り子ほど、その事実を理屈抜きに納得させるものはまずない。

ここは一七九四年に建てられたパリ工芸博物館。世界最古の科学技術博物館の一つだ。パスカルの計算機からジャカード織機まで、現代のコンピュータにつながる先駆的な機械がいくつも展示されている。

地球の自転を証明するため「フーコーの振り子」を考え出したのは、哲学者として有名なミシェル・フーコーではなく、物理学者のジャン・ベルナール・レオン・フーコーである。振り子の動くコースが少しずつ変化することで、今でいうコリオリの力を証明した。これは、回転座標系を動く質点が移動方向に直角な力を受けることを指す。地球という回転座標系の場合、北半球では、動く物体はコリオリ効果によって右に曲がる。

フーコーはこの振り子の実験をさらに正確にするため、ジャイロスコープを利用した。これは大まかに言えば、回転する先端部分とその回転を維持するための仕組みを持つ装置で、今のｉＰｈｏｎｅに使われているものと原理的にそれほど変わらない。ｉＰｈｏｎｅの画面が本体の向きに応じて正しく回転できるのは、コリオリ効果を利用しているからなのだ。ただしフーコーと違い、現代のジャイロスコープはＭＥＭＳ（微小電気機械システム）技術のおかげで極めて小さい。極小のチップに詰め込まれたＭＥＭＳジャイロスコープは、対称で美しい構造をしており、まるでＳ

MEMSジャイロスコープの構造

Fにでてくる未来の神殿の設計図のようだ。

我々のスマートフォンに組み込まれているジャイロスコープはＶＳＧ（振動型ジャイロ）という。振動子を使って回転の速さ（角速度）を計測するからだ。振動子は、自身を支える土台が回転しても同じ平面上で振動を続けようとする。その際に振動子はコリオリ効果によって一定の力を土台に加える。その力を計測すれば角速度が算出できる。今や親指の爪より小さくなったＶＳＧは、ｉＰｈｏｎｅを始め自動車やゲーム機などあらゆる機械に搭載されている。

○○○○

ｉＰｈｏｎｅにはＶＳＧをはじめ多種多様なセンサーが搭載されている。本体の動きや周囲の環境を読み取り、例えば耳に押しつけた時、左右に動かした時、部屋が暗くなった時などに、魔法のように的確な反応ができるよう裏で働いているのだ。ｉＰｈｏｎｅがいかにして三次元空間で自分の位置を、とりわけ利用者との相対的な位置関係を正確に把握しているのかを理解するには、ｉＰｈｏｎｅの中にある極めて重要なセンサー類とチップについて知る必要がある。以下でそれらを紹介しよう。

加速度センサー

初代ｉＰｈｏｎｅにはわずか三種類のセンサーしか搭載されていなかった（カメラ用センサーを除く）。加速度センサー、近接センサー、そして周囲光センサーだ。アップルは初代ｉＰｈｏｎｅのプレスリリースで「本体をタテからヨコに動かすと画面も自動的にヨコ位置に切り替わり、ウェブページや写真を最適な縦横比でご覧いただけます」と、加速度センサーの素晴らしさを自画自賛した。持ち方に応じて画面のタテ・ヨコが切り替わるというのはそれまでにない斬新な機能で、しかもアップルはエレガントにこれを実現したからだ。

小さな加速度センサーは、その名の通り本体の加速度を計測する。航空機や橋梁の安全性を確かめるために一九二〇年代に生み出された。センサー業界のベテラン、パトリック・L・ウォルターによると、初期の加速度センサーは重さがおよそ一ポンド（〇・四五キロ）でE字型をしており、上部と中央部の間に二〇個から五五個の炭素リングを使ったホイートストン・ハーフブリッジ回路（引っ張りや圧縮によるひずみを検知する）を設置したものだった。航空機射出用カタパルトやエレベーター、飛行機のショックアブソーバーなどの加速度を知るために使われ、また蒸気タービンや地下パイプの振動の検知、さらに爆発のパワーの計測にも使われたという。価格は一九三〇年当時で四二〇ドルした。

こうした加速度センサーの技術は、航空機やインフラなどで事故が起きないようチェックする計測・評価の業界で五〇〜六〇年かけて少しずつ磨かれてきた。そして一九七〇年代までにスタンフォード大学の研究者たちがMEMS技術を用いた加速度センサーを開発すると、衝突を検知するエアバッグ用センサーとして採用され、それ以降二〇〇〇年代になるまで自動車業界が加速度センサーの技術進歩を牽引した。

その後、加速度センサーはノートパソコンを経てiPhoneにも搭載される。なぜノートパソコンに加速度センサーが必要なのか。もちろん、〝マック・セーバー〟（ノートパソコンを振り回すとライトセーバーを振り回しているかのような音が出る二〇〇六年登場のジョーク・アプリ）で決闘するためではない。間違えてテーブルからノートパソコンを落とした瞬間、それを検知してハードディスクの電源を切り、データを守るためだ。つまり初代iPhone開発時にすでにアップルは加速度センサーを使っていたのである。

近接センサー

もう一度、初代iPhoneのプレスリリースを見てみよう。

「iPhoneに内蔵された光センサーにより、周囲の明るさに応じて画面の明るさが自動的に変わります。ユーザーエクスペリエンスの向上と省電力を同時にもたらす機能です」

光センサーを使ったこの機能はもともとノートパソコンにもあったので、それをiPhoneにも搭載するのは特に難しくなかった。苦労したのは近接センサーだ。

iPhoneを耳に当てると自動的に画面がオフになり、耳から離すとふたたびオンになる。この機能を担うのが近接センサーである。このセンサーは目に見えないわずかな赤外線を発光部から射出し、何かに反射して戻ってきた赤外線を受光部で検知する。戻ってきた赤外線の輝度が極めて強ければ、何か（ユーザーの顔）がすぐ近くにあると判断して画面をオフにする。輝度が低ければ画面はオンのままにする。

iPhone誕生の立役者の一人、ブライアン・ウッピは「近接センサーの導入は一筋縄ではいかず、とても面白かったです」と振り返る。どこが難しかったのか——。それは利用者がどのような服装や髪型、肌の色であろうと、間違いなく近接センサーに感知させなければならない点だ。例えば暗い色は光を吸収し、明るい色は光を反射する。したがって利用者が黒髪ならiPhoneを近づけてもセンサーが感知できない恐れがあり、逆にスパンコールのドレスを着ていればiPhoneを顔に近づけていないのに近接センサーが作動してしまうかもしれない。

ウッピはエンジニアたちに床屋に行くよう命じ、自分の髪の一部を持ってこさせた。そしてさまざまな髪の毛を対象にテストを繰り返した。なんとか機能する近接センサーができあがったものの、動作は不安定だった。ウッピは製品デザイナーに「このセンサーはすごく繊細だから、iPhone本体に組み込む際は細心の注意を払うように」と警告した。数ヶ月後にそのデザイナーに会うと、「まったくあんたの言う通りだったよ。少しでも位置がズレるとこいつはまったく役に立たなくなる」と言われた。それでも最終的にはきちんと作動するようになり、近接センサーはiPhoneが日常生活にスムーズに溶け込むのに一役買っている。

GPS（全地球測位システム）

iPhoneが利用者の頭部に近接しているかどうかはセンサー一つで検知できるが、それ以外のあらゆるものへの近接は、地球全体をカバーする衛星システムに頼らねば検知できない。iPhoneが最寄りのスターバックスへの道順をいとも簡単に教えてくれる仕組みを知るには、まず宇宙開発競争から話を始める必要がある。

一九五七年一〇月四日、ソビエト連邦は人類初の人工衛星「スプートニク1号」を衛星軌道に打ち上げたと発表、全世界に衝撃を与えた。ソ連は他の大国との宇宙開発競争に勝つため、当初予定していた科学調査用機材などの搭載をあきらめ、スプートニクには簡単な無線送信機だけが搭載された。このため、短波ラジオの受信機さえあれば誰でも、地球を周回するスプートニクが発信する無線を受信できた。

そして米ＭＩＴの天文学者チームに、このスプートニクを監視する役目が与えられた。彼らはスプートニクがＭＩＴに近づくにつれ、そこから発信される無線の周波数が高くなり、離れるにつれ周波数が低くなることに気づいた。ドップラー効果である。であれば、この周波数を計測し続ければ常にスプートニクの位置を、そして今後打ち上げる自国衛星の位置も割り出せるではないか――彼らはそう気づいた。それからわずか二年で、米国海軍は世界初の衛星ナビゲーションシステム「トランジット」を完成させる。そして一九六〇年代から七〇年代にかけ、米国海軍研究試験所はＧＰＳの開発に真剣に取り組む。

現在のジオロケーション（地理位置情報）技術は、きっかけとなった宇宙開発競争の時代から大きく進化している。今やｉＰｈｏｎｅは所有者の居場所のみならず、体の動きや場所の移動、身体活動データまで取得できる。ｉＰｈｏｎｅにはＧＰＳ専用チップが組み込まれており、ＷｉＦｉ電波と携帯電話用基地局との三辺測量によって所有者の居場所を正確に把握できる。さらにｉＰｈｏｎｅはロシアの人工衛星測位システム「グロナス」にも対応し、測位の精度をいっそう高めている。

ＧＰＳを利用したサービスで一番有名なのはグーグルマップだ。現在、世界で最も利用されている地図ソフトであり、おそらくこれまでに人類の作った地図の中でも最も利用されている地図だろう。「世界地図」のあり方さえ変えてしまったと言っても過言ではない。

だが、グーグルマップを最初に考えたのは実はグーグルではない。ラース・ラスムッセンとジェンス・ラスムッセンというデンマーク人の兄弟だ。二人はドットコム・バブルの崩壊で失業し、実家に戻ったジェンスは「とてつもない方向音痴」であるラースのためにわかりやすい地図のアイデアを思いつく。兄弟は二〇〇四年、オーストラリアのシドニーで「Ｗｈｅｒｅ２」という地図ソフトの会社を設立し、最終的にグーグルがこれを買収、地図ソフトは初代ｉＰｈｏｎｅ用のアプリへと変身する。これがおそらくｉＰｈｏｎｅ初の〝キラーアプリ〟となった。ピンチで拡大・縮小するグーグルマップのナビゲーションは直感的でわかりやすく、専門家やアップル社員からの評価も極めて高い。

グーグルマップは初代ｉＰｈｏｎｅの発売に間に合うギリギリのタイミングで採用が決まった。アップルのソフトウェア・エンジニア二人が三週間かけてアプリ化した。今では昔話だが、当時はアップルとグーグルが提携関係を結び、アップルの二人のエンジニアがグーグルの社内データにアクセスしながらアプリを完成させた（詳細は「セクション４」で後述）。おかげで世界中の人々が、それまでより格段に使いやすいナビゲーションシステムの恩恵を受けている。

磁気センサー

磁気センサーはｉＰｈｏｎｅが内蔵するセンサー類のなかで最も古い歴史を持ち、その内容もよく知られている。というのも、その原型は方位磁石なのだ。方位磁石の歴史は少なくとも紀元前二〇六年の漢王朝までさかのぼる。

現在、ｉＰｈｏｎｅ内部の磁気センサーと加速度センサー、ジャイロスコープはそれぞれが取得したデータのすべてをアップルの新しいチップ「モーションコプロセッサ（Ｍ７チップ）」に引き渡している。モーションコプロセッサは、メインプロセッサの小さな頼れる相棒といえよう。位置データに関する計算をすべて引き受けてくれるので、メインプロセッサは時間とエネルギー、処理能力を節約できる。

ｉＰｈｏｎｅ６に使われるモーションコプロセッサは、オランダのＮＸＰセミコンダクターズ（かつてはフィリップスの半導体部門だった）が製造している。このコプロセッサはいわゆる〝ウェアラブル〟と呼ばれる機能を担う中核的な存在だ。所有者の日々の歩数や移動距離、高度の変化まで捕捉し、あなたが歩いているのか、自転車に乗っているのか、ジョギング中なのか、それとも車で移動しているのかも知っている。さらに、知ろうと思えばあなたに関するもっと多くの情報も知ることができる。

「長期的にこの（Ｍ７）チップは、ジェスチャー認識アプリが必要とする情報を与えたり、スマートフォンが最先端手法を使って所有者のニーズや精神状態までも把握するのを助けたりできるようになるだろう」とＭＩＴのデイビッド・タルボットは述べている。例えば所有者がｉＰｈｏｎｅを振り回していれば、「怒っている」のかもしれないと判断できる。すでに「シェイク」（本体をこまかく振るジェスチャー）は「取り消し」や「シャッフル」を指示する入力方法として実用化されている。この先モーションコプロセッサが私たちのわずかな動作や大きな動きからどんな精神状態かを読み取れるようになるのか、誰もまだ予測できない。

こうしたモーショントラッカー機能には反対意見がないわけでもない。その主な理由は、所有者がどこにいるかを常に把握される点や、機能をオフにできないようにすることも技術的には可能な点だ。例えばカナダ人プログラマーのアーマン・アミンがM7チップ内蔵のiPhone5sに関してReddit（投稿主体のソーシャルサイト）に投稿した体験記は波紋を呼んだ。一部を引用しよう。

旅行中に充電コードが壊れたので、途中から僕のiPhone5sは完全に電源オフのままだった。ところが帰宅して充電し、Argus（自動歩数計アプリ）を立ち上げたところ、完全に電源の切れていたはずの四日間の歩数までちゃんと記録されていたんだ。心から感服すると同時に、ちょっと怖くなったよ。

つまり、iPhoneのバッテリーが切れた後でも、ほとんど電力を消費しないM7チップを動かすだけの電力はなんとか供給できたということらしい。このエピソードはスマートフォンの普及につれて高まってきた我々の不安――自分の全行動がスマホに記録されているのではないか、という不安を見事に具体化している。バッテリー切れで電源がオフでもiPhone内のチップはあなたの歩数を記録しているのだ。これはさらに、アップルの「位置情報サービス」に対する

不安もかきたてることになる。この機能はあえてオフにしない限り、利用者の居場所を定期的にアップルに伝え続けるからだ。

こうしたモーショントラッカーは、スマホ時代の消費者心理に潜む決定的な矛盾を浮き彫りにする。すなわち我々は二四時間利用できる便利さを求めつつも、二四時間監視されることは嫌がるのだ。GPSや加速度センサーなど一連のモーショントラッカー技術によって紙の地図は絶滅に瀕し、「道順を教える技術」は滅びゆく伝統芸能になろうとしている。一方で我々の位置情報や肉体の動きは追跡され、解読され、利用されている。

一世紀以上も前、フーコーなどの科学者は宇宙における我々の現在位置を知る手がかりとなる装置を作成した。フーコーの振り子が示した物理法則は、今も変わらず我々のポケットにあるデバイスの現在位置を知るのに役立っている。そしてこの種の技術は今後も発展を続けるだろう。アップルの最先端技術研究所（ATG）に属するブレット・ビルブレイは言う。

「私たちのグループはiPhoneのセンサー活用法を長年研究しています。今はまだ話せませんが、他にもいろいろなセンサーや機能があります。この先もいくつか新しいセンサーが搭載される予定です」

第8章

iPhoneの頭脳はどのように育ったか

How the iPhone grew its brain

世界を変えた〝豪腕〟ARMチップ

Strong-ARMed

「オールドメディアを見たいって？」

グレーのヒゲにおおわれた口元でにやりと笑うと、アラン・ケイは自宅の奥へと私を案内した。庭にテニスコートもある豪華な家だが、ロサンゼルスの高級住宅街ではとりたてて派手な印象はない。同居する妻のボニー・マクバードは映画『トロン』の原案を書いたことでも知られる作家兼女優だ。

ケイは「パーソナルコンピュータの生みの親」とも言われ、誰もが認める〝生ける伝説〟だ。これも伝説的なゼロックスＰＡＲＣ（パロアルト研究所）で研究チームを率いて後の世に多大な影響を与えるプログラム言語「スモールトーク」を開発し、グラフィカル・ユーザーインターフェース（ＧＵＩ）誕生の下地を作った。ばかでかいメインフレームしかなかった時代に、コンピュータを「学びと創造の柔軟なツール」として使うべきだと初めて世の中に訴えた先導者の一人がケイだ。彼らの想像力のおかげで、今では普通の人が気軽にコンピュータを使えるようになったのである。

そうした想像力を蒸留して得られた極上の産物が「ダイナブック」というコンセプトだ。シリコンバレーに最も古くから伝わる概念上の文化遺物である。性能と柔軟性の高い携帯型コンピュータで、子供でも使いこなせるほど扱いやすい。"使いこなせる"というのは、ただ受け身の学習に利用できるだけでなく、自分でメディアを作ったりアプリを書けたりするという意味である。一九七七年、アラン・ケイと仕事仲間のアデル・ゴールドバーグは"*Personal Dynamic Media*"という論文で理想的なダイナブックの姿を描いた。

「それは個人ごとに好きなデータを放り込める"知識の加工装置(ナレッジ・マニピュレータ)"である。人間より優れた視覚と聴覚を持ち、何千ページ分もの参考資料・詩・手紙・レシピ・記録・絵・アニメーション・楽譜・波形データ・動的シミュレーションなど、何でも覚えさせて後からいつでも呼び出せる」

まるで物理キーボード付きiＰａｄのようなダイナブックは、世界で初めて提案されたモバイルコンピュータの一つであり、そのコンセプトは世界のコンピュータにおそらく最も大きな影響を与えてきた。私がアラン・ケイに会いに来たのは、彼が一九六〇年代から七〇年代に描いたビジョンと比較して、二〇億人がスマートフォンを持つ今の世界やiＰｈｏｎｅというデバイスについてどう思うかを聞きたかったからだ。

その質問にケイはこう答えた。彼がダイナブックで実現したかったことを完全に実現するデバイスは、iＰｈｏｎｅやiＰａｄを含めてまだこの世に存在しないと――。

スティーブ・ジョブズは最後まで変わることなくケイを尊敬し続けた。そのケイは一九八四年、ニューズウィークのインタビューでMａｃについて「批評するに値する初めてのコンピュータだ」と述べている。ジョブズは一九八〇年代、アップルをクビになる直前までケイの提唱した〝ダイナブック〟を作ろうとしていた。ジョブズは亡くなるまで二ヶ月に一度はケイと電話で話をし、二〇〇七年一月に初代ｉＰｈｏｎｅを初公開したイベントにはケイも招待している。

「彼（ジョブズ）はイベントの後でｉＰｈｏｎｅを僕に渡して『アラン、どう思う？　批評するに値するかい？』と聞いてきた。画面をもっと大きくすれば世界を制覇できるだろう、と答えたよ」（ケイ）

○○○○

ケイは自宅の奥の広い部屋に私を案内した。部屋というより翼棟というほうが実態に近いだろう。仕切りのない広々とした空間で、二階建てになっている。一階の壁には据え付けの巨大なオルガン。二階にはずらりと本棚が並び、しゃれた図書館のよう。確かに〝オールドメディア〟だ。

私たちはそれまで数時間、ニューメディアについて議論していた。ダイナブックにヒントを得たさまざまなデバイスと、それがもたらすリンクや切り抜きや広告の洪水――。ケイはそれらに警戒心を抱いている。ケイの友人でメディア学者、故ニール・ポストマンも同じ警戒心を抱き、著書『愉しみながら死んでいく―思考停止をもたらすテレビの恐怖』で我々を取り巻く現代メディアを批判した。テレビがメディアの中心になるにしたがい〝娯楽性〟が社会の基準を決めるようになり、教育や政治といった社会を支える柱がその基準に合うよう歪められてきたと。

ケイの意見によれば、スマートフォンは消費者向けの商品として設計され、マーケティング部門が消費者に受けるよう機能や特長を決めているため、結果として「消費者がすでに知っていて、さらに欲しいと思うもの」を提供するためのデバイスになっている。このためスマートフォンは最も優れたものであってもせいぜいオールドメディアを模倣することしかできず、〝知識の加工装置〟として役立つケースは滅多にない、と彼は指摘する。確かにオールドメディアを「素早く手軽な切り抜き」という新しいかたちで我々に提供してくれる点こそ、スマートフォンの最大のイノベーションなのかもしれない。

「私はムーアの法則が三〇年で無効になればいいと願っていた」とケイは言う。〝ムーアの法則〟とは、インテルの共同創業者でコンピュータ科学者、ゴードン・ムーアが一九六五年に提唱した考え方で、マイクロチップの一平方インチ当たりに集積できるトランジスタ数は二年ごとに二倍になるとするものだ。科学的法則ではなく実業家としての経験則である。「ムーアはこの当て推量が三〇年間は有効だろうと考えた。だからちょうど一九九五年頃に無効になればすごくよかったんだ」――ところがその後もトランジスタの集積密度は桁違いの進歩を続け、五〇年後の今ではポケットに入るスマートフォンで高画質のテレビ観賞や3Dゲームさえできるようになった。「もしニールが今また本を書くとすれば、タイトルは『退屈しのぎをしながら死んでいく』になるかもね」とケイ。

iPhoneを「退屈しのぎ」の提供装置と見るか、「つながり」を可能にするデバイスと見るか――どちらにしてもその両方を可能にする仕組みを知るには、最初にトランジスタを理解する必要がある。

○○○○

「今の携帯電話に入っているコンピュータは、アポロ計画でロケットを月へと導いたコンピュータを上回る性能を持つ」――そんな話を聞いたことがあるかもしれない。だがこれは、携帯電話のコンピュータをずいぶん過小評価している。実際にはアポロ計画で使われたものよりざっと一〇万倍は高性能だ。そこまで性能アップができた主な要因は、トランジスタが信じられないほど小型化できたからだ。

トランジスタは二〇世紀で最大のイノベーションといってもいいかもしれない。あらゆる電子機器はトランジスタなしでは作れない。最新のＬＳＩチップには、一つにつき数十億個ものトランジスタが使われている。もちろん一九四七年にトランジスタが発明された時はそんなに小さくはなかった。初期のトランジスタはゲルマニウムの単結晶と三角形のプラスチックからなり、長さ一センチ強の金製の接点がついていた。今のスリムなｉＰｈｏｎｅなら数個しか内蔵できないサイズだ。

トランジスタの根本原理は一九二五年に物理学者ユリウス・リリエンフェルトが考案したが、きちんとした論文もないまま二〇年ほど埋もれたままだった。それを再発見して改良したのがベル研究所の物理学者ウィリアム・ショックレーと部下のジョン・バーディーン、ウォルター・ブラッテンだ。

トランジスタは機械とデジタルをつなぐ架け橋である。コンピュータが理解できるのは二進法のバイナリ言語（イエスかノー、オンかオフ、１か０）なので、人間はそのどちらかをコンピュータに指示する手段が必要になる。トランジスタはその伝達役なのだ。電流が増幅されれば「イエス」や「オン」や「1」を示し、増幅されなければ「ノー」や「オフ」や「0」を意味する。

トランジスタの発明後は小型化が進み、半導体に直接エッチングできるほど小さくなった。一つの半導体に複数のトランジスタを設置したのが集積回路（IC）、またはマイクロチップである。半導体とはゲルマニウムやシリコンのことで、導体と絶縁体の中間的な性質を持ち、電気の流れをコントロールできる。シリコンは安価で大量に入手できるため半導体として使われることが多く、「シリコンバレー」という俗称が生まれたほどだ。

基本的には、一つの半導体に設置できるトランジスタが増えるほど、複雑な命令が実行できるようになる。面白いことに、トランジスタの数が増えても消費電力は増えない。それどころか、トランジスタの数が増えるということは個々のトランジスタが小型化されているわけで、消費電力はむしろ減る。要するにコンピュータ・チップが小型化するにつれて、性能は上がり消費電力は下がる。こうして新製品が出るたびに一年前にはできなかったことができる、という消費者を悩ますサイクルが始まった。トランジスタの小型化の歩みを以下で簡単に紹介しよう。

一九五二年：トランジスタを使った初めての民生品が発売される。米レイセオンの製造した補聴器で、製品に内蔵されたトランジスタ数は一つ。

一九五四年：テキサス・インスツルメンツが史上初のトランジスタラジオ「リージェンシーTR−1」を発売。これが大ヒットしてトランジスタラジオ・ブームの火付け役となり、トランジスタ産業が育つきっかけになる。内蔵されたトランジスタ数は四つ。

一九六九年：人類を月に送り届けたアポロ宇宙船には有名な「アポロ誘導コンピュータ（ＡＧＣ）」が搭載されていた。ＡＧＣのトランジスタのスイッチは複雑に絡み合った磁気ロープで、これを手動でつなぎ合わせる必要があった。ＡＧＣのトランジスタ数は合計で一万二三〇〇個。

一九七一年：インテルという新興企業が同社初のマイクロチップ「４００４」を発売する。面積にして一二平方ミリメートルのチップ上にはぎっしりとトランジスタが埋め込まれ、それぞれの間隔は一万ナノメートル（〇・〇一ミリメートル）だった。この間隔は「赤血球一つ分ほどで、そこそこの子供用顕微鏡があれば個々のトランジスタを見分けることができる」（エコノミスト誌による解説）。

このチップ一つのトランジスタ数は二三〇〇個。

二〇〇七年：初代ｉＰｈｏｎｅ用にアップルとサムスンが共同設計し、サムスンが製造したカスタムチップのトランジスタ数は一億三七五〇万個だった。すごい数だと思うかもしれないが、初代ｉＰｈｏｎｅから九年後に発売されたｉＰｈｏｎｅ７に内蔵されたトランジスタ数はそのおよそ二四倍、三三億個である。

今の携帯電話のコンピュータがアポロ計画で使われたものより高性能である理由が納得できただろうか。

今日、ムーアの法則は崩れ始めている。トランジスタを詰め込むスペースが原子レベルで限界に達しつつあるからだ。一九七〇年代の初頭、基盤に詰め込まれたトランジスタ同士の間隔は一万ナノ㍍だった。今や一四ナノ㍍である。二〇二〇年までには五ナノ㍍まで狭まる可能性がある。それより狭くなると、もはや原子数個分のスペースしか残されない。コンピュータがその先も性能アップを続けるためには、例えば量子コンピュータといったまったく新しい方法論が必要であろう。

とはいえ、トランジスタの小型化だけでiPhone用チップの開発が可能になったわけではない。あまり注目されない問題ながら、内蔵するチップに載る大量のトランジスタにいかにして長時間の電源を供給するか、というのも実は大きな課題であった。何しろポケットに収まるほど小さなスマートフォンで、デスクトップPCに匹敵するアプリを動かさねばならない。数十秒でバッテリー切れになるようでは話にならない。

一九九〇年代を通じて、コンピュータとはコンセントから無限に電源を供給されるものだという前提でチップが作られてきた。したがって携帯デバイスが登場した時、そこに内蔵するチップの選択肢は完全に一つしかなかった。イギリスの一企業がなかば偶然から生み出した、低消費電力チップのARMである。

〇〇〇〇

はっきりとした目的のために技術が生み出されることもあれば、意図せぬ偶然によって結果的に何かに役立つ技術が生まれることもある。その両方が同時に起きることもある。

一九八〇年代初頭、英国の新興コンピュータ企業で二人の才能あふれるエンジニアが、デスクトップPC用の新しいチップ・アーキテクチャの開発に取り組んでいた。彼らの目的はCPU

を高性能にすることと安価にすることの二つ。二人の念頭にあったのはＭＩＰＳ――一秒間に一〇〇万回の命令を実行できるプロセッサ――を普通の人が買える価格にまで下げるという使命感だった。当時、そこまで高性能なチップは産業用の受注生産しかなかった。だが二人のエンジニア、ソフィー・ウィルソンとスティーブ・ファーバーは、誰もが買える高性能コンピュータを作りたかったのだ。

私が初めてウィルソンを見たのはユーチューブのインタビュー映像だった。ＡＲＭが巨大な成功を収めたことについて、聞き手が「驚いたでしょう？　一九八三年の時点ではまさかこれほどの――」と言いかけると、彼女はそれをさえぎって答えた。「いいえ、最初から必ずこうなると思っていました」。ありがちな控え目な態度を装う気はないようだ。「誰もが利用できるプロセッサを作りたかったんです。――そして実際にそれを実現しました」

誇張ではない。彼女が設計したＡＲＭプロセッサは、歴史上最も使われたプロセッサになった。累計で九五〇億個が売れ、二〇一五年だけで一五〇億個が出荷されている。ＡＲＭチップはあらゆるものに入っているのだ。スマホ、コンピュータ、腕時計、自動車、コーヒーメーカー。数え上げればきりがない。

ちなみにＡＲＭはAcorn RISC Machineの略である。エイコーンは社名。ＲＩＳＣは「縮小命令セットコンピュータ」の略語で、ＵＣバークレーの研究者が考え出したＣＰＵの設計思想だ。それまでのＣＰＵは、あらかじめ内蔵している命令セットの大半がプログラムに利用されないにもかかわらず、そうした命令セットのためにも処理時間や電力を費やしていた。そこで、簡単に言えば、CPUをそれが実際に走らせるであろうプログラムの種類に合わせて調整し、命令セットを縮小することで、高速化と省電力化を実現しようという設計思想だ。

○○○○

トランスジェンダーであるソフィー・ウィルソンは、ロジャー・ウィルソンとして一九五七年に生まれた。彼女の両親は教師で、なんでも自分たちで作った。父親は工房を持ち、車からボート、自宅の家具もほぼすべて手作りした。母親は服や布製品をなんでも作った。ウィルソンも大学生の頃には自分で使うハイファイ・ステレオをゼロから作り上げるほどになっていた。

ケンブリッジ大学では最初に専攻した数学をあきらめ、途中からコンピュータ・サイエンスに乗り換える。これが結果的によかった。大学が新設したマイクロプロセッサ学会に所属し、スティーブ・ファーバーと出会ったからだ。彼とウィルソンはエンジニアリングのパートナーとなり、後に大きな影響を与える製品をいくつか作り出すことになる。またウィルソンはマイクロプロセッサ学会で後にエイコーン創業者となるハーマン・ハウザーにも出会っている。当時ケンブリッジ大学で、博士課程を終えかけていたハウザーは、祖国オーストリアに戻って実家のワイン製造業を継ぐのがイヤで、学会周辺をうろうろしていた。ウィルソンが振り返る。

「ハーマン・ハウザーはきっちり計画や予定を立てられないのが持病のような人です。出会った頃、彼はノートや小型のスケジュール帳で自分を管理しようとしていましたが、あまりパッとせず、何か電子デバイスがほしいと考えました。低電力が必須になるので、低電力回路に詳しい人を探していたのです。それが私でした」

ウィルソンはハウザーのためにポケット・コンピュータを設計すると約束する。そして設計途中の図面を見せようとフォルダごと持参したところ、他のさまざまな電子機器の図面がハウザーの目に留まる。「これはみんな動くのかと聞かれたので、もちろん動くと答えました」

後にハウザーはエイコーンの前身となる会社を設立し、ウィルソンはファーバーとともにエイコーンの花形エンジニアとなる。エイコーン（Acorn）という社名にしたのは、アルファベット順のリストでアップル・コンピュータより前になるよう意識したからだ。ウィルソンはエイコーンの最初の商品となるコンピュータをゼロから設計し、マニアの間でヒットとなる。さらに、すべての英国人がコンピュータに慣れ親しむことを目的としたBBC（英国放送協会）主導の「コンピュータ・リテラシー・プログラム」にエイコーン製のコンピュータが選定される。後に〝BBCマイクロ〟と呼ばれるようになるこのコンピュータは、英国の多くの学校に納入されるなどして大成功を収め、エイコーンは一躍英国を代表するテック企業へと成長する。だがウィルソンもファーバーも、既存のマイクロプロセッサの効率性に大きな不満を持っていた。当時はIBMとモトローラが消費者向けPC市場を支配していたが、ウィルソンいわく「高級プログラミング言語にふさわしいと喧伝されていた複雑なマイクロプロセッサは、まあ確かにすごいけど、もっと単純な設計のほうが処理速度が速いわけですよ」

当時、スタンフォード大学とUCバークレー、IBMの研究者たちによるRISCの研究論文が初めて一般公開され、ウィルソンはプロセッサ設計の新しい考え方を知った。また、同じ頃にエイコーンの取引先であるプロセッサ製造業者の視察にアリゾナ州フェニックスを訪れる機会があった。「大勢のエンジニアがいる大きな本社ビルを予想してたんです。行ってみたら、フェニックスの町外れにある二棟の小屋でした。シニア・エンジニアは二人だけで、後はみんな中高生レベル」とウィルソン。それまで彼女はＲＩＳＣこそエイコーンの進むべき道だとうすうす感じてはいたが、新しいマイクロプロセッサの設計には巨額の研究予算が要るものだと思い込んでいたのだ。こんな連中でもマイクロプロセッサが設計できるのなら、私たちにだってできる——ウィルソンはそう感じて、エイコーン独自の新しいＲＩＳＣプロセッサを設計しようと決意する。

「ＲＩＳＣ論文が公開されたのがフェニックス訪問とほぼ同時期だったのが幸運でした。さらにハーマンの存在も欠かせません。彼は、インテルやモトローラが自社の社員に与えなかったものを私たちに与えてくれました。〝予算なし〟と〝人材なし〟の二つです。おかげで、これ以上は絶対に不可能というほど単純な方法でマイクロプロセッサを作り上げる必要がありました。おそらくそれが成功の要因です」

そしてライバルのインテルやモトローラが持ってないもう一つのものが、ソフィー・ウィルソンの頭脳だった。ＡＲＭの命令セットはほとんどが彼女の頭の中で設計されたという。毎日のように昼食の時間になるとウィルソンとファーバー、そしてハーマン・ハウザーの三人は近くのパブに出かけ、ＡＲＭチップの方向性や命令セット、今決めるべきことなどについて話し合った。まずウィルソンが理想の命令セットについて話し、それを実際の製品に具体化する役割のファーバーがダメだしをする。「（ライバルの巨大企業に対して）ビビってしまってもおかしくなかったのですが、（二人の会話を聞いているうちに）ハーマンは私たちがやるべきことをしっかり理解していると確信できたのです」

こうして一九八五年四月、最初のＡＲＭチップができあがり、エイコーンに届いた。ファーバーはお祝いもそこそこに、エイコーン製のＢＢＣマイクロにこのチップを第二プロセッサとして差し込み、デバッグや消費電力のチェックを始めた。ＡＲＭチップは五ワット以下の消費電力でなければならない。彼はボード上の二カ所にチェックポイントを設置して電流を調べた。ところが不思議なことに電流はまったく流れていない。よく調べてみると、第二プロセッサとしてＡＲＭチップを差し込んだボードには、接触不良のため本体から電源が供給されていなかったのだ。ところが、それでもＡＲＭプロセッサは作動している――。いったいどういうことなのか、みんな首をひねった。

実はこのＡＲＭプロセッサは、隣接する電子回路から漏れてきた電力で作動していたのである。「消費電力の低さこそ、今日ＡＲＭが高く評価される最大の理由、みなさんの携帯電話のすべてにＡＲＭが使われている理由です。そしてそれはまったくの偶然の産物だったのです」とウィルソン。「消費電力はスティーブ（・ファーバー）の予想の一〇分の一ですみました。まさに、きちんとした道具がそろっていなかったからこそ生まれた結果でした」

ウィルソンは、従来の一〇分の一のワット数で動く完全な三二ビット・プロセッサを設計していたのである。ＣＰＵ評論家のポール・デモンはＡＲＭを評して「例えば最高峰と言われたモトローラ６８０２０など、はるかに複雑で高価な設計のプロセッサと比べてもまったく引けをとらない」としている。モトローラ６８０２０に使われるトランジスタは一九万個なのに対し、ＡＲ

Mはわずか二万五〇〇〇個。トランジスタ数ははるかに少なくても、圧倒的な効率性によりモトローラに負けない性能を絞り出すのである。

その後すぐ、ウィルソンとエイコーンはさらに設計をシンプルにしようとして、それが世の中を変えるとも知らずに世界初の「SoC(システム・オン・チップ)」を生み出す。SoCとは基本的に一台のコンピュータのすべての構成要素を一つのチップ上に搭載したものだ。いまやSoCは世界中に満ちあふれている。もちろんあなたの携帯電話にも一つ入っている。

〇〇〇

エイコーンの業績が悪化した後も、低消費電力プロセッサARMの躍進は続く。エイコーンのARM部門は、創業時にアルファベット順で勝とうとした相手であるアップルとの合弁会社「ARM」になり、一九九〇年にエイコーン本体から切り離された。当時アップルのCEOだったジョン・スカリーは、同社初のモバイル機器ニュートンにARMチップを使いたかったのだ。ニュートンの失速とともにアップルの関与も薄れていくが、それでもARMの拡大は止まらなかった。一九九七年にはノキアの名機Nokia6110が、携帯電話として初めてARMマイクロプロセッサを採用する。この携帯電話が大ヒットした要因は、ARMのおかげでバッテリーの持ち時間が延びたことと、優れたUIが可能になったことだ。もちろん、内蔵された携帯ゲームSnake(ヘビゲーム)も忘れてはならない。読者のなかには行列の待ち時間にプレイした思い出のある人もいるだろう。

ARMの成功は低消費電力に加え、そのビジネスモデルにもあるとウィルソンは指摘する。A

RMのエンジニアは、顧客企業の個別具体的なニーズを満たすために新しいARMを設計すると、それを自社生産して販売するのではなく、設計を顧客企業にライセンス供与する。顧客側はARMの設計カタログを見るためのライセンスを購入し、それに基づき細かい仕様まで注文できる。顧客の製品が一台売れるごとにARMはロイヤルティを受け取る――。要するにARMチップがインテルさえしのぐほど広く普及したのは、二つのイノベーション、すなわち低消費電力とライセンス型ビジネスモデルのおかげである。ほとんどの読者はインテルの名前は知っていてもARMは聞いたことがないだろう。それはこのビジネスモデルのためだ。

ウィルソンは一九九二年にARMがエイコーンから分離した時も、コンサルタントとしてARMに残った。だが現在は半導体大手のブロードコムでIC部門のディレクターを務める。彼女は一九九二年にトランスジェンダーであることを公にした。目立つことは避けてきたが、それでもLGBT関係のブログやテック系マガジンでは、STEM（科学・技術・工学・数学）分野で活躍する女性たちの希望の星として有名である。私はフェイスタイムで彼女にインタビューした際、現在のARMの大躍進をどう思っているのか聞いてみた。返事は「数百億ドルという売上高にショックを受けるのはもうやめたわ」というものだった（訳注：ARMは二〇一六年にソフトバンクグループが買収した）。

○○○○

トランジスタはウィルスのように大量増殖し、不思議の国のアリスのように小さくなり、最終的に低消費電力のARMチップ上に集約された。それが私たちにとってどんな意味をもつのか？

二〇〇七年発売の初代ｉＰｈｏｎｅには一五七万個のトランジスタを載せたＡＲＭチップが内蔵されていた。おかげで私たちのよく知るものがｉＰｈｏｎｅに搭載できた。ｉＯＳである。小さな携帯デバイスで動くよう機能を削られていたとはいえ、デスクトップのＭａｃと同じようになめらかで現代的なルック・アンド・フィール（見た目と使用感）を持つｉＯＳが搭載できたのは、ＡＲＭというパワフルで効率的なプロセッサのおかげだった。

そしてｉＯＳが動くということは、ｉＯＳ上で動く〝アプリ〟が使えることを意味する。

アプリは当初、数えるほどしかなかった。二〇〇七年にアップストア（AppStore）はまだ存在していない。すべてのアプリはアップルが用意したものだった。ｉＰｈｏｎｅを人気商品にし、今日の無限に思えるほど豊かで多彩なエコシステムを生み出した立役者はアプリである。だが、当初スティーブ・ジョブズは、誰であれアップル以外の者にアプリを作らせることを頑として許さなかった。アプリ開発の許可を求めるデベロッパーの大合唱、秘密の花園に侵入を試みる飽くなきハッカーの挑戦、そして社内の幹部やエンジニアによる説得の末にやっと方針転換するのである。国の指導者に政策変更を求める一般大衆の抗議行動と同じである。

〇〇〇〇

実はスティーブ・ジョブズは初めてｉＰｈｏｎｅを紹介した基調講演で〝キラーアプリ〟という言葉を口にしている。彼には何がキラーアプリなのか、はっきりとした考えがあった。

「私たちは電話を発明し直したいのです」とジョブズは言い、そして続けた。「（ｉＰｈｏｎｅの）キラーアプリはなんでしょう？　キラーアプリは電話をかけることです！　ほとんどの携帯電話は驚くほど電話をかけるのが大変なのです」――そしてジョブズは、iPhoneなら電話帳を整理し、留守電を再生し、数人で電話会議を行うことがどれほど簡単かを聴衆に説明した。

　思い出してほしい。初代iPhoneをアップルは次のように位置づけた。

・タッチ操作のできる大画面iPod
・携帯電話
・インターネット通信機器

〝アプリ〟の文字はどこにもない。今では〝そのためのアプリがあります〟（There's an app for that）をキーワードに、多彩なアプリが使えることをiPhoneの売りにしているのと対照的である。ジョブズはニューヨークタイムズのインタビューで「携帯電話はPCと違います。オープンなプラットフォームにしないほうがいい」と話しており、また初代iPhoneの発売日にはテクノロジー・ジャーナリストのスティーブン・レヴィに対し「携帯電話はオープン・プラットフォームじゃないほうがいい。朝にダウンロードした三つのアプリのどれかが原因で動かなくなるなんてイヤでしょう。（iPhoneは）コンピュータというよりiPodに近いのです」と述べている。

　初代iPhoneには出荷時に一六個のアプリしか入っていなかった。うち二つはグーグルとの共同開発だ。画面下部には四つの基本アプリ「電話」「メール」「サファリ」「iPod」が並ぶ。ホーム画面には「テキスト（SMS）」「カレンダー」「写真」「カメラ」「ユーチューブ」「株価」

「地図（グーグルマップ）」「天気」「時計」「電卓」「メモ」「設定」。これがすべてだ。これ以外をダウンロードすることもできないし、既存のアプリを削除もできない。アイコンを並べ替えることさえできなかった。初代ｉＰｈｏｎｅは変化のない閉じられたデバイスだったのである。

ｉＰｈｏｎｅ担当のシニア・エンジニアだったアンディ・グリグノンが振り返る。「スティーブは私たちに極めてはっきりと指示しました。外部のデベロッパーに我々のデバイスをいじらせることは認めないと。一番の理由は、これ（ｉＰｈｏｎｅ）が何よりもまず電話であるという信念からでした。二番目の理由は、どこかのマヌケなデベロッパーが書いたマヌケなアプリを我々のデバイスで動かすことを許せば、すべてをクラッシュさせかねないからです。デキの悪いアプリのせいでユーザーが１１０番通報できなかったことの責任を負わされるのはごめんです」

ジョブズは通話の途中で回線が切れる携帯電話を激しく憎悪していた。ｉＰｈｏｎｅ発売当初に電話機能を最重視したのはこのせいかもしれない。

「スティーブの携帯電話が通話中に切れた場面を何度も目撃しましたが、それまでまったく冷静に話していても、電話のクラッシュで通話が切れると本当に激怒していました。かなりの確率で、壁か床にブン投げて叩きつけていましたよ。絶対に許せないと思っていたんでしょうね。自分が作った携帯電話にデベロッパーアプリを入れさせなかった理由は、電話をクラッシュさせたくなかったからです」――二〇一三年までアップルの最先端技術研究所（ＡＴＧ）でシニア・マネジャーを務めたブレット・ビルブレイが振り返る。

だがデベロッパーからの熱心な要請は、ｉＰｈｏｎｅ発売前から続いていた。多くは長年Ｍａ

c用アプリを開発してきた業者だ。革命的と思えるiPhoneの市場にもぜひ参入したいという思いは強かった。ブログやSNSを通じてアップルへの訴えかけは続いた。

そこで初代iPhone発売のわずか数週間前、サンフランシスコで開催されたアップルの世界開発者会議（WWDC）で、ジョブズはデベロッパーにもアプリ開発の道を開くと宣言する。ただし、サファリのエンジンを使ったウェブアプリケーション（Web2・0）に限るという条件付きで――。

アップル関連のブロガーとしておそらく最も有名で、自らもデベロッパーであるジョン・グルーバーは「あの発言は完全に無視された」と解説する。「デベロッパーを馬鹿にするにもほどがある。ウェブアプリケーションはオンラインでしか使えず、ホーム画面にアプリのアイコンもなく、iPhone本体にローカルデータを置くこともできない。それがiPhone用アプリを開発する素晴らしい手段というなら、なぜアップル自身がiPhone用アプリにそれを使わないのか？」

iPhone用に本物のアプリを動かしたいという熱意は、ついにハッカーをしてiOSに不正侵入させるようになった。ただiPhoneに自分のアプリをインストールするためだけにハッキングするのだ。いわゆるジェイルブレイク（脱獄）である。iPhoneとは要するに史上最も直感的に操作できる高性能なモバイルPCだ。だが消費者がそれを本当にPCのように使えるようになるには、ハッカー集団の活躍が必要だった。彼らの活躍はテック系ブログだけでなく一般のメディアにも取り上げられ、外部デベロッパー製アプリへの渇望がいかに根強いかを世間とアップルに訴える結果となった。

何ヶ月も続くデベロッパーからの強い要請、ハッカーたちの一致団結したジェイルブレイクの取り組み、アップル幹部による内部からのプレッシャー──これでもまだジョブズおよび開放反対派を動かすのに足りなかったとすれば、最後の一押しとなったのはｉＰｈｏｎｅの売上げデータだった。ビルベリーが解説する。

「ｉＰｈｏｎｅは発売当初はほとんど惨敗でした。多くの人は気づいていませんが、私は社内で売上げ数値を見ていましたからね。発売三ヶ月から半年ほどは惨憺たる売れ行きでした」

販売不振の理由はアプリがなかったからだ、とビルベリーは言う。そこでスコット・フォーストールがジョブズの説得に乗り出した。ビルベリーによればこんなやり取りがあったという。

フォーストール「いいですか、ｉＰｈｏｎｅに外部デベロッパーのアプリを受け入れないとだめなんです」

ジョブズ「そのアプリが電話中にｉＰｈｏｎｅを麻痺させたらどうする。そんなことは受け入れられない。アップルの作る携帯電話では絶対に」

フォーストール「スティーブ、アプリは全部ひとまとめに管理します。もしアプリがクラッシュしても電話を守ると約束します。アプリと電話を切り離すのです。電話はクラッシュさせません」

iOSエンジニアリング担当バイスプレジデントのアンリ・ラミローは私にこう打ち明ける。「ユーザーの求めるすべてのアプリを自前で用意するなんて不可能です。いつか（外部デベロッパーに）開放しなければならないのは自明のことでした」

こうして二〇〇七年一〇月、iPhone発売の四ヶ月後にジョブズは方針を変更し、アップルの公式ウェブサイトで外部デベロッパーのアプリを受け入れると発表した。二〇〇八年夏に発売されたiPhone3Gには初めてソフトウェアの「アップストア」が搭載され、外部デベロッパーの開発したアプリをダウンロードできるようになった。デベロッパーが提出したアプリはアップルが社内で品質・内容・バグを審査する。審査に合格し、そのアプリを有料で販売する場合は、アップルが三〇％の取り分を得る仕組みだ。この瞬間こそ、本格的なスマートフォン時代の幕開けと言っていいだろう。iPhoneの〝キラーアプリ〟は電話ではなく、多数のアプリを入手できるストアだとアップルが知った瞬間である。

「アプリがダウンロードできるようになると販売台数は急上昇し、iPhoneは突如として社会現象になりました。iPhoneは〝iPodプレーヤー〟でもなければ〝インターネット端末〟でも〝携帯電話〟でもなく、何かまったく別のものだったのです」とビルベリー。

私は彼に、なぜアプリが販売台数増加の理由だと断言できるのかを聞いた。「一対一の相関関係があったからです。外部アプリを受け入れると宣言し、その機能を搭載したとたん、みんなiPhoneを買うようになりました」――それは普通の増え方ではなく、ホッケースティックのような急カーブを描く劇的な販売台数の爆発だったという。

俗に「アプリケーション・エコノミー」と言われる新しい産業分野は、数十億ドルから数百億ドルの市場へと進化した。主なプレイヤーはウーバーやフェイスブック、スナップチャット、Airbnbなどシリコンバレー出身の新興企業だ。広大な宇宙と化したアップストアには、希望に満ちたスタートアップ企業から時間つぶし用ゲーム、メディア・プラットフォーム、ゴミのようなコピー商品、伝統的企業、アート・プロジェクト、新しいUIの実験ソフトまであらゆるものが並ぶ。

○○○○

このあたりで、iPhoneによって世界の日常語となった〝アプリ〟とはそもそも何か、この新市場は何を意味しているのか、といった点を吟味するのも悪くはないだろう。そう考えた私はポートランドのデジタル記録収集家でメディア理論家のアダム・ロススタインを訪ねた。初期のアプリの研究家であり、数百年前に開発されたボルベル（天体の出没時刻や潮の干満などを示す中世の天体観測用具）の収集家でもある。

「一つの考え方として、アプリは〝データを簡潔に可視化する装置〟とみなすことができます。SNSや地図や天気アプリ、そしてゲームでさえ、大量のデータを取り込んでは小さなインターフェースでユーザーに示し、さまざまなボタンやジェスチャーでデータを操作できるようにする装置と言えます。ボルベルの機能も同じです。さまざまな表からデータを取り込み、計算尺のような円いインターフェースで示すので、ユーザーは異なるデータ間の関係を簡単に見てとれるわけです」

もっとも単純なボルベルは、要するに一種類のデータセットを書き込んだ円形の紙を、別のデータセットを書き込んだ別の円形の紙に重ねて中心で束ねたものだ。

ボルベルは一一～一二世紀にイスラムの天文学者が発明し、移動や計算の道具として使われた。最古のモバイル・アプリの一つは紙製だったわけだ。「私たちは何世紀も前から〝外部の頭脳〟にデータと計算をアウトソースしてきました。厚紙からタッチスクリーンへと変わっても、そこには一貫した血の繋がりが感じられます」とロススタイン。例えばウーバーは「空車のタクシー運転手」というデータセットと「タクシーに乗りたい顧客」というデータセットを突き合わせてマッチングを行う。GPSとグーグルマップで強化された営利目的のボルベルと見ることもできる。

「技術は進歩して新しくなっても、人間は昔から本質的には同じ問題の解決にそれを使っていることが多いのです。新技術で車輪を再発明しても、車輪はやはり車輪です。人間の基本的ニーズは我々が考えるよりずっと不変なのです」

現代人は原子より細かいレベルで何十億ものトランジスタを配置した最先端のマイクロプロセ

3種類の可動部分を持つボルベル。それぞれ黄道帯、太陽、月を表し、天体の位置関係や月相がわかる（大英図書館より）

ッサを使ってはいるが、その計算能力を何に役立てているかと考えると、多くの場合、中世の人々とあまり変わらないのである。

○○○○

アプリケーション・エコノミーを考える際に、上述の点を心に留めておくのは大切だ。現在、アップストアには二〇〇万本以上のアプリがある。アップル公式サイトには「二〇〇八年のアップストア開設からわずか六年で、iOSエコシステムは六二万七〇〇〇を超える仕事を生み出すのに役立ち、米国のデベロッパーはアップストアを通して世界中から八〇億ドルを超える売上げを得ました」と書かれている。

二〇一六年に書かれたあるレポートは、アプリケーション・エコノミーの規模を五一〇億ドルと推定し、二〇二〇年にはさらに倍になるとしている。二〇一七年初頭のアップルの発表によれば、同社は二〇一六年にデベロッパーに対して二〇〇億ドルを支払ったという。また、二〇一七年一月一日にはアップストアの売上げが単独日として史上最高を記録し、二億四〇〇〇万ドル相当のアプリがダウンロードされたそうだ。ビデオメッセージアプリのスナップチャットの市場価値は一六〇億ドル、Airbnbは二五〇億ドルに達した。五年前にフェイスブックが一〇億ドルで買収したインスタグラムの市場価値は今や三五〇億ドル、アップエコノミー最大はウーバーの六二五億ドルである。

アップストアは歴史的にはどのように位置付けられるのか、それを知りたくて私はオックスフォード大学教授でテクノロジーの歴史の専門家であるデービッド・エジャトンに連絡を取った。彼は、古くから使われている技術で今でも我々の生活を形作っているものを多数示した*The Shock of the Old*（日本未訳）の著者でもある。私への返信メールでエジャトンは、iPhoneとアプリケーション・エコノミーに触れた後、「過去数十年間に起きた経済面のほぼすべての変化が情報技術のおかげであるとされてきたのは大きな問題です。時には、まるでITしか変化を起こせないかのように言われることさえあります。もちろん馬鹿げた話です」と述べた。財務アナリストや経済評論家の多くが、経済成長と進歩の原因をiPhoneやアプリケーション・エコノミーなどのテクノロジーに求めたがる傾向を批判しているのだ。

「世界レベルの真に巨大な変化を引き起こした原因の一つは市場の自由化、とりわけ労働市場の自由化です。〝ITがウーバーを生んだ〟という言い方と〝タクシー運転手にできるだけ多くの仕事をさせ、お互いの競争を激化させたいという要求がウーバーを生んだ〟という言い方をするのでは大きな違いがあります。加えて、かつては我々に余暇時間を与えてくれたハイテクが、今では過酷な労働をもたらしている点にも注意が必要です」とエジャトンは指摘する。

○○○○

アプリケーション・エコノミーといえば忘れてはならないのがゲームだ。二〇一五年、アップストアの収益の八五％、金額にして三四五億ドルはゲームによるものだ。「アングリーバード」や「キャンディクラッシュ」といった大ヒットアプリを思い出せば驚くには当たらないだろう。ベトナム人のソフト開発者ドン・グエンが一人で作ったゲーム〝フラッピー・バード〟は突如としてアップストアで一番人気のアプリになり、その難しすぎるゲーム内容と爆発的人気により多くのメディアに取り上げられた。フラッピー・バードは画面下の小さなバナー広告で推定一日五万ドルを稼ぐと言われた。

ゲームの他にアプリ市場で巨大な売上げを誇るもう一つの分野がサブスクリプション（定額制配信）サービスだ。二〇一七年初頭時点で、ネットフリックス、パンドラ、HBO Go、スポティファイ、ユーチューブ、Huluなどはすべてアップストアでトップ二〇に入る人気アプリだ。それらとデート・アプリのティンダーを除けば、あとはみなゲームである。

ゲームはいまや、指で入力するマルチタッチの便利さ、いつも自分と共にあるカメラ、SNSなどと並び、常に我々の日常生活のそばにあって触れずにはいられない構成要素の一つになった。心を無にしてゲームにのめり込むという選択肢はいつでも身近にある。新しい画期的なアプリが経済を抜本的に変えるといった議論は数多くなされているが、我々の実際の行動を見ればわかる通り、アプリにつぎ込む金額の八五％は時間つぶしのゲームである。

iPhoneをアラン・ケイが夢見た〝知識の加工装置〟にするためのアプリが存在しない、と言うつもりはない。文化的価値の高い無料のアプリもたくさんある。だが、圧倒的に多くのカネが支払われているのはゲームおよびストリーミング・メディア――できるかぎり中毒性を持たせようという意図で設計されたアプリに対してなのである。

フラッピー・バードが世界的に有名になるとすぐさま、開発者のグエンはこのアプリを抹消してしまった。「フラッピー・バードは気楽に二、三分間遊ぶために作ったゲームでした」とグエンはフォーブスのインタビューで語っている。「ところが意図せず中毒性の高いアプリになってしまいました。問題の原因になってしまったのです」――一日五万ドルもの収入を投げ捨てる理由が理解できない人もいよう。だが彼は中毒性の高すぎるゲームを作ったことで自責の念にかられたのだ。「問題を解決するにはフラッピー・バードを消し去るのが一番の方法でした。もう二度と作りません」

〇〇〇〇

iPhoneの途方もないコンピューティング能力は、おおむね消費することに使われている。SNSをチェックして投稿し、娯楽アプリを楽しみ、道案内役として利用するのが平均的な使い方だ。アラン・ケイは、今のスマートフォンが人間とコンピュータの間に生産的でクリエイティブな対話をもたらすようには設計されていないと嘆く。「6インチの画面上で誰が真面目に図を描いたり芸術を生み出したりしようとするかね？　完全に方向性を誤っている」

ケイが言いたいのはハードウェアの問題というよりも、それを何に使うのかという哲学の問題だ。我々は今すぐにでも本当のダイナブックを作れるだけの技術力を持ったというのに、消費者至上主義によって――特にテック企業のマーケティング部門がそれを最優先しているため――我々のモバイルコンピュータの大半はそのような〝消費のためのデバイス〟に成り下がってしまった。どうすればよかったのだろうか――。

「警告表示ラベルでも貼っておくべきだったね」とケイは笑った。

第9章 ワイヤレス接続

ネットワークはハワイとスカンジナビアで生まれた

Noise to Signal How we built the ultimate network

もし私が電波塔(基地局)のてっぺん、地上百数十メートルまで登って広大な地平を見わたすことがあれば、「地球の丸さがわかる」と言いたくなるだろう。少なくともユーチューブの映像を見る限り、丸さがわかるような気がする。私自身は基地局のてっぺんに登った経験はないし、今後もその予定はないが。

二〇〇八年、米国労働安全衛生局のエドウィン・フォークが「米国で最も危険な仕事」と認定したのは炭坑労働でも消防士でもなく、電波塔のメンテナンス業だった。それもうなずける。貧弱な命綱だけを頼りに、合わせて一五キロ近い道具類を腰回りにひもでぶら下げ、横幅の狭い鉄のはしごを地上一五〇メートルまで登るのだ。どう考えても恐ろしい仕事である(だからこそ、趣味で電波塔を登るタワークライマーのユーチューブ映像は何百万回も視聴される人気ジャンルなのだ)。

我々のスマホがいつもネットワークに繋がっていられるのは、毎日誰かしら危険な電波塔に登ってメンテナンスしてくれているからである。ところが、我々は電波を空気のように当たり前と思い込み、繋がりにくくなったり接続が切れたりして初めてネットワークの存在を意識する。携帯の電波だけでなく、最近は空港や喫茶店でもＷｉＦｉ接続を当然のように期待するようになってきた。一方で、そうしたサービスを成り立たせている人々の労力に思いをはせることはめったにない。

二〇一六年、全世界の人口七四億三〇〇〇万人に対し、携帯電話の契約数は七四億件（さらにＬＴＥ無線データ通信の契約数が一二億件）ある。これだけの人々が大した手間もかけずに互いに電話で話せるという事実は、政治的にもインフラ面でも技術的にもとてつもない労力がかかっている。その一つが電波塔だ。米国だけでも少なくとも一五万棟、全世界には数百万棟の電波塔がある。

この巨大なワイヤレス・ネットワークの原点となる技術は一〇〇年以上前に生まれた。無線技術の進歩に詳しい歴史家のジョン・エイガーによれば、二〇世紀の大部分、遠距離電気通信技術はどの国でも国営かそれに準じる企業が独占的に提供してきたという。例えば一八〇〇年代末に創業されたベル電話会社は、米国史上最大の企業となり、一九八四年に分割された。一社独占の世界から多種多様な民間企業がサービス提供する世界へと移行したことが、結果的にｉＰｈｏｎｅを生んだ。

〇〇〇〇

無線通信の先駆者の一人はイタリア人のグリエルモ・マルコーニだ。彼の無線電信技術をバックアップしたのは英国王室海軍である。当時は、無線の技術開発にかかる巨額の費用を負担できる組織はこうした巨大な帝国しかなかったのだ。米国でも、ベル研究所がトランジスタおよび携帯電話の技術を開発したと発表した後、最初にそれを採用した組織の一つは連邦政府だった。パトカーに無線電話を搭載するためだ。

一九五〇年代になっても無線技術の利用はおおむね国家機関のみに限られていたが、資金力のあるビジネスパーソンが使う例も少しずつ増えてきた。当時、民間人が個人で無線電話を使うには、文字通り家が買えるほどの費用がかかった。リッチなビジネスパーソンは自動車に無線電話を搭載し、お抱え運転手との連絡に使った。

携帯電話の試作機が初めて登場するのは一九七三年だ。携帯電話の生みの親とされるモトローラの技術者マーティン・クーパーが、道を歩きながら試作機で電話をかけたエピソードは有名である。とはいえ、その後も一般人が購入できる無線電話は自動車電話しかなかった。一九八〇年代中頃になり、やっと世界初の商用携帯電話、モトローラのダイナタックが発売される。まだ極めて高価で、大金持ちを対象にしたニッチ商品だった。一般消費者向けの携帯電話が登場するのは一九九〇年代になってからである。

携帯電話のネットワークはたいがい国レベルや地域レベルの公社や国営企業が独占的にトップダウン方式で運営していたが、北欧に一つだけ例外があった。フラットで消費者目線のネットワーク、「北欧携帯電話システム（ＮＭＴ）」である。

北欧諸国で無線技術が発達したのは、純粋に必要性が高かったからだ。雪をかぶった岩山だらけの広大な土地に電話線を張り巡らすのは大変な作業である。他の欧州諸国は一国一社の国営テレコム体制だったが、スウェーデン、フィンランド、ノルウェー、デンマークの人々は国境を越えても同じ自動車電話を使いたいと考え、一九八一年にNMTを設立した。その目的は「全員が全員に電話をかけられる」ネットワーク体制の構築にあると明言している。例えば国際ローミング（国境を越えた相互融通接続）など、国益よりも消費者の利便性を優先した姿勢が「その後の流れに決定的な影響を与えた」とエイガーは指摘する。

一九八二年、欧州のテレコム関係の官僚や技術者が集まり、欧州大陸の携帯電話システムを共通化する取り組みが始まった。GSMである。欧州委員会は、NMTが北欧諸国にもたらしたのと同じメリットを欧州各国で実現したいと考え、またGSMが〝一つの欧州〟の象徴になるという政治的意図もあった。技術協力や外交交渉で一〇年の月日を費やしたものの、一九九二年にGSMは欧州八カ国をカバーするかたちでサービスが始まった。三年後にはほぼ欧州全域にカバー範囲を広げ、一九九六年末には米国を含む一〇三カ国でGSMが使われるようになった。現在、世界二一三カ国で携帯電話による通話の九〇%がGSMネットワークを利用していると推定される。携帯電話の標準化を目指したEUの努力がなければ、これほど短期間にこれほど広く携帯電話が普及することはなかったかもしれない。GSMは「バベルの塔以来人間が作り上げた最も複雑な構造物」で、〝巨大なソフトウェアの化け物（Great Software Monster）〟の略語だと揶揄されることもある。だがそれも当然だろう。世界の大部分でネットワーク接続を標準化し、「全員が全員に電話をかけられる」ようにしたのだから。

○○○

携帯電話用の通信ネットワークが政府に後押しされた巨大プロジェクトとして発展してきたの

に対し、ＷｉＦｉは学術研究の成果として進歩してきた。無線によるインターネット接続の萌芽は一九六八年のハワイ大学にまでさかのぼる。当時ハワイ大学にコンピュータは一台しかなく、オアフ島ホノルルのキャンパスに設置されていた。それで困ったのがノーマン・アブラムソンという教授だ。学生や研究仲間は他の島にもいるが、彼らの端末とメインコンピュータを繋げるために有線ＬＡＮのイーサーネット・ケーブルを海中に何百キロも敷設するなど不可能だ。ある意味、北欧諸国の苛酷な自然が電話線をワイヤレスにしたのと似てなくもない。茫漠たる太平洋の大海原が、アブラムソンに知恵を絞るよう要求した。

そこで彼は仲間とともに無線通信を利用して、ホノルルのコンピュータと離れ小島の端末とでデータのやりとりをしようと考えた。こうしてＷｉＦｉの前身であるＡＬＯＨＡ(アロハ)ネットが生まれた。インターネットの前身がＡＲＰＡネットだったと言えるのであれば、ＷｉＦｉの前身はこのアロハネットだと言える。

一九六八年当時、無線通信のチャンネルが貴重だったハワイのような土地では、なるべく大勢が利用できるように一つのチャンネルを時間枠（タイムスロット）か周波数帯で分割するのが普通だった。だが、これではホノルルのメインコンピュータから送るデータの転送速度は極めて遅くなる。そこでアロハネットは知恵を絞り、高速なＵＨＦチャンネルを二つだけ（対メインコンピュータへの上りと下り）使う仕様にした。このチャンネルは誰でも利用でき、一人で全容量を独占することもできる仕組みなので、二人が同時にアクセスすればデータの送受信が失敗する可能性もある。だが、その時はもう一度挑戦すればいい――。

こうした考え方で設計された仕組みは、後に「ランダムアクセス・プロトコル」として有名になる。一つの端末が別のもう一つの端末とだけしか通信できないＡＲＰＡネットとは対照的に、アロハネットはすべてのクライアントが同じ周波数帯にいるハブと同時に通信できるのである。

一九八五年には、米連邦通信委員会が許認可不要の「産業科学医療用（ＩＳＭ）バンド」を関係者に割り当て、アロハネットとまったく同じ仕組みを採用した。一九九〇年代になるとテクノロジー企業が集まってこの仕組みを標準化し、マーケティング上の理由から〝ＷｉＦｉ（ワイヤレス・フィデリティ）〟というまったく無意味な名前を付ける。「高再現性」を意味する〝ＨｉＦｉ（ハイファイ）〟の音を真似したのである。

こうしてＷｉＦｉが誕生した。

○○○○

ＧＳＭが欧州から全世界へと普及し、携帯電話の価格が下がるにつれて、当然ながら利用者は増えていった。新しい利用者はすぐに携帯電話の新しい使い方を発見する。エイガーの言うとおり、「ある技術が主として何に使われるかは利用者が見つける。それが設計者の事前の想定通りとは限らない」のである。それを見つけたのはノルウェーの若者たち。使い方はテキストメッセージだった。

ＧＳＭアソシエーションの非音声サービス委員会で委員長を務めていたフリードヘルム・ヒレブラントという研究者は、以前からドイツのボンの自宅でメッセージの長さに関して個人的な研究を続けていた。そして彼は〝メッセージの文字数は一六〇文字あれば十分だ〟という確信を得ていた。一九八六年、彼はＧＳＭネットワークを利用するすべての携帯電話に必ず〝ショートメッセージサービス（SMS）〟と呼ばれる機能を搭載するよう義務づけるべきだと主張し、それを押し通す。そしてヒレブラントは、もともとネットワーク状況を各利用者に伝えるために用意されていた副次的なデータ回線にSMS機能を押し込むことに成功する。

こうして最初にSMSを開発した人たちは、その使い方として、ネットワークのメンテナンスなどで利用したら便利だろうと考えていた。例えば回線トラブルの調査で現場に派遣されたエンジニアが、本部と連絡を取るのにSMSを使うといった利用法だ。だが実際にはエンジニアはほとんどSMSを使わなかった。代わりに十代の若者たちが、周囲に知られずに素早くメッセージを送れるSMSの便利さに気づいた。一九九〇年代を通して、テキストメッセージは主に若者たちのコミュニケーション手段として利用されたのである。

製品・サービスを市場に送り出すのは企業であり設計担当者やマーケティング担当者だが、その実際の使い方を決めるのは利用者である——この〝法則〟はテクノロジーの歴史に何度となく登場する。今世紀の初めには日本でそれが起きた。NTTドコモはビジネスパーソンを念頭に「iモード」という定額制のインターネット接続サービスを始めた。同社が厳選したウェブサイトが携帯電話の画面で利用できる仕組みで、航空券予約やeメールの利用などを売りにした。当のビジネスパーソンにはそっぽを向かれたが、二〇代の若者が飛びつき、結果的に米国より一〇年も早くスマートフォンが日本で爆発的に普及することになった。

この〝使い方は利用者が決める〟現象は、iPhoneでもたびたび起きている。スティーブ・ジョブズはiPhoneのキラーアプリを電話だと言い、当初は外部デベロッパーのソフトウェアは許可しなかった。だが、アプリこそｉＰｈｏｎｅの中核であり、電話機能はその次だと決定したのは利用者だった。

こうして「全員が全員に電話をかけられる」ようになり、若者が日常的にテキストメッセージをやり取りするようになるのに歩調を合わせ、ワイヤレス・ネットワークは地球の隅々まで張り巡らされてきた。我々が繋がっているためには、誰かがこの無数の電波塔を維持・修理しなければならない。

○○○○

二〇一四年の夏、ジョエル・メッツ（二八歳、四人の子持ち）はケンタッキーの電波塔に登り、地上七〇メートルの高さで支柱の交換作業をしていた。突然、メッツの同僚は何かがはじけるような大きな音を聞いた。同時に、切れたケーブルがメッツに襲いかかり、首と右腕を切断した。地上数十メートルに宙づりになったメッツの遺体が回収されたのはそれから六時間後だ。

残念ながら、この惨劇を〝めったに起きない不幸な事故〟で片付けることはできない。この一〇年、仕事で電波塔に登って亡くなった人はメッツ以外にも大勢いる。電波塔の設計・建設・修理に関する業界では有名なポータルサイト〝Wireless Estimator〟によれば、電波塔での作業中に事故死した人は二〇〇三年以降で一三〇人にのぼる。二〇一二年には報道番組のＰＢＳフロントラインと独立系報道機関プロパブリカが協力し、電波塔作業の危険について調査報道を行った。それによると、電波塔に登る仕事は建設業界の平均より死亡率が一〇倍も高いことが米国労働安全衛生局（ＯＳＨＡ）のデータから判明した。さらに、地上何十メートルもの高さに登る作業員は、事前に十分な訓練も受けず、安全装備にも欠陥があることが多いという実態も報道は伝えている。

さらにこの調査報道では、特定の時期に特定の通信会社だけ死亡事故数が突出して多く、他の業界大手の合計値を上回るほどであることも明らかにした。いわく、「二〇〇三年以降、AT&Tの電波塔で一五人の作業員が死亡している。同じ期間にTモバイルでは五人、ベライゾンでは二人、スプリントでは一人だ。そしてAT&Tの死亡者数は二〇〇六年から二〇〇八年までの時期に集中している（一一人が死亡）。これは同社が傘下のシンギュラー・ワイヤレスのネットワークを統合し、iPhoneによるトラフィック急増にあわてて対処した時期にあたる」。そういえばiPhoneのデビュー後、AT&Tのネットワークに対する苦情が殺到したことがあった。回線がパンクし、スティーブ・ジョブズが激怒したと当時は伝えられた。AT&Tがあわてて電波塔を急増したことが、前述の異常な死亡率につながったと調査報道は暗に訴える。

その後は死亡事故が減り、二〇一二年には一件のみになった。だが悲しいことに二〇一三年には一四件とふたたび急増し、米国労働省は翌二〇一四年に作業員の死亡者数急増に警告を発している。主だった大手通信会社は、電波塔の建設やメンテナンス作業を外部の下請け業者に投げている。そうした業者の安全対策は超一流とは言えない場合が多い。米国労働安全衛生局長官のデイビッド・マイケルズは「電波塔作業員の死を、無線通信の増加にともなう対価として受け入れるわけにはいかない」と述べている。

電波塔の作業はハイリスクながら高収入の仕事として知られる。元作業員はその世界を〝開拓地時代(ワイルド・ウェスト)の荒れた世界〟と表現する。少数ながら、死亡した作業員からアルコールやドラッグが検出されたケースもあった。それでも死亡事故を起こした下請け業者が厳しい処分を受けることはまれだ。現状、死亡事故の発生率が急減する兆しが見えない以上、当局が取り締まりを強化するか無線通信ネットワークの拡大が頭打ちになるまで、今後も生命は失われ続けるだろう。

私たちは携帯電話の技術を考える時、こうした危険性および実際に失われた命も考えに入れる必要がある。マルコーニがいなければ無線通信の発展はなかったかもしれないし、ベル研究所がなければ携帯電話の進歩はなかったかもしれないし、EUの先駆者の努力がなければネットワークの標準化は遅れていたかもしれない。それと同じく、ジョエル・メッツのような作業員の犠牲がなければ我々の携帯電話は電波を受信できないのだ。

こうした努力のすべてが一体となってスマートフォンの爆発的普及を後押ししてきた。米国のスマートフォン契約件数は、二〇〇五年の三五〇〇万件から二〇一六年には一億九八〇〇万件へと激増している。これぞ人々を引き寄せるiPhoneの引力であろう。その引力は過去のネットワーク構築に端を発し、将来の電波塔構築にまで影響を及ぼしている。

セクション3

iPhoneの内部へ

スライドしてロック解除

Enter the iPhone

Slide to unlock

もしあなたが二〇〇〇年代中頃にアップルで働いていたら、不思議な現象が起きていることに気づいただろう。人が次々と消えるのだ。最初はゆっくりとしたペースだった。ある日、やり手のエンジニアのデスクが空席になっている。別の日には、チームの中心メンバーの一人がいなくなっている。どこへ行ったのか、誰もちゃんと説明できない。

「ええ、不平不満をしょっちゅう聞きました。要するに、何を作っているのかは不明なのに、謎のチームが多くの社員を奪っていく。みな、優れたチームの優秀なエンジニアばかりだと――」。当時アップルのソフトウェア・エンジニアだったエヴァン・ドールが振り返る。消えたスター・

エンジニアたちの身に何が起きていたのか、以下で説明しよう。

まず、彼らの仕事部屋にマネジャーが数人、予告なしに突然やってくるところから話は始まる。例えば消えたスター・エンジニアの一人アンドレ・ブールは、まだアップルに入社して二、三ヶ月の頃、ソフトウェア・エンジニアリング担当ディレクターのアンリ・ラミローや、ソフトウェア担当ディレクターのリチャード・ウィリアムソンといった大物マネジャーの来襲を受けた。ウィリアムソンが振り返る。

「私とアンリは彼の仕事部屋を訪れて言いました。『アンドレ、君は私たちのことをまだよく知らないだろうが、私たちは君についていろいろと聞いている。極めて優秀なエンジニアという評判だ。今はまだ話せないあるプロジェクトに、君にも参加してほしいと考えている。今日から、今から、一緒に参加してほしい』」

ブールは最初、話を信じようとしない。何か裏があるのではと疑いを持つ。「少し考える時間をいただけないでしょうか」と言うブールに、ウィリアムソンは「それはできない」と答える。詳細を教えることはできないのだ。それでも結局その日のうちに、ブールは参加を決心する。

「そんなことを社内のあちらこちらで何度も繰り返しました」とウィリアムソン。自分の仕事に満足している一部のエンジニアは、誘いを断ってクパチーノにとどまった。ブールのように首を縦に振ったエンジニアは、ｉＰｈｏｎｅ開発の仕事に関わることになった。そして彼らの生活は、少なくともそれから二年半の間は一変する。私生活がなくなるほど残業し、しかも自分の仕事内容を誰にも話せなくなるのだ。ｉＰｈｏｎｅ開発に関わった最高幹部の一人トニー・ファデルによれば、スティーブ・ジョブズは「誰であろうと、たとえアップルを辞めた後でも、（iPhone開発について）外部に漏らすのを許さなかった」と言う。「誰も一言もしゃべらないことを望んだ。理由なんかない。もともと病的に被害妄想が強いんだ」（ファデル）

ジョブズは、後にiPhoneソフトウェア部門のトップを務めることになるスコット・フォーストールに対しても、iPhoneについて一言も漏らすなと念を押していた。開発チームのメンバー以外は、アップルの社員だろうと社外の人間だろうと誰にも一言もしゃべるなと。フォーストールが振り返る。

「理由は教えてくれませんでしたが、彼（ジョブズ）はiPhoneのUI開発のために私が社外の人間を雇うことを嫌がりました。そのかわり、社内の人間なら誰でもチームに引き抜いていいと言いました」

そこでフォーストールは、ラミローやウィリアムソンのようなマネジャーを使って、優秀な社員の一本釣りを始めた。引き抜きの候補者には、オファーを受けるとどんな目にあうのかを事前に知らせた。「新しい極秘プロジェクトを始める。どんなプロジェクトかさえ話せないほど極秘なんだ。プロジェクトチームで君の上司が誰になるのかも話せない。話せるのは、この仕事を受けたら人生で経験したことがないほどの激務が待っているだろうことだけだ。この製品が完成するまで、おそらくは二年ほど、夜も週末もなく仕事をすることになる」

それでも「驚くべきことに」（フォーストール）何人ものスター社員がこの雲をつかむような話を受け入れた。こうしてできたチームには、ベテランのデザイナーもいれば成長著しい若手プログラマーもいた。長年ジョブズと歩んできたマネジャーもいれば、一度もジョブズを見たことのないエンジニアもいた。だが、「一人残らず極めて優秀だった」とウィリアムソンは私に断言する。

アップルの最大の強みの一つとして、自社技術のルック・アンド・フィールを〝簡単そうに見せる〟のが上手な点がある。だがｉＰｈｏｎｅの開発に関わった社員はみな、刺激的で楽しい経験だったとは言うが、開発過程に簡単だったところなど一つもない。一本釣りした社員にフォーストールが予告した脅しは現実のものとなった。

「ｉＰｈｏｎｅのせいで離婚しました」というのはｉＰｈｏｎｅ担当シニア・エンジニアの一人アンディ・グリグノンだ。私はｉＰｈｏｎｅ開発の中心となったデザイナーやエンジニアを何十人も取材したが、このセリフを聞いたのは一度ではない。ｉＰｈｏｎｅが破綻させた夫婦関係は二、三組ではきかない、と証言する社員もいた。

「本当に激務で、私の仕事人生でも最悪の時期だったと言えるでしょう。極めて優秀な人材を大勢集め、どう考えても無謀なミッションと締め切りを与え、圧力鍋に放り込んだのです。会社全体の命運が我々にかかっている、という声も聞こえてきました。デスクに足をのっけて〝この新製品はマジですごいことになるぞ！〟なんて言う余裕はまったくありません。もうめちゃくちゃでした」（グリグノン）

五つもあった携帯電話プロジェクト

ｉＰｈｏｎｅ開発がスティーブ・ジョブズの承認を得た正式なプロジェクトとして始まったの

は二〇〇四年末あたりだ。だが、これまで見てきたように、iPhoneの遺伝子はそのはるか以前から生まれていた。

「かたちからコンピュータらしく見えませんが、iPhoneはコンピュータそのものです」とウィリアムソンは言う。「とりわけOSは他のあらゆるコンピュータより高度で複雑です。我々が過去三〇年かけて開発してきたOSの進化形なのです」

大衆に普及し、大きな利益を生んだテクノロジー製品はみなそうだが、iPhoneにも互いに矛盾する複数の誕生秘話がある。二〇〇〇年代中頃、ちょっとした研究プロジェクトから本格的な企業同士の提携話まで、アップルには五つもの携帯電話がらみのプロジェクトがあったのだ。とはいえ、私が苦労してiPhoneを分解（比喩的な意味でも文字通りの意味でも）した結果わかったことがあるとすれば、個々の製品や技術に明確に〝これ〟と指摘できるスタート地点があるケースはめったにないという事実だ。新製品や新技術というのは、それまでのいろいろなアイデアや発明の積み重ねから進化し、優れた頭脳と利益を求める心によって〝新しさ〟を身にまとわされるのである。

iPhone開発がいつ始まったのかは、アップルの幹部でさえはっきりと言えない。二〇一二年、アップルのワールドワイドマーケティング担当上級副社長フィル・シラーは、連邦裁判所で次のように証言している。

「アップルがiPhone開発に着手するに至った要因はたくさんあります。まず、アップルは長年Macという素晴らしいながらも市場シェアは低いコンピュータの会社として知られてきました。その後ｉＰｏｄという大ヒット商品が生まれます。ｉＰｏｄというハードとｉＴｕｎｅｓというソフトの組み合わせです。これでアップルに対する人々の見方が、社内でも社外でも激変しました。次はどんな大ヒット商品を出せるだろうか、と誰もが考えるわけです。ありとあらゆる新製品のアイデアが持ち込まれました。カメラ、自動車、とんでもないモノまで――」

もちろん、携帯電話も。

トニー・ファデルのインタビュー

スティーブ・ジョブズは一九九七年、ガタガタになったアップルに舞い戻り実権を握ると、製品ラインナップに大なたを振るってＭａｃ事業をふたたび軌道に乗せ、わずかながら黒字を達成した。とはいえ、アップルが文化的にも経済的にもふたたび大きな影響力を持つようになるのは、ｉＰｏｄが発売されてからだ。家電市場でアップル初の大ヒットとなり大きな利益を生んだｉＰｏｄは、ｉＰｈｏｎｅ開発の足がかりとなる。

「ｉＰｏｄがなければｉＰｈｏｎｅもなかった」と、両者の開発に関わったトニー・ファデルは言う。マスコミに〝ｉＰｏｄの創始者（ポッドファーザー）〟と呼ばれることもある人物で、ｉＰｈｏｎｅの開発ではハードウエアの責任者を務めた。二つの大ヒットデバイスの関わりについて語るのに、彼ほどふさわしい人物はいまい。私がトニー・ファデルと会ったのは、当時彼が住んでいたパリ七区のおしゃれなレストランだった。

ファデルはシリコンバレー現代史に欠かせない大物であり、アップル社内では評価がはっきりと割れる人物だ。ブライアン・ウッピとジョシュア・ストリコンは、大胆かつ断固としてやり抜くファデルのマネジメント手法を称える（「新製品の市場投入まで一年以上かけるな」が彼の信条だ）。スティーブ・ジョブズに反対できる意志力を持つ数少ない人物である点も評価する。一方で、iPodとiPhoneの開発がファデルの手柄とされていることに不満を持つ人々もいる。彼には〝嘘つきトニー〟の異名があり、アップルの元幹部は「トニー・ファデルの話は一言も信じるな」と私に助言した。ファデルは二〇〇八年にアップルを離れ、学習機能を持つサーモスタットなどのスマート家電を開発するネストの共同創業者となった。ネストは後にグーグルが三二億ドルで買収する。

待ち合わせのレストランにファデルは時間ぴったりにやってきた。そり上げた頭、淡い青色の瞳、さっぱりとしたセーター。かつてはサイバーパンク風ファッションと反体制的な姿勢、そしてジョブズに勝るとも劣らないキレやすさで知られていた。今でもその激しさは確かに感じられる。だが、簡単なフランス語で店員と話すファデルには、礼儀正しいパリジャンの一面と自信に満ちたテック業界の巨人の一面も存在していた。

○○○○

「iPhoneの発端ねえ……まずはiPodの大成功の話から始めようか。それが発端だったから」とファデル。「iPodはアップルの収益の半分を占めていたんだ」――

しかし、二〇〇一年の発売当時はまったく注目されなかった。「二年かかったよ。最初はMac専用だったからね。米国の市場シェアは一%に満たなかった。連中は〝一桁代の下のほう〟なんて言い方をしてたけどね」

iPodユーザーは曲のダウンロードやプレイリストの管理にiTunesを使う必要があるが、このソフトウェアはMacでしか動かなかった。ファデルはiTunesをWindowsでも使えるようにすべきだとスティーブ・ジョブズに進言したが、「PC向けを出したいなら俺の死体を乗り越えていけ」とジョブズに言われたという。それでもファデルは内緒で〝Windows版iTunes〟の開発チームをつくり準備を進めた。「二年間、悲惨な数字が続いて、やっとスティーブも目を覚ました。それから売れ始めたんだ」

数億人もの人々がiPodを使うようになった。それまでの全Macユーザーより多い人数だ。しかもiPodはファッションとしても最先端でかっこいいと見なされ、アップル全体にそのクールなイメージが定着した。ファデルは幹部クラスに昇進し、iPod部門全体の責任者になった。

iPodは二〇〇一年に発売され、二〇〇三年にヒットしたが、二〇〇四年にはもう先行きが怪しいと見なされるようになった。MP3で音楽を聴ける携帯電話が強力なライバルになると思われたのだ。「もし一つだけデバイスを持ち歩くとしたらどれにするか?——モトローラ・ロッカー（Rokr）はその答えとなるべく生まれた」（ファデル）

ロッカーは〝クソみたいな〟携帯になる

二〇〇四年、モトローラは当時一番人気の超薄型携帯電話レーザー（Razr）を作っていた。新しくCEOになったエド・ザンダーはスティーブ・ジョブズと仲が良く、ジョブズはレーザーのデザインを気に入っていた。二人はアップルとモトローラで何か一緒にできないか検討し（アップル経営陣は二〇〇三年にモトローラを一気に買収することも検討したが、高すぎるとして見送っている）、〝iTunes携帯〟が生まれた。両社は通信キャリアのシンギュラーと提携し、二〇〇四年夏にロッカーを発表した。

もともとジョブズは、アップルが携帯電話を作るのには反対だと公言していた。ベライゾンやAT&Tといった通信キャリアが、どの携帯電話に自社ネットワークを使わせるか最終決定権を持っている点が問題だというのだ。「今や携帯端末メーカーとの力関係ではキャリアのほうが強い。だからメーカーには、キャリアから分厚い冊子が送りつけられてくる。おたくの作る携帯電話はこうでなくてはならない、と指示するためだ。私たちアップルはそういうやり方にはうまく対応できない」とジョブズは二〇〇五年に発言している。だが、こうした表向きの理由とは別に、ジョブズが携帯電話の開発に踏み出せない内密の理由もあった。ジョブズと毎日のように話し合っていたアップルの元幹部は、キャリアの問題が最大の理由ではなかったと私に教えてくれた。ジョブズはアップルが手を広げすぎて社内で焦点がぶれてしまうことを心配しており、また「スマートフォンが本当に誰もが使う道具になるのか確信が持てなかった。いわゆる〝ファッションに興味のないテクノロジー好きのオタク連中〟だけの道具になるかどうか、見極めがつかなかった」（元幹部）のである。

モトローラとの提携は、iPodへの脅威を弱める安易な手だった。モトローラが携帯電話を作り、アップルがiTunesソフトウェアを担当する。「iPodの出番がなくならないよう、いかに（ロッカーを）つまらないユーザー経験にできるかが勝負だった。（ロッカーで）iTunesをちょっと味わえば、iPodへアップグレードしたくなるだろう、というのが当初の狙いだった」とファデルは振り返る。

両社の提携による〝iTunes携帯〟の計画が公表されると、世間には画期的なデバイスへの期待が高まった。だがアップル内部ではロッカーへの期待値は最低だった。「どれほどひどいものになるかみんなわかっていた。動きは遅いし、何もカスタマイズできないし、（搭載できる）曲数にも制限がつく。まちがいなくクソみたいなユーザー経験になるだろうって」とファデルは声を上げて笑う。

だが、開発中のロッカーが〝クソみたいな〟製品になっていくのをアップル幹部が黙認していたのは、もう一つ別の理由があったのではないだろうか――。「（モトローラとシンギュラーとの）会議を通してスティーブは情報を集めていました」とリチャード・ウィリアムソンは証言する。アップルが携帯電話のデザインに最終決定権を持つかたちで彼らと契約する道があるかどうか、それを見極めようとしていたのだ。ジョブズは自社で周波数帯域を買ってアップルをMVNO（仮想移動体通信事業者）にすることも検討していた。同じ頃、シンギュラーの某経営幹部はジョブズが受け入れそうな別の提携策を練り始めていた。〝シンギュラーの回線だけを使うという独占契約を結べば、携帯デバイスは完全にアップル側が自由に作っていい〟という契約である。

既存の携帯電話はゴミ同然

ジョブズのみならず、ジョニー・アイブやトニー・ファデル、そしてエンジニアやデザイナーやマネジャーに至るまで、アップル社内で誰もが意見の一致する点が一つあった。それは、iPhone以前の携帯電話に対する評価だ。既存の携帯電話はいずれも「なってない」し、「最悪」だし、「ゴミ同然」だと全員が思っていた。

「アップルは、みんなが最低だと思っているものをまともにするのがとても上手い」とグレッグ・クリスティーは言う。iPodが現れるまでは誰もデジタル音楽プレーヤーのスマートな使い方を思いつかず、ポータブルCDプレーヤーを喜んで持ち歩いていた。そもそもアップルⅡが登場するまで、コンピュータとは複雑すぎて素人には扱えないものだと思われていた。

「iPhoneプロジェクトと呼べるようなものが始まる少なくとも一年以上前から、アップルではみな、世の中の携帯電話がいかにダメかを愚痴っていました」と話すのはeメール・チームのマネジャーをした後でiPhone開発に関わったニティン・ガナトラだ。当時のアップル社内には、iPodでデジタル音楽の世界を一変させたのと同じようなことが携帯電話の世界でもできるのではないか——そんな気持ちが高まっていたことがうかがえる。「この市場にも参入して僕たちがきちんと仕上げるべきだ。なぜアップルは携帯電話を作ろうとしないんだ——社内はそんな雰囲気でした」（ガナトラ）

ついにジョブズを説得する

アンディ・グリグノンは陽気で人目を引く。そり上げた頭に熊のような体格、常に何かしていないと気が済まないタイプだ。アップルに来て数年、万能のエンジニアとしてさまざまな部署で多くのプロジェクトに関わった。そしてiSightカメラの開発中に、新進気鋭のトニー・ファデルと仲良しになった。

ちょうどグリグノンがMacの〝ダッシュボード〟ソフトウェア（「我が子」と呼ぶほど思い入れがある）を作り上げるという大仕事を終え、次に何をしようかと考えている時、ファデルから一緒にiPodをやらないかと打診された。

「ファデルはこう言いました。『本当は別のもっとすごいプロジェクトがあるんだけど、こいつにとりかかるにはスティーブの説得にもうちょい時間がかかりそうだ。君にぴったりの仕事だと思うよ』――。そこで、この謎めいたプロジェクトに移ったんです。ワイヤレス・スピーカーとかつまらないことで時間つぶしをしているうちに、やっと謎のプロジェクトが少しずつ正体を現してきました。ご存じのようにそれがiPhoneだったのです」

ファデルはジョブズの気持ちが変わりつつあるのを知っていた。いずれ意見を変えてiPhoneにゴーサインを出すだろう。その時のためにファデルは準備を進めておきたかったのだ。

グリグノンとファデルのチームは試験的にiPodにWiFiを取り付け、ネットサーフィンができるようにしてみた。そして二〇〇四年初頭にジョブズにこれを見せた。ハードもソフトも手作りで「プラスチック製のゴミくずみたいでした」（グリグノン）。クリックホイールでウェブページをスクロールし、ハイライトされたハイパーリンクをクリックすればリンク先に飛ぶ。〝インターネットに接続したiPod〟に初めて触れたジョブズは、その場で「話にならない」と切り捨てたという。「ジョブズはこう言いました。『確かにちゃんと動いてはいる。それはわかった。すごいよ、ありがとう。だが使い勝手はクソみたいだ』（グリグノン）

その間もアップルの幹部たちは、自社で携帯電話を作るべきだとジョブズの説得を続けていた。そうした幹部の一人がマイク・ベルだ。アップルでの社歴一五年のベテランで、コンピュータと音楽プレーヤーと携帯電話が必ずいつかは一つになると確信していた。「iPodの良さをモトローラの携帯電話で再現しようなんて本末転倒ですよ。iPodの使い勝手に開発中のいくつかの技術を加えれば、我々だけで市場を独占できると思っていました」とベル。彼とスティーブ・サコマン（不幸に終わったニュートンを担当していた幹部）は何ヶ月も熱心にジョブズを説得していた。

そんなある日、ベルはジョニー・アイブから最新のiPodのデザインを見せてもらう。一部はそのままiPhoneになりそうな設計だった。二〇〇四年一一月七日の深夜、ベルはジョブズにメールを送る。「スティーブ、君が携帯電話をやりたくないのは知っている。だが、やるべきである理由を説明しよう。ジョニー・アイブは次世代iPod用に本当にすごいデザインをいくつも用意している。誰も見たことがないようなデザインだ。その中から一つを選び、アップルのソフトウェアを搭載し、これを我々の携帯電話にするべきだ。他社の携帯電話に我々のソフトを載せている場合じゃない」

即座にジョブズから電話がかかってきた。二人は何時間も議論し、押し問答を続けた。ベルは「コンピュータと音楽プレーヤーと携帯電話が一つになる」という自説を丁寧に説明した。世界中で携帯電話市場が爆発的に拡大している事実にも間違いなく触れただろう。ジョブズはベルの意見にいちいち反論したが、結局最後には折れた。「わかったよ。やってみるべきだろうな」

「こうして三、四日後にスティーブと私とジョニーとサコマンの四人でランチをし、それがiPhoneプロジェクトの発足になりました」(ベル)

ENRIチームの復活

その頃、インフィニット・ループ2番地ではまだタッチスクリーン・タブレットのプロジェクトがのろのろと続いていた。バス・オーディングやイムラン・チョードリーは、仲間と一緒にタッチ型UIの基本的枠組みをなんとか見つけようと手探りしていた。

そんなある日、オーディングはジョブズから電話を受ける。「携帯電話をやることになったぞ」――ジョブズはプロジェクト〝Q79〟によるマルチタッチのデモを忘れてはいなかったのだ。ジョブズは続けた。「小さい画面になる。タッチスクリーンだけでボタンはいっさいなし。全部タッチスクリーンで動かす必要があるんだ」。そして、マルチタッチで「連絡先」アプリをスクロールするデモを作るよう指示した。

「めちゃくちゃ興奮しましたよ」とオーディング。彼は自分のMacのスクリーンに覆いをかぶせて携帯電話サイズの開口部を残し、これをiPhone画面に見立てて作業に取り組んだ。画面をスクロールして最上部か最下部までくると〝ぶつかって跳ね返る〟ような動き(ラバーバンド・エフェクト)をするのは有名だが、これもオーディングのアイデアだ。

「最初はスクロールしても何も起きないので、プログラムのバグだと思いました。でも実は行き止まりの方向にスクロールしてたんです。そこで、どうしたら〝行き止まりまでスクロールした〟とユーザーが見てわかる、または感じるようにできるか考え始めました。無反応のままではそれとわかりませんから」——ユーザーが当たり前に使っているこうした細部の一つひとつが、骨の折れる試行錯誤の繰り返しから生まれた。数字を入れ替え、計算式を書き直し、あらゆることを試した。こうしてオーディングは、自然に感じられる動きをする「連絡先」のデモをついに完成させた。後にジョブズは次のように述べている。

「彼（オーディング）に電話してから数週間後に返事があった。慣性スクロールやラバーバンドを実現できたと。デモを見て〝ありがたい！ これなら電話が作れるぞ〟って思ったね」

○○○○

二〇〇四年の年末も押し迫った頃、スコット・フォーストールがグレッグ・クリスティーのところへやってきて、ジョブズが携帯電話をやることにしたというニュースを伝えた。クリスティーはほぼ一〇年、この言葉を待っていた。

クリスティーは情熱的だが無愛想な男だ。ずんぐりとした体格ながら、鋭い目にはまるで運動エネルギーが充填されているかのようだ。アップルが失速して急降下していた一九九〇年代に、ニュートンをやりたい一心で入社した。当時は最も将来性のある携帯デバイスだった。彼は〝ニュートン電話〟を作るべきだと何度も会社に提言した。「間違いなく一〇回以上は提言しました。ちょうどインターネットもはじけ始めた頃で、携帯デバイスとインターネットと電話を組み合わせれば、こいつはすごいことになるに違いないと」

ジョブズが携帯電話をやる気になった以上、クリスティーが責任者を務めるヒューマンインターフェース・グループは最大の難題に取り組むことになる。チームのみんながインフィニット・ループ2番地の二階に集まった。あの古びた「ユーザーテスト研究室」のちょうど真上だ。彼らは旧ENRIプロジェクトのタッチスクリーン・タブレットの外見や機能や特徴を生かしたまま、それを携帯電話へと進化させる作業にとりかかった。作業場となったのはさえない事務室だ。くすんだカーペットに古びた家具、水漏れする洗面所。壁にはほとんど何もなく、ホワイトボードが一つと、なぜかニワトリのポスター。

ジョブズはこの作業場がお気に召した。周囲に人気はなく、窓もないため、偶然何かを見られて秘密が漏れる心配もない。ジョブズはiPhoneプロジェクトがまだ胎児の段階から、徹底的な秘密主義を要求した。ホワイトボードがあるので清掃人の出入りも禁止。みんなで議論しながらホワイトボードにラフな図を描き、優れたアイデアなら消さずに残しておくからだ。

議論の中心となったのは、タッチ型UIとスマートフォンの機能をいかに融合させるかという点だった。すでにENRIグループの作ったマルチタッチのデモがあったので、幸先の良いスタートを切ることができた。また、イムラン・チョードリーはかつてMacのダッシュボードを設計した経験がある。そこにはウィジェットが山ほどあった。天気、株価、計算機、メモ、カレンダー――いずれもスマートフォンにうってつけで、これらがiPhoneに移植された。

チョードリーによれば、こうしたウィジェットのアイコンは、数年前に彼とフレディ・アンスレスの二人がほぼ一晩で考え出したという。当時ウィジェットのデモを早急に見たがったジョブズの要求に応えるためだ。それから何年も後になって、それがiPhone用アイコンとして使われることになった。「たった数時間で決めたデザインを、スマホのアイコンとして一〇年も見続けるなんて、なんか不思議な気がします」とチョードリー。

アイコン以外の基本設計も決める必要があった。例えば起動時の画面デザインだ。スマホの機能を一覧できるようアイコンを格子状に並べたホーム画面は、今でこそそれ以外ありえないやり方に思えるが、当時は違った。アイコンの横にアプリ名が表示されるリスト方式なども試してみた。IDチームにiPhoneタイプの木製の模型を作らせ、指先で触れるのにちょうど良いサイズのアイコンを研究したりもした。

こうして、マルチタッチのデモはなんとかうまくいきそうになってきた。操作方法も違和感がなくなってきた。だが、何かが欠けていた。〝タッチ型スマートフォンとはどうあるべきか〟というデバイス全体を貫く統一感のようなものが。

「まだアイデアの寄せ集めでした。連絡先の一部、サファリの一部――タパスのようなものでした」とチョードリー。もちろんジョブズはタパスでは満足しない。彼はフルコースが欲しいのだ。プレゼンをするたびにジョブズの機嫌は悪くなり、ついに一月に怒りが爆発した。試作品は個々のアプリとアイデアの寄せ集めに過ぎず、全体を貫く統一感に欠けていたからだ。

「スティーブに〝あと二週間だ〟と最後通牒を突き付けられました。二〇〇五年二月のことです」(クリスティー)

すぐさまクリスティーはHI(ヒューマンインターフェース)グループのメンバーを集め、みんなで二週間の「死の行進」を始めようと訴えた。「僕はずっと携帯電話を作りたかった。みんなもそうだと思う。そのための最後のチャンスは、あと二週間しかない。この二週間、本気でやりたいんだ」

メンバーはバス・オーディング、イムラン・チョードリー、グレッグ・クリスティーに加えデザイナーが三人――ステファン・ルメイ、マルセル・ファン・オース、フレディ・アンスレス――、そしてプロジェクト・マネジャーのパトリック・コフマン。この小さなグループで、バラバラのパーツに一貫性を持たせ、一つの統一感を生み出そうと徹夜仕事を続けた。「みんなだいたいマットレスで寝ていました」（チョードリー）という二週間の「死の行進」が終わる頃、今のiPhoneに近い何かが生まれようとしていた。ホームボタン（当時は物理的ボタンでなくソフト的ボタンだった）やスクロール、マルチタッチ操作――。

そしてジョブズはこれを気に入った。ホーム画面や電話の着信の様子、連絡先の操作感、そうしたものに一つの統一感があった。「大成功でした。スティーブは（最初のデモを体験した後）もう一度最初から繰り返したいと望んだほどでした。触った人は誰でもこれが素晴らしいとわかる、そんな出来映えでした」（クリスティー）

こうして二〇〇五年二月、デモの成功と同時にこのプロジェクトは極秘扱いになった。インフィニット・ループ2番地の二階、HIグループのオフィスに通じる廊下は、二カ所の出入り口にセキュリティ端末が設置された。「完全封鎖ですよ。暴動を起こした囚人を封鎖するのと同じように閉じ込められました」（クリスティー）

彼らにはまだやるべき仕事が山ほど残されていたからだ。ＥＮＲＩチームの会議が〝プロローグ〟だとしたら、マルチタッチのデモ用に作ったタブレットの試作品が〝冒頭シーン〟、そしてこれから〝第二幕〟がやっと始まるあたりだ。それでもジョブズは、社内の選ばれた人々にｉＰｈｏｎｅの試作品を見せつけたいと考えた。ジョブズは時折、自分が重要だとみなすアップル社員に声をかけて「トップ１００人会議」という秘密会議を開いていた。公表間近な新製品や新戦略を紹介し、議論するのである。出世の階段を上り始めたアップル社員にとっては運命を左右する会議であり、ジョブズはその場で行うプレゼンテーションを、マスコミ相手の新製品発表会と同じように細かく作り込む。

その秘密会議で発表するｉＰｈｏｎｅ試作品のデモ――チームメンバーはこれを「ビッグ・デモ」と呼んだ――を仕上げるため、五月までまたしても仕事漬けの日々が続いた。どんなアプリを搭載するのか。手元でみるカレンダーはどんな外観にするか。ｅメールの見た目は――。日ごとに具体的な中身が決まっていった。クリスティーは最新モデルのｉＰｏｄを改造し、これらのアプリを動かせるようにして、実際のデバイス上でどう見えるかデザイナーが感触をつかめるようにした。当時クリスティーは、激務を続けるチームメンバーをホテルに寝泊まりさせた。「車で帰宅させたくなかったんです。私の家に寝泊まりした連中もいました。大変だったけど、気持ちが浮き立つような毎日でした」

できあがったデモを見たジョブズは完全に心を奪われた。その後、秘密会議の出席者も全員が同じ感動を味わい、プレゼンは大成功に終わった。

トニー・ファデルは携帯電話プロジェクトが動き始めたという話を耳にすると、密かに作り上げていた〝iPodフォン〟の試作機をひっつかんで幹部会議に乗り込んだ。グリグノンによれば、それは携帯電話プロジェクトの構成メンバーを決める会議だったという。「トニーは、すでにチームを結成してハードウェアや図面やデザインをやらせていたことを、ズボンのお尻のポケットに隠していたわけです。そしてスティーブがゴーサインを出すや否や、〝ちょっと待ってくれ。実はこんな試作機を作っていたんだ〟と言いながらさっと取り出したのです。ほぼ完成品に近いほど練り上げられたデザインでした」

〝iPodフォン〟を作るべきだ

ファデルの主張は、理屈としては完璧だった。いわく、iPodはアップル最大のヒット商品である。だが、いずれiPodは携帯電話に完敗しそうだ。であれば〝iPodフォン〟を作るべきだ――。ファデルは言う。「iPodのいい部分だけを残し、そこに電話機能を加える。そうすればモバイル・コミュニケーションもできて音楽も持ち歩ける。しかもiPodブランドを全世界に知ってもらうために五億ドルもかけて構築したブランド認知も無駄にならない」

その頃のアップル社内では、「携帯電話をやる」という事実は明らかになりつつあったが、その製品の外観やイメージについてはまったく不明のままだった。どんな機能を持つのかさえ、誰も知らなかった。

当時iPodのハードウェア部門の責任者だったデイビッド・タップマンが振り返る。

「二〇〇五年の初め頃だったでしょうか、携帯電話をやっている連中がいるとトニーが言い始めました。僕は『ぜひ携帯電話をやりたいんです。僕にまかせてもらえませんか』と言ったのですが、トニーの返事はノーでした。『君には無理だよ』と」――そう言ってタップマンは笑う。「だいぶ多くの候補者と面接をしたようですが、適任者がいなかったんでしょうね。そこでもう一度打診しました。『ここに僕がいますよ！』って。トニーの返事は『わかったよ。君にしよう』でした」

iＰｏｄチームはＨＩグループほど事情を詳しく知らされていなかった。「当然のように、iＰｏｄに電話機能を組み込もうと考えました。当時はみな（新製品の携帯電話は）そうなるだろうと思い込んでいたのです」とアンディ・グリグノン。

iＰｏｄを電話にするか、Ｍａｃを携帯デバイスにするか

アップルで何年もウェブキット（サファリなどで使われるオープンソースのフレームワーク）の開発チームを率いてきたリチャード・ウィリアムソンは、同じ仕事を続けるのにうんざりし、グーグルへ転職するつもりでいた。ちょうどその頃、スティーブ・ジョブズから話があると呼び出された。辞意を伝えるつもりでジョブズに会ったが、彼はひどく不機嫌だった――。

ウィリアムソンは有能なエンジニアを絵に描いたような外見をしている。ボタンダウン・シャツにメガネ、いかにも切れ者で、おたく的こだわりを隠そうともしない。私は彼とパロアルトのスシ・バーで会った。口調は穏やかで、わずかに英国なまりがある。愛想はいいが、内気な人物に見えた。一九六六年に英国で生まれ、子供の頃に家族でフェニックスに引っ越してきた。父親はハネウェル（当時はメインフレームを作っていた）で働いており、ウィリアムソンは一一歳でコン

ピュータにのめり込んだ。自宅のプリンター用紙が切れると、父の会社のメインフレームのスプーリング・システムをハッキングして印刷していたそうだ。

大学時代は、初期のPCの一つであるコモドール・アミガ用のソフトウェアを作る会社を友人と興した。「〝略奪者〟というプログラムを書いて販売していました。オブラートに包んだ言い方をすれば、コピー防止機能のついたディスクを完全にコピーできるソフトです」と彼は笑う。

一九八五年、アップルを追われたスティーブ・ジョブズが興したNeXTを訪問し、アミガ用に作ったプログラムを見せると、ジョブズはその場でウィリアムソンの採用を決めた。若きプログラマーはそれから四半世紀もの間、ジョブズと同じ道を歩みながら、いずれiPhoneの一部となるソフトウェアの開発を続けることになる。

「辞めないでくれ。君が興味を持ちそうな新しいプロジェクトがあるんだ」――ウィリアムソンによれば、ジョブズはそう言ったという。そこでプロジェクトの中身について聞いてみたが、当時はまだソフト畑の人間は誰もプロジェクトに関わっておらず、すべてはジョブズの頭にあるアイデアに過ぎなかった。グーグルから提案されていた魅力的な仕事を蹴るだけの価値があるのか、確信は持てなかった。

だが結局はジョブズの説得に負けた。「スティーブは噂通りの人物なのです」とウィリアムソンはちらりと笑いながら私に言う。「私はNeXT時代からの付き合いですが、あの情熱に何度も負けています」

その瞬間から、ウィリアムソンはiPhoneをウェブ・ブラウジング用デバイスにすべしと訴える旗振り役になったのである。

ウィリアムソンによれば、ジョブズは携帯電話をやると決めたらすぐにでもそれを製品化したいと考えた。その場合、選択肢は二つあった。

①人気商品として知名度も高いｉＰｏｄを改造し、電話機能も持たせる（技術的にはこちらのほうが簡単であり、またジョブズの思い描いていたｉＰｈｏｎｅは、モバイルコンピューティング・デバイスというよりも高性能な携帯電話だった）。

②Ｍａｃを改造し、電話もできる小さなタッチ操作型タブレットにする（わくわくさせるアイデアだが、具体的な実現方法が不透明という欠点があった）。

ビッグ・デモの後、エンジニアたちはこの二つを具体化する方法を検討し始めた。ハードウェア面だけでなくソフトウェア面でも。そして短期間で実現するのは極めて難しいと結論した。実験段階の技術が多すぎて、ロードマップを作るのさえ困難なほどだった。

これが未来の電話？

一方、アップルとモトローラによるロッカーの開発は続いていた。製品開発に口を出すことで有名なジョブズだが、ロッカーの場合は世に発表する直前の二〇〇五年九月初旬になって初めて完成品を手にし、仰天したという。「彼は〝こんなシロモノ、どうすりゃいいんだ？〟って感じだったね」とトニー・ファデル。「並み以下の製品になることはジョブズもわかっていた。でも、ここまでひどい結果になるとは予想できていなかった。恥ずかしいからステージで紹介したくないとまで言ってたよ」

発表のステージで、ジョブズはロッカーをまるで履き古したソックスのように扱った。一度、電話から音楽プレーヤーへとうまく機能が切り替わらない場面があったが、はたから見ていてもジョブズのイライラがよくわかった。こうしてジョブズは「ｉＴｕｎｅｓを搭載した世界初の携帯電話」をマスコミに紹介するとほぼ同時に、この携帯電話を時代遅れにしてしまおうと心に決めたのである。

あまりにロッカーのできが悪かったので、ワイアード誌はロッカーを表紙にして〝これが未来の電話だって？〟とタイトルをつけたほどだ。売れ行きも最悪で、業界平均の六倍の返品率になった。ロッカーの大失態はジョブズの怒りをかき立て、アップル製の携帯電話の実現へと向かわせる原動力にもなった。「失敗してそう思ったんじゃない。発売直後からそう思ってたんだよ」とファデル。ロッカーを紹介するステージを終えたジョブズは、ファデルに対し「これは売れない。まぬけな電話メーカーの連中の相手をするのはもうたくさんだ」と言ったという。「要するに、〝こんなものくそ食らえだ。自分たちで電話を作るぞ〟ということさ」

○○○○

ジョブズはさっそく大勢を集めた会議を開いた。フィル・シラーからジョニー・アイブまで、重要人物はみな招集された。その場でジョブズはこう宣言した。

「聞いてくれ。計画は変更だ。ｉＰｏｄをベースに携帯電話を作るプランにする。こっちのほうがはるかに現実的で先の読めるプロジェクトだからだ」

それはファデルのプロジェクトだ。タッチスクリーンの路線をあきらめたわけではなかったが、ジョブズはオーディングやチョードリー、UIチームのメンバーに対して〝iPodフォン〟のインターフェースを設計するよう命じた。電話番号の入力も、連絡先の選択も、ウェブサーフィンも、実績のあるクリックホイールを使うということだ。

こうして二つのプロジェクトがiPhoneになろうと競い合うことになった。一つは〝iPodフォン〟。もう一つはマルチタッチ技術とMac用ソフトウェアの融合という、まだ実験途上のハイブリッド戦略だ。コードネームはP1（iPodフォン）とP2（タッチスクリーン）。

後にiPhoneプロジェクトも巻き込まれることになるアップル社内の政治闘争に、もし出発点があったとすれば、それはおそらくこの時チームを二つに分け、競わせるという方針を決めたことだろう。現行のiPodの製品ラインナップをバージョンアップしつつ〝iPodフォン〟の試作機に取り組むファデルのiPod陣営と、スコット・フォーストール率いるMacOSのベテランチームとの二つの陣営だ（HIグループのデザイナーはP1とP2の両方に関わった）。

iPhoneの最重要部門（ハードウェア、ソフトウェア、産業デザインなど）を率いた幹部たちは、最後は互いに同席するのも耐えられないほど関係が悪化する。一人の幹部はアップルを辞めることになる。何人かはクビになる。一人だけ、ジョブズ亡き後のアップルを代表する天才として着実に、そしておそらく孤独に、出世していくことになる。幹部連中がそうした政治闘争を繰り広げる間、P1とP2のエンジニアやプログラマーは不断の努力を続けるのである。

コードネームは〝パープル〟

陰謀を巡らせる価値があるほどの極秘プロジェクトには必ずコードネームがあるものだ。ｉＰｈｏｎｅプロジェクトの場合、それは〝パープル〟だった。

「クパチーノで使っていたビルを一棟、外部から隔離したんです」と話すのはスコット・フォーストール。ＭａｃＯＳＸのソフトウェアを監督し、後にｉＰｈｏｎｅのソフトウェア全体を統括する人物だ。

「最初は一フロア全部を隔離しました。ドアにセキュリティ端末を設置し、監視カメラもあったと思います。ラボに行くには四つのセキュリティ端末にバッジをかざして通る必要がありました」

フォーストールはそのラボを〝紫寮（パープルドーム）〟と呼んだ。学生寮のようにいつもみんながいたからだ。ラボの入り口には〈ファイト・クラブ〉と書かれていた。映画『ファイト・クラブ』の第一のルールは「ファイト・クラブについて話さないこと」だ。パープル・プロジェクトの第一のルールも、一歩ドアを出たらプロジェクトについて話さないことだった。

なぜ〝パープル〟なのか、その由来を覚えている人はほとんどいない。一説によると、最初にｉＰｈｏｎｅに関わったエンジニアの一人スコット・ヘルツが、紫色のカンガルーのおもちゃを「レーダー・システム」――アップルのエンジニアがプログラムのバグや誤作動を監視するために利用したシステム――のマスコットにしたからだ、とも言われる。

一九六九年生まれのスコット・フォーストールは、中学生時代に数学と科学の才能を発揮した。アドバンスト・プレイスメント（大学の教育内容を先取りして学べるコース）に選ばれたのでアップル

IIeの使用を許可され、すぐにコードの書き方を身につけた。とはいえ、ありがちなコンピュータおたくタイプではなく、学校のディベート・クラブやミュージカルでも活躍した。一九九二年にスタンフォード大学のコンピュータ・サイエンスの修士課程を卒業するとNeXTに就職した。

一九九六年にアップルがNeXTを買収し、再びジョブズがアップルのトップになると、フォーストールはめきめきと出世する。彼は崇拝するジョブズのマネジメント手法と彼独特の好みまでも見習ったので、ビジネスウィーク誌はフォーストールを〝魔法使いの弟子〟と呼んだ。かつての同僚はフォーストールが知識に富んでやり手のリーダーであったと認めつつも、ジョブズ崇拝が度を超していたと指摘する。自我の強さや上昇志向のため彼を嫌い、ジョブズの〝おっかけ〟と揶揄する人もいたが、ずば抜けた力量と真面目な仕事ぶりは誰もが認めるところだった。

フォーストールはP2プロジェクトのリーダーになると、アンリ・ラミローやリチャード・ウィリアムソンといったNeXT時代のエンジニア仲間を多数引き込んだので、このチームをウィリアムソンのように〝NeXTマフィア〟と冗談半分で呼ぶ人もいた。実際、結びつきが密で秘密主義、そして極めて有能なチームであった。

ダイヤル式のiPhone

フォーストールの競争相手となったのがトニー・ファデルだ。両者と接点のあったグリグノンが振り返る。

「政治的な理由から、トニーはiPhoneプロジェクトのハード面もソフト面も含めた全体を自分で仕切ろうとしました。しかし、iPhoneプロジェクトがアップルにとって極めて重要なプロジェクトだと知られるようになると、社内のあらゆる人が口を挟むようになりました。こうしてファデルとフォーストールの長く激しいライバル関係が始まるのです」

「トニーのチームにいた我々からすれば、フォーストール陣営に出る幕はないと思っていました。後から来て無理にプロジェクトに割り込もうとしているように見えたのです。何しろこのプロジェクトはトニーのものであり、彼は何百万台というiPodを売ってきた実績があるのだという自信が我々にはありました」

ファデル率いるP1チームはiPodをベースにした試作品を作った。音楽プレーヤー・モードと電話機モードの二種類のモードを持ち、その二つは完全に分離している。操作はiPodでおなじみのクリックホイール。さらに「プレイ／ポーズ／進む／戻る」の四つのボタンがあり、青いバックライトで彩られている。これを電話機モードに切り替えるといったんバックライトがオレンジ色に切り替わる。そして画面には懐かしいダイヤル式電話機と同じ0〜9までの数字と〝ABC〟〝DEF〟といったアルファベットが表示され、クリックホイールで選択する仕組みだ。

ところが実際に使ってみると、クリックホイールは電話機として使うには不便だった。数字やアルファベットが入力しづらいのだ。オーディングはテキストの先読み機能を開発し、アルファベットを一文字入力するごとに画面下部に単語の候補が現れる仕組みにした。それでもやはりえんえんとクリックホイールを操作しなければならない。

「スティーブはなんとかしろとプレッシャーをかけ続けた。あらゆる工夫をしてみたが、一つもうまくいかなかった」とファデル。

彼らはクリックホイール式のｉＰｏｄフォンを何十台も作成し、特許まで申請した。実際にそれで電話もかけてみたという。なんと、アップル製携帯電話の記念すべき最初の通話は、スマートで未来的なタッチスクリーンではなく、古式ゆかしいダイヤル式によってかけられたのである。

「あと少しで製品化できそうなとこまでいっていたんです。でもきっとスティーブはある朝突然〝タッチスクリーンのほうがエキサイティングじゃないか〟と思ったんじゃないですかね」（オーディング）

物理キーボードに固執したフィル・シラー

ｉＰｏｄフォンの挑戦がことごとく失敗すると、ジョブズはファデルに「ちょっと見せたいものがある」と言ってＥＮＲＩチームの部屋に連れて行き、タッチタブレットの試作機（例の「Ｍａｃ＋プロジェクター＋タッチパッド＋印刷用紙」のシロモノ）を見せた。要するにＰ２プロジェクトの試作機である。

「連中はウラでタッチ式Ｍａｃの実験を進めていたわけだ。でもそいつは〝タッチ式Ｍａｃ〟とは呼べなかった。卓球台の上に置かれたプロジェクターと巨大なタッチスクリーンに過ぎなかった」とファデル。〝これを携帯電話に搭載したい〟というジョブズに対しファデルはこう答えた。「まいったね、スティーブ。これは完成品にはほど遠い試作品だ。縮小すれば完成品になる試作品でもない。こいつは〝試作品のたたき台〟に過ぎない。全工程の八％しか進んでいない研究プロジエクトだよ」

だがｉＰｏｄのハードウェア部門の責任者だったデイビッド・タップマンはそこまで悲観的ではなかった。「私はまあ、なんとかする方法を頑張って見つけないとね、という感じでした。まずは腰を据えて計算するところから始めましょうか、と」（タップマン）

こうしてｉＰｏｄフォンは劣勢に立たされる。幹部たちはＰ１とＰ２のどちらでいくか結論を出そうと熱い議論を戦わせたが、一人だけ結論の出ている人物がいた。アップルのマーケティング部門の責任者フィル・シラーだ。彼の結論は「どちらもダメ」。物理キーボードを使うべきだと考えていたのだ。

スマートフォンとして初めて人気を得た製品はブラックベリーだと言っていいだろう。それは小さな物理キーボードを搭載していた。ファデルを含めた幹部全員がマルチタッチでいくべきだと合意した後でも、シラーは一人で抵抗を続けた。

ファデルによれば、シラーは「誰がなんと言おうと〝いや、物理キーボードでなければダメだ〟と切り捨てた。みなが〝マルチタッチで大丈夫なんだよ、フィル〟という感じで説明しようとしても耳を貸さず、ひたすら〝物理キーボードでなければダメだ！〟と言うんだ」

多くのアップル幹部はテクノロジーに関する豊かな眼識を持っていたが、シラーはそれほどでもなかった。「フィルは技術屋ではありません。小中学生の子供に説明するように話さなければならないこともありました」と証言するのは、アップルの最先端技術研究所（ＡＴＧ）の元所長ブレット・ビルベリーだ。ジョブズがシラーを気に入っていた理由は、「今の中産階級のアメリカ人が技術を見る視点、おじいさん、おばあさんがかつて技術を見た視点と同じ視点で技術を見ていたからではないか」とビルベリーは考えている。

幹部全員がマルチタッチとバーチャル・キーボードでいくと決めた時も、シラーは断固として反対した。ファデルによると「ある大きな会議があって、そこで方針を最終決定したんだけど、その時彼が爆発したんだ」。シラーは〝この方針は間違っている！〟と叫んだという。「スティーブは彼の顔をじっと見て、『もうこんなのにはうんざりだ。いい加減やめにしないか？』と言うと、二人で決着をつけるためシラーを廊下に連れ出した。スティーブは、方針に従うかとっとと消え失せるかどっちかだ！　という感じでシラーに迫っていた。それでとうとう彼も降参した」

一件落着。携帯電話はタッチスクリーンと決まった。ある会議でジョブズはタッチスクリーンを見せながら「みんな知っての通り、これぞ我々がやりたかったことだ。さあ、次はこいつを実用化しよう」と言ったそうだ。

リナックスｖｓｉＰｈｏｎｅ

元アップル幹部は、ｉＰｈｏｎｅをめぐりｉＰｏｄチーム（Ｐ１）とＭａｃＯＳグループ（Ｐ２）との間に起きた争いを「完全なる宗教戦争だった」と表現する。クリックホイールが却下されマルチタッチの導入が決まると、次の火種はｉＰｈｏｎｅのオペレーティングシステム（ＯＳ）をどうするかという問題に移った。それによってｉＰｈｏｎｅの製品としての位置付けが「モバイルコンピュータ」になるのか「周辺機器（アクセサリー）」になるのかが決まるため、重要な問題であった。

トニー・ファデル率いるiPodチームは、iPodのOS（リナックス）を進化させて使うべきだと主張した。「でもそのOSはまだ未熟でした。私やアンリ・ラミロー、スコット・フォーストールはみなMacOSをスリム化して使うべきだと主張しました」（リチャード・ウィリアムソン）

どちらに進むべきか、基本的な考え方をめぐる大規模な戦いになった（ウィリアムソンは「哲学論争」と表現する）。NeXTマフィアたちは、〝本物のモバイルコンピューティング・デバイス〟を誕生させる絶好の機会と考え、デスクトップのMacに付属する各種アプリのiPhoneバージョンまで備えたiPhone用MacOSを開発しようと考えた。MacOSの裏も表も知り尽くしていたからだ。省電力のARMプロセッサを使えばiPhoneでも十分にコンピュータのOSを動かす処理能力を持てると確信していた。

一方でiPodチームはそのやり方を大胆すぎると考え、iPhoneはリナックスで動かすべきだとした。グリグノンが解説する。「そもそも最初はiPodをベースに携帯電話を作ろうとしていたわけですよね？　iPodのOSが何かなんて、誰も気にしません。家電であり、PCのアクセサリーだからです。我々はiPhoneも同類だと考えていたのです」

ここで思い出して欲しいのは、iPhone発売後になってもスティーブ・ジョブズがiPhoneを「コンピュータというよりiPodに近い」と表現していたことだ。一方でマルチタッチの実験に明け暮れていたメンバーは、iPhoneが〝持ち運べるPC〟やマン・マシン・インターフェースの地平を広げる可能性に興奮していた。

「iPodチームとはずいぶん紛糾しましたよ。iPhoneは〝電話付きのiPod〟だという彼らの見解に対し、我々は『いや違う、これは〝電話付きのMacOSX〟だ』と反論しました。連中は自分たちこそ小型デバイス用のソフトウェアに精通した専門家だと考えており、一方で私たちは『いやいや、これは（デバイスでなく）コンピュータだぞ』って感じでしたからね」（ラミロー）

「あの段階で、我々は完全にiPhoneの電話機能に無関心でしたね。電話機能はどうでもいいのです。要するにモデムですから。興味の的は、どのようなOSにするかであり、インターフェースの根本思想をどう設計するかでした」（ウィリアムソン）

このウィリアムソンの発言から「哲学論争」の根本原因が読み取れる。ソフトウェア・エンジニアたちはP2プロジェクトを〝携帯電話のプロジェクト〟とは考えず、〝将来のさらに高度なモバイルコンピュータにつなげるため、携帯電話の形をした「トロイの木馬」を作る絶好の機会〟だと考えたのである。

慣性スクロールが運命を決めた

iPhoneをモバイルコンピューティング・デバイスにするというアプローチは当初苦戦した。立ち上げるだけでも「笑ってしまうほど」（グリグノン）時間がかかったからだ。なんとかiPhoneをOSXで動かしたいNeXTマフィアたちは、必死でOSのスリム化に取り組んだ。最優先課題の一つは、ジョブズをうならせた慣性スクロール機能をスリム化したOSでも実現することだった。ウィリアムソンはオーディングと徹底的な議論を重ねてこれを実現した。驚くほどリアルな動きで、これが〝リナックスｉＰｈｏｎｅ〟構想に引導を渡した、とウィリアムソンは言う。ＯＳＸベースでいくことが決まった。

こうしてｉＰｈｏｎｅのソフトウェアはスコット・フォーストール率いるＮｅＸＴマフィアが開発し、ハードウェアはトニー・ファデルのグループに任された。ｉＰｈｏｎｅはタッチスクリーン搭載のモバイルコンピュータになるのだ。もし彼らにそれが実現できればの話だが――。

そう決まった後、ファデルは改めてマルチタッチの試作品という奇妙なシロモノをしげしげと眺めたという。「私は〝よし、これだ〟とも〝これじゃダメだ〟とも言わなかった。〝いいだろう。やるべきことは山積みだぞ〟って言ったんだ。まず試作品を完成させるためだけでさえ、（アップルを）根本から完全に二つに分断された会社にする必要があった」

○○○

ｉＰｈｏｎｅはたんにアップルを〝二つに分断された会社〟にするだけでは済まなかった。発売から長い年月を経て、ｉＰｈｏｎｅはアップルに社外のまったく新しい会社をいくつも吸収させることになる。それはアップルに新しいブレイクスルーや新しい考え方、そして新しい問題をもたらす。

次章以降は、ｉＰｈｏｎｅの登場によって大きく変貌した新しい世界を描く。テーマはＡＩアシスタント「シリ」（Ｓｉｒｉ）やセキュリティの新技術「セキュアエンクレーブ」の登場、そしてｉＰｈｏｎｅの製造、マーケティング、廃棄である。

第10章

「ヘイ、シリ」

史上初のAIアシスタントは誰か

Hey, Siri　Where was the first artificially intelligent assistant born?

シリ（Ｓｉｒｉ）の開発者の一人にＡＩ（人工知能）の現状について掘り下げたインタビューを行う場所が、パプアニューギニアを周回するクルーズ船になるとは思いもしなかった。

私は今、「ナショナルジオグラフィック・オリオン号」の船室でトム・グルーバーの話を聞いている。我々は海洋学者シルビア・アールとＴＥＤが企画した「ミッション・ブルー」に参加するためにこの船に乗り込んだ。昼間はシュノーケリング、夜はＴＥＤトークを聴き、海洋環境保全の意識を高めようという企画だ。

「オンレコだから発言には気をつけないといけないね」——グルーバーは私の録音機に目をやると、ちらりと笑った。何しろ彼はアップルでシリの先端開発を担う部門の責任者である（訳注：二〇一八年にアップルを退職した）。「僕はヒューマンインターフェース（人間とコンピュータとの関わり方）に興味がある。ＡＩはヒューマンインターフェースにこそ役立てるべきものだと思っている」

アップルのＡＩパーソナルアシスタント「シリ」は、おそらくＨＡＬ９０００以降もっとも名の知られたＡＩだろう。天気を調べるといった日々の雑用を手助けしてくれる。二〇一五年、シリは一週間に一〇億回のユーザーリクエストに応答した。二〇一六年は週に二〇億回だ。

シリに「どこの出身か」と聞いてみれば、誰に対しても「カリフォルニアのアップルで設計されました」と答える。だが、それでは話をはしょりすぎだろう。

シリはいくつかの技術の集合体だ。音声認識ソフト、自然言語ＵＩ、そしてＡＩパーソナルアシスタントが合体したものである。我々がシリに話しかけると次のことが起きる。まず、あなたの声がデジタル化され、クラウド上のアップルのサーバに送信される。同時に手元のｉＰｈｏｎｅに内蔵された音声認識ソフトもあなたの声を分析し、それをテキスト・データに変換する。そのテキストは自然言語処理によって解析される。次にシリは、テクノロジー・ジャーナリストのスティーブン・レヴィが〝ｉブレイン〟と名付けた、二〇〇メガバイト程度の「あなた専用のデータ」を参照する。あなたの話し方の特徴などを捉えた個人ごとの基本設定データである。あなたの要求にｉＰｈｏｎｅ単体で応えられる場合（例えば「朝八時にアラームをセットしてくれ」）、クラウドへのデータ送信はキャンセルされる。シリがネット上の情報を参照する必要がある場合（例えば「明日は雨かな？」）、シリはクラウドにアクセスし、あなたの要求はシリとは別のモデルやツールによって分析されることになる。

ｉＰｈｏｎｅの中核機能となる前、シリはシリコンバレーの新興企業が開発してアップストアで公開したアプリだった。その前身は国防省の支援を受けたスタンフォード大学のＡＩアシスタント研究プロジェクトだった。さらにその祖先は何十年にもわたり、テック業界とポップカルチャーと学界で消えては浮かぶアイデアだった。アップル自身、一九八〇年代には音声でやりとりするＡＩのアイデアを検討していた。

そのさらに祖先として、音声認識システムの「ヒアセイⅡ（HearsayII）」がある。グルーバーに言わせれば、シリの誕生に最も大きな影響を与えた存在だ。

〇〇〇

後に「ヒアセイ」プロジェクトを立ち上げることになるダバーラ・ラジャゴパル・〝ラジ〟・レディは一九三七年、インド・マドラスの南、人口五〇〇人ほどの村に生まれた。当時その地域は七年におよぶ干ばつのせいで食糧難だった。レディは指で砂に字を書いて読み書きを学んだ。大学に進むと授業は英語のみで、現地語から頭を切り替えるのに苦労した。レディはオーストラリアのニューサウスウェールズ大学で修士号を得てＩＢＭで三年間働き、それからスタンフォード大学で博士号を取る。彼は黎明期にあった人工知能、なかでも音声認識の研究に傾倒する。レディは一九九一年、チャールズ・バベッジ研究所のインタビューで次のように話している。

「インド出身の私は、結果的に三、四種類の言葉を学ばねばなりませんでした。語学の勉強は学校で終わりだと思っていたら、実際は人生にずっとついてまわる問題だったのです。だから音声認識を研究しようと思いました」

一九六〇年代後半、レディは同僚と一緒に、人が話しかける言葉を認識するコンピュータ・システムを開発する。五六〇ワードほどを認識し、九二％程度の認識率だったという。資金はＡＲＰＡ（米国防高等研究計画局）から出ていた。ＡＲＰＡは当時スタンフォード大学で行われていたコンピュータの先端的研究の多くに資金を出していた。その後レディはカーネギーメロン大学に移籍し、ＡＲＰＡからさらなる資金援助を受けてヒアセイ・プロジェクトに着手する。これこそ、後にシリとなるもっとも原初の卵細胞であった。ヒアセイⅡは、当時話されていた英語の大半に当たる約一〇〇〇語を正しく解釈できた。

〇〇〇〇

ラジ・レディ率いるカーネギーメロンの研究者たちの論文をグルーバーが偶然目にしたのは、ニューオリンズのロヨラ大学で心理学を学んでいた頃だ。その論文は人工知能の祖先となる音声認識システム――記号推論（シンボリック・リーゾニング）のできる音声認識システムについてのものだった。コンピュータに音声認識させることと、認識した言葉をデータベースにあるデータとマッチングさせるのはまったく別の作業である。レディらの論文は、コンピュータが言葉に対して何か役立つ作業をできるようにするため、言葉をコンピュータ内でどのように表現したらいいかを探る内容だった。そのためには一文をいくつかの部分に分解し、それぞれを理解する必要がある。

記号推論は、人の頭脳が記号を用いて数字や論理的関係性を表現し、簡単な問題から複雑な問題まで解く仕組みを説明する。グルーバーによれば「例えば『私たちは二時に面談の約束をしました』という文章は、知識表現（ＫＲ）の形式で表現できる事実の叙述だ。しかし、これをデータベースの項目として表現するには、この事実のインスタンスだけでできているデータベースを用意しなければならない」。

すなわち、面談の約束となりうるすべての日時を網羅した巨大なデータベースを用意し、コンピュータにそのデータベースの使い方を教え、マッチング・ゲームを行うということだ。「しかしそれでは知識表現にはならない。知識表現とは、〝あなたは人だ。私も人だ。二人はこの時間にこの場所で会う。たぶん、はっきりした目的のために会う〟といったものだ。そして、これこそが知能の基盤になる」

グルーバーは一九八一年にロヨラ大学を最優秀で卒業すると、マサチューセッツ大学アマースト校の大学院に進学し、発話障害者のためにAIを活用する道を探る。最初のプロジェクトは〝発話補助具〟と呼ばれる装置のために、人工知能を使ったインターフェースを開発することだった。このAIは、脳性麻痺などによる発話障害者の発声を分析し、何を言おうとしているのか予測する。「実はこれ、僕が〝意味のオートコンプリート〟と呼んでいるものの前身だった。後にそれをシリに導入するんだ。技術的には進歩しているが、基本概念は同じものだ」

○○○○

全自動の個人用アシスタントは、人類の昔からの夢だった。紀元前八世紀に書かれたホメロスの『イーリアス』には、ギリシャの鍛冶の神ヘーパイストスが作った機械の召使いが登場する。三本足の黄金の車輪で動き回り、神々の宴会で給仕をする。

シリも本質的には〝機械の召使い〟だ。アメリカ人工知能学会の創設メンバー、ブルース・G・ブキャナンが述べたように「AIの歴史は、空想と可能性と実証と約束の積み重ね」である。人類はそのような機械を開発する術をまったく持たなかった時代から、そんな機械ができたらどれほど素晴らしいかと空想を重ねてきた。

ユダヤ人の神話に登場するゴーレムは土塊から生まれ、呼び出した人の護衛や召使いとして働く。メアリー・シェリーのフランケンシュタインはＡＩと死体の組み合わせだ。古代中国の列子が書いた文章には、名工が王様にからくり人形を献上するシーンがある。歌ったり踊ったりできる機械じかけのマネキンだ。

「ロボット」という言葉が初めて登場するのは、カレル・チャペックの一九二一年の戯曲『Ｒ．Ｕ．Ｒ（ロッサム万能ロボット会社）』で、強制労働を意味する〝ロボタ（robota）〟という言葉からチャペックが生み出した造語だ。それ以降ロボットは、人間のために働く、表面上は知性的に見える機械を指す言葉として使われている。『宇宙家族ジェットソン』に登場するロボットメイドのロジーから『スター・ウォーズ』のドロイドまで、ロボットは基本的に「機械の召使い」なのだ。

こうした何百年もの下地があったため、二〇世紀中頃にコンピュータの性能が十分に発達するとすぐ、実際の人工知能の可能性を探る科学的な取り組みが始まった。口火を切ったのは有名なアラン・チューリングの言葉だ。一九五〇年の論文「計算する機械と知性」の中で彼はこう述べている。「〝果たして機械は思考できるか〟という問題を検討しようではないか」――。チューリングはその後の議論の枠組みとなる概念を数多く生み出した。俗にチューリング・テストと呼ばれる手法は、機械が本当に〝知性的〟であるかどうかの判断基準を提案している（機械と会話した人が、相手が機械か人間か判別できない場合、その機械を知性的と考えていい）。コミュニケーション理論の専門家クロード・シャノンは、情報理論の基礎を構築し、ビットの概念や人間がコンピュータと会話するための言語を考案した。一九五六年にはスタンフォード大学のジョン・マッカーシーらが初めて「人工知能」という言葉を使い、新しい研究分野を生み出した。

その後、モニターを通して機械と対話するパーソナルコンピュータが普及するにつれ、古来から空想されてきた召使い型の人工知能は姿を消した。『スター・トレック』のカーク船長が話しかけるのは立方体の形をしたコンピュータだった。『2001年宇宙の旅』に登場するHAL9000は、船内のあらゆる場所に偏在し、乗組員は音声で命令を与えていた。

だがシリはどちらかと言えば古典的な、召使い型のAIアシスタントだとグルーバーは言う。彼が引き合いに出すのはアップルが作成した「ナレッジ・ナビゲーター」のビデオクリップだ。一部のテクノロジー関係者の間では伝説となっているこの映像には、真面目そうな大学教授が登場し、オフィスでタブレット型のAIアシスタントと会話を交わす。このアシスタントは教授に対し、次のスケジュールの内容や同僚が出版した新著について音声で伝える。「つまり一九八七年の映像にも、シリの原型が登場しているんだ」とグルーバー。

○○○○

グルーバーはマサチューセッツ大学アマースト校の大学院を出るとスタンフォード大学に移り、起業と研究に明け暮れた一〇年間を過ごす。そしてシリ（の前身）に出会う。だが、シリの話に進む前に、まず米国防高等研究計画局（DARPA：一九七二年以前はARPA）に話を戻したい。

一九六〇年代、数々のAIプロジェクトや音声認識プロジェクトに資金提供したDARPAはそれから数十年後の二〇〇三年、突然この分野に舞い戻ってきた。非営利研究機関であるSRI

インターナショナルに約二億ドルの資金を提供し、一流の科学者五〇〇人を集めた実質的なAI作成プロジェクトの音頭を取らせたのである。プロジェクトは「CALO」（自動学習・編成型認知アシスタント）と呼ばれた。ある意味不吉な話だが、この通称は「兵士の召使い」を意味するラテン語〝calonis〟をもじったものだった。二〇〇〇年代当時、人工知能はピカピカの研究テーマではなかった。「CALOが始まった頃、多くの人は人工知能なんか研究しても時間の無駄だと思っていました。何度も失敗を繰り返し、懐疑論が広がっていたのです」とスタンフォード大学の未来予測学者ポール・サフォーはハフィントン・ポストに語っている。

米国防総省が突如としてAIに関心を示した理由の一つは、二〇〇三年に始まったイラク戦争の激化にあったかもしれない。実際、CALOが開発した技術のいくつかは米陸軍「未来司令部」のソフトウェア・システムの一部としてイラクで使われている。いずれにせよ、三〇近い大学がそれぞれ最高のAI研究者を送り込み、政府から巨大な研究資金を得たCALOは「あらゆる点で歴史上最大のAIプロジェクトでした」（CALO主任研究員の一人だったデビッド・イスラエル）。

二〇〇八年にプロジェクトが解散すると、チーフ・アーキテクトを務めたアダム・チェイヤーと中心的幹部の一人だったダグ・キトラウスは、CALOプロジェクトの根本的要素の一部を使って起業しようと決める。二人が目指したのは、人々がネットを利用する際に一番よく使う〝検索エンジン〟に取って代わる存在、〝実行エンジン〟の案内役となるAIアシスタントだった。ネット上を検索するだけでなく、例えば指示に従ってあなたのいる場所に自動車をまわしてくれるようなアシスタントだ。ただし、当初は音声インターフェースではなかった。

「最初からAIアシスタントとして、言葉を理解するように作られてはいた。しかし音声認識機能はなかったんだ。キーボードから入力すれば一種の自然言語理解はできた。だが、主眼はスケジュール管理や面会相手に関するファイルの作成といった作業にあった」とグルーバー。「すごいプロジェクトだったが、キーボード入力を前提にしてたんだ」

グルーバーがこの新興企業「シリ社」の二人の創業者に会ったのは、シリ・プロジェクトがまだ初期の試作品の域にある頃だった。すごいアイデアだが、消費者向け製品にする気なら、まともなインターフェースが必要だ、と彼は主張した。こうしてシリの会話型インターフェースが生まれた。効率だけを考えた〝命令―反応〟型ではない。「対話を通してあいまいな部分をなくすアシスタントと言葉のやり取りをする、という考え方だ」

シリ・プロジェクトが始まったのは初代iPhoneが発売された翌年だ。その次の年には音声認識技術が十分に実用的となり、ライセンス供与できる品質になった。同時に、この技術がスマートフォンに向いていることもはっきりしてきた。次にグルーバーたちが取り組んだのは、人々がAIアシスタントにどのように話しかけてくるかを予想する、という難問だった。これまでに存在したことすらない問題だ。

「シリが利用者と会話を続け、時には気の利いたことを言ったりするという仕組みにしたのは、シリが大半のことを知らないという問題の解決策なんだ。知らないことについて聞かれたら、ウエブ検索に頼るか、それとも知っているふりをするか、そのどちらかだ」――要するに時間稼ぎである。例えばシリは、利用者のことを個人的によく知っているかのように話す。そのような幻想を利用者に抱かせるわけだ。だが、シリが利用者との会話経験を積むにつれ、その幻想の必要性は薄れてくる。

もう一つ考える必要があったのは、いかにして利用者とシリの関係性を深め、愛着を抱いてもらうかという問題だった。シリと話をする気になってもらうためだ。そのため、会話の〝コンテンツ〟に力を入れたという。「何でも質問に答えるという機械を手にしたら、みんなは何を聞くだろうかと考えた。人はけっこう〝人生の意味は?〟とか〝結婚してくれる?〟なんて質問もするものだ。私はすごいヤツを一人雇ってね、彼に素晴らしい対話のシナリオを書いてもらったんだ」

その人物はまだアップルで働いているので、グルーバーは実名を教えてくれなかった。だが、あらゆる点からその人物はハリー・サドラー以外ありえないと思われる。彼のリンクトインのプロフィールには「シリ対話デザインチーム担当マネジャー」とある。今や一つのチームでシリの対話シナリオを考えているのだ。

「性別がわからないようなキャラクターにした。それどころか生物種さえもあいまいにした。人間って面白い生き物だなってシリが思っているように見せたかったからね」とグルーバー。また、当初のシリはもっとアクが強く、下品な言葉を連発したり、ユーザーをからかったり、大言壮語するような性格だったという。

一方、シリに声を与えたのはアトランタ郊外に住む六八歳の声優、スーザン・ベネットである。二〇〇五年七月、彼女はスキャンソフトという会社から依頼され、丸一ヶ月かけてありとあらゆる言葉と母音を録音した。退屈で骨の折れる仕事だった。しかもアンドロイドのように単調な口調を保たねばならなかった。「私にとって死ぬほど退屈な仕事でした。シリがたまに不機嫌そうに聞こえるとしたら、そのせいかもしれませんね」とベネットは振り返る。

スキャンソフトはその後社名をニュアンスに変え、アップルに買収される前のシリ社がニュアンスから音声認識システムとシリ用の音声を購入した。ベネットは、自分の声がAIアシスタントに使われることになるなど夢にも思っておらず、二〇一一年に誰かからメールで教えてもらうまで知らなかったそうだ。シリの音声がスーザン・ベネットの声であることは音声分析の専門家によって確認されているが、アップルはそれを事実だとは認めていない。「すごく複雑な気持ちです」とベネットは言う。「(北米の)アップルを代表する声として選ばれたことは誇りに思います。でも私に知らせることなく決めたというのはおかしな話です。なんと言っても、何百何千万台ものデバイスに私の声が使われるんですから」

○○○○

こうしてシリのアプリをアップストアで公開したところ、即座に大ヒットとなり、すぐにアップルから買収の打診が来た。電話をかけてきたのはスティーブ・ジョブズ本人だった。ジョブズが亡くなる前に関わった最後の買収の一つがシリ社だ。買収金額は二億ドルと報道されている。DARPAが五年間のCALOプロジェクトに投入した金額とほぼ同額だ。

iPhoneに搭載されたシリは、当初はユーザーの指示を聞き間違えることが多く評判は悪かったが、アップルは二〇一四年にシリをニューラルネットに繋げて機械学習などの技術を利用できるようにし、性能はゆっくりと向上していった。

グルーバーは今後、シリをどのようにしたいと考えているのか。

「まず、ユーザーともっと自然に話せるようにしたい。会話だけで話が済み、GUIなんて複雑なインターフェースを過去のものにしてしまうようにしたい。いわば〝GUIバスター〟にしたい。例えばユーザーが『家に帰ったら母さんに電話するよう知らせてくれ』と言うだけで、帰宅したらシリが『お知らせがあります。ここをクリックしてお母様に電話をかけてください』と教えてくれる仕組みだ。技術的にはもう可能だ。自宅の住所が入力してあれば、シリはGPSでユーザーが帰宅したとわかるし、誰がユーザーの母親かもその電話番号もシリは知ることができる」

いずれシリはもっとプライベートなユーザーの個人情報にもアクセスできるようになるだろう。シリやその他のAIが、こうした個人情報を悪用する恐れはないのか？　そもそも、シリの父とも言うべきグルーバーは、こうしたAIの進化をまったく不安に思わないのだろうか？

「私は汎用人工知能を恐れてはいない」とグルーバー。「いずれ実現するだろうし、それはいいことだ。汎用人工知能を怖がるのは核技術を怖がるのと同じだよ。自分たちの知識の限界を理解して核を利用する限りは、おそらくそれを安全に使えるはずだ」

だが、イーロン・マスクやスティーブン・ホーキングといった人々は、AIの進化があまりにも急速なので人間に管理できなくなる危険性を訴えている。人類滅亡の危険さえあると――。

「議論すればいい」とグルーバーは言う。「地球を滅ぼしかねない危険性がある技術をどのように扱うべきか、それを議論する段階に来ているということだ。我々の核技術の扱い方はなってい

○○○○

ないし、大いに改善の余地はあるが、それでも人類は冷戦を乗り越え、まだ核に滅ぼされてはいない」

そもそもシリはまだ汎用人工知能ではないので恐れる必要はない、とグルーバー。単なる〝聡明なインターフェース〟に過ぎない点が最大の問題である、と。

最後に私は一番の難問を聞いてみた。グルーバーは一日に二〇~三〇回はシリを使うという。そのシリがグルーバーについて知っている知識は、グルーバーがシリについて知っている知識を上回っているのだろうか？ それともまだグルーバーのほうがシリについてよく知っているのだろうか？

「面白い質問だね。残念ながら我々の技術はまだ、シリが私について知るよりも、私がシリについてより多くを知っている段階にある。でも遠からずそれを逆転させたいと思っている」

第11章

ハッカーやFBIからｉＰｈｏｎｅを守る

セキュアエンクレーブ

A Secure Enclave　What happens when the black mirror gets hacked

北米最大のハッカー会議「デフコン（ＤｅｆＣｏｎ）」の会場に足を踏み入れて三〇分後、私のｉＰｈｏｎｅはハッキングされた。

もしデフコンに参加するなら、何よりも大事なのは、自分の持つすべてのデバイスでＷｉＦｉとブルートゥースをオフにすることである。私はどちらもオンにしたままだった。すぐに、私のｉＰｈｏｎｅは私のしらぬ間に公衆ＷｉＦｉネットワークに接続したのだ。

グーグル検索をしようとした私は、サファリの様子がおかしいと気づいた。検索結果を表示せず、途中の画面で固まってしまう。まったく違うページを読み込んでいるかのように見えた。

デフコン会場でハッキングされると、いい点もある。周囲には情報セキュリティのプロが何千人もいるからだ。彼らのほとんどは、どんなふうにしてあなたが〝乗っ取られた〟のかを正確に教えてくれるだろう。嬉しそうに、そして雄弁に。

「たぶん〝ＷｉＦｉパイナップル〟にやられたんだね」とロニー・トカゾウスキーがビュッフェ

で教えてくれた。彼はウェストバージニア州のサイバーセキュリティ企業フィッシュミーのセキュリティ・エンジニアだ。その場には他に三人いた。ベテラン・ハッカーで奇術師のテリー・ノウルズ、そしてミネソタからやってきた親子。父親は歯医者で息子はデフコンに夢中だった。

トカゾウスキーがハッキング装置〝ＷｉＦｉパイナップル〟の仕組みを解説してくれた。「どこかの携帯電話が〝アクセスポイント探索中〟という信号を出していれば、本物のＷｉＦｉアクセスポイントが〝ここから接続できますよ〟と返事をする前に、パイナップルが〝はい、ここから接続できるよ。どうぞ！〟って返事をする。パイナップルに接続してしまうと、やつらは君の接続を自由に操って別の場所に再接続させてしまう。データ通信の内容を読みとって、パスワードをのぞき見することもできる」

「つまり、僕が携帯でやっていることは全部やつらに見られるわけか？」と私。

「そうだ」

「僕の携帯の中身を書き換えることもできる？」

「携帯に攻撃をしかけることもできなくはないが、パイナップルは主に通信データをのぞき見るためのものだ」

例えば私がフェイスブックやネット銀行へ接続しようとすると、ハッカーはいわゆる〝中間者攻撃〟（二者間のデータ通信に割り込み、密かに改ざんや盗聴を行う行為）によってデータを盗める。「だから今はいっさいＷｉＦｉに接続しないほうがいい」とトカゾウスキー。

なるほど。で、この〝ＷｉＦｉパイナップル〟に出会うリスクはどれくらいあるのか？

トカゾウスキーによれば、装置は一〇〇ドルから一二〇ドルくらいで買えるという。極めてありふれた装置で、「デフコン会場の周辺には山ほどあるだろう」

デフコンはハッカーのイベントとして知名度も規模も世界最大級だ。年に一度ラスベガスで開催され、二万人のハッカーが集まる。この分野の権威が講演し、ハッカー仲間の近況をうわさし、最新システムの弱点や脆弱性について情報交換する。世界中のiPhone利用者にも無関係な話ではない。主にスマホ経由でインターネットを利用し、プライベートな情報まで入力する人が増えるにつれ、ハッカーやアカウント乗っ取り犯、ストーカー化した元恋人などがスマホを狙うケースが増えているからだ。

デフコンの姉妹会議に「ブラックハット」がある。規模は小さめだが企業向けの情報セキュリティ会議として名高い。同会議は先日、アップルのセキュリティ・エンジニアリングおよびアーキテクチャの責任者イワン・クルスティッチが登壇すると発表して世間を驚かせた。アップルのセキュリティ担当者がiOSのセキュリティについて公の場で語ることはめったにない。

〇〇〇

二〇一五年二月、サンベルナルディーノの福祉施設で、イスラム過激派組織ISISへの共鳴を訴えるサイード・ファルークとタシュフィーン・マリクの夫婦が銃を乱射し、一四人が殺されて二二人が重傷を負った。二〇〇一年九月一一日の同時多発テロ以来、米国内で最悪のテロ事件とされる。FBIは捜査の過程でファルークのiPhone5cを見つけたが、彼の設定したパスコードを破れなかった。

ｉＰｈｏｎｅは利用者に四桁から六桁のパスコードを設定するよう求める。もし間違ったコードを入力すると、八ミリ秒（千分の八秒）だけ利用者を待たせた後で、もう一度パスコードの入力を求める。間違ったパスコードを入力するたびに待ち時間は長くなり、いずれは完全にロックされる。

ハッカーがこれを破るには主に二つの方法がある。一つ目はソーシャル・エンジニアリングを使う方法、すなわちパスコードを推測するのに十分な証拠を見つける（もしくは〝盗み見る〟）という手だ。二つ目は〝総当たり作戦〟、すなわち正解が見つかるまですべての組み合わせを一つずつ順番に試すという手だ。ハッカーや捜査機関は効率的に総当たりを行うため高度な特殊ソフトを利用するが、それでも果てしない時間がかかる。ＦＢＩはファルークのｉＰｈｏｎｅを見つけたものの、本人は現場で射殺されたため、総当たりでパスコードを見つける必要があった。

ところがｉＰｈｏｎｅは総当たり作戦に負けないよう設計されている。新型モデルでは、パスコードを一〇回連続で間違えると、暗号解除キーが自動的に削除されるのだ。そこでＦＢＩは別の手段を考えねばならなかった。最初はＮＳＡ（国家安全保障局）にこのｉＰｈｏｎｅのセキュリティを破るよう依頼したが、ＮＳＡには破れなかった。そこで今度はアップルにロックを解除するよう要求した。アップルはこれを断り、最後には自社の率直な意見を世間に表明する。要するに〝ロックを解除したくても我々にはできません。そもそも、そんなことをする気もありません〟と。

アップルは、利用者のセキュリティとプライバシーを最優先するようにｉＰｈｏｎｅのハードとソフトを設計したと主張しており、サイバーセキュリティの専門家の多くも、市販デバイスのなかでｉＰｈｏｎｅが最もセキュリティが固いと認めている。その理由の一つは、アップルでさえ利用者個人のパスコードを知らないからだ。それは個々のｉＰｈｏｎｅの内部、「セキュアエンクレーブ（安全な隔離地帯）」と呼ばれる領域に格納され、それぞれのｉＰｈｏｎｅに固有のＩＤナンバーと結びつけられている。

この仕組みは利用者のセキュリティを極めて強固にすると同時に、連邦政府機関に屈しないための予防措置にもなっている。ＦＢＩやＮＳＡといった機関はテック企業に対し、それぞれの製品に〝バックドア〟（裏口：利用者のデータをこっそりと盗み見る手段）を仕込むよう圧力をかけるからだ。元ＮＳＡ職員で内部告発者のエドワード・スノーデンが暴露した内部文書によれば、ＮＳＡは主要なテック企業に対して、利用者データへのアクセスを要求できる「プリズム」のような制度に加わるよう圧力をかけていた。この内部文書はさらに、二〇一二年の時点でアップル（だけでなくグーグル、マイクロソフト、フェイスブック、ヤフー、その他のテック企業）がプリズムに参加していたことを示していた。ただしアップルはそれを否定している。

このため、ＦＢＩがファルークのｉＰｈｏｎｅのロック解除をアップルに要請した時、アップルにはパスコードをＦＢＩに教えようがなかった。ところが、である。間違ったパスコードを入力するたびに次の入力までの待ち時間が増える仕組みは、ｉＯＳの一部をなすプログラムだ。そこでＦＢＩはおそらく前代未聞のとんでもない要求をしてきた。アップルに対し、同社の看板商品であるｉＰｈｏｎｅのＯＳをハッキングしろと要求したのだ。ＦＢＩが取得した裁判所命令は、要するに〝総当たり作戦〟でパスコードを解除できるようなｉＯＳの特別バージョン（セキュリティの専門家は後にこれをＦＢｉＯＳと呼ぶ）を作成し、それをファルークのｉＰｈｏｎｅに上書きするようアップルに求めたのである。

アップルはこれを拒否した。筋の通らない無理難題であり、受け入れれば危険な先例になるだろう、というのがその言い分だ。ＦＢＩは納得しなかった。アップルは自社製品のためにいつもプログラムを書いているのだから、どうしてテロリストの携帯電話をアンロックするために少々の協力ができないのか、というのが彼らの言い分だった。

両者の対立を世界中のマスコミが大々的に報じた。タカ派の世論はアップルを批判したが、セキュリティの専門家や市民的自由の旗手らは、大衆の意見に迎合せずに顧客を守ろうとするアップルの姿勢を褒め称えた。

いずれにせよこの出来事は、スマホでいろいろなことが行われるようになった今の社会に対して、多くの切迫した問題を提起した。我々のデバイスにはどれほどのセキュリティが必要なのか。利用者本人以外には誰にもアンロックできないようにすべきなのか。政府が個人のプライベートなデータにアクセスすることが正当化される状況はあるだろうか。例えばその個人が大量殺人犯だったら正当化されるのだろうか。これは極端なケースだが、当局はそこまで物騒でない場合でも正当化される事例を作ろうとしている。例えばＮＳＡは定期的に携帯電話のメタデータを監視しているし、警察はスマホをいじりながら運転するドライバーを見つけた時、そのスマホを警察がアンロックできる仕組みを提案している。

この問題は現代ならではの矛盾をはらんでいる。私たちはかつてないほど多くの個人情報をソーシャルネットワークやメッセージアプリで送信し、自分のスマホにいかなるデバイスより多くの個人情報――位置データ、指紋、支払い情報、プライベートな写真やファイル――を収集させている。それなのに我々は、何世代も前の人々と同じかそれ以上にしっかりとプライバシーが守られることを期待している。だからこそアップルは、銀行口座やパスワードといったハッカーが一番欲しがる情報を守るため、セキュアエンクレーブを開発したのだ。

「我々は、利用者の秘密がいつ、いかなる時にもアップルからは見られないようにしておきたいのです」――アップルのセキュリティ担当者イワン・クルスティッチは、ラスベガスのマンダレイ・ベイ・カジノを埋め尽くした聴衆の前でそう語った。「（セキュアエンクレーブは）利用者の決めたパスコードを強力に暗号化したマスターキーによって守られています。オフライン攻撃は不可能です」

ではいったい、セキュアエンクレーブとは実際に何をしているのか。

アップルのハードウェア・エンジニアリング担当の上級副社長ダン・リッチオは、A7チップを初めて世間に発表した際に次のように語っている。

「指紋情報はすべて暗号化され、この新しいA7チップのセキュアエンクレーブに格納されます。ここは他のすべてから隔離された領域で、唯一ここにアクセスできるのはタッチIDセンサーのみです。他のソフトウェアは決してこの領域にアクセスできません。また、（このデータが）アップル社のサーバに保存されたり、アイクラウドにバックアップされたりすることも絶対にありません」

要するにセキュアエンクレーブとは、アップルのサーバを一切介さずに暗号化とプライバシーを処理するためだけにｉＰｈｏｎｅに埋め込まれた、二台目の補助コンピュータのようなものだ。そしてこの補助コンピュータとｉＰｈｏｎｅがデータ交換をするやり方は、たとえアップルだろうが政府だろうが、利用者の最重要データが誰からもアクセスできないような仕組みなのだ。

○○○○

ｉＰｈｏｎｅのロック解除をめぐるＦＢＩとアップルの騒動は、結果的にサイバーセキュリティに関する世間の関心を高めた。だが、そもそもハッカーたちはｉＰｈｏｎｅが発売されたその日からシステムを不正に改ざんしてきた。今やほとんどの電子機器は、ハッキングを考慮せずに形状や使い方を決めることはできない。ハッキングには長い歴史と、高邁と言えなくもない伝統がある。人類が電気を利用して情報を発信し始めた時からハッキングは存在していたのだ。

最初期の、そして最も面白い歴史的ハッキングの一つは一九〇三年に起きた。イタリアの発明家グリエルモ・マルコーニ（後に無線通信の研究でノーベル物理学賞受賞）は、自分で発明した無線通信システムの公開実験を企画し、世間に大見得を切った。このシステムは盗聴の危険なしに、長距離からモールス信号を送信できると――。機材を特定の周波数に合わせることで、あらかじめ決められた受け手しかメッセージを受信できないというのだ。

公開実験のため、マルコーニの仲間だったジョン・アンブローズ・フレミング卿が英国王立研究所の講堂に受信機を設置した。マルコーニは三〇〇マイル（約四八三キロ）離れたコーンウォール州ポールデューの丘の上からメッセージを送信することになっている。実験開始の時間が近づくと、一風変わってリズミカルなトントンという音が聞こえてきた。誰かがモールス信号で王立研究所の講堂に向けて発信しているのだ。この発信者は、最初に〝Rats〟(「嘘つきども」の意)という言葉を何度も繰り返した。続いて送信されてきたメッセージは「イタリアから来た若いヤツ、みんなを見事に騙してる」――マルコーニとフレミングはハッキングされたのである。

後にネヴィル・マスケリンという奇術師が、自分のしわざだと名乗り出た。地上波ネットワークを持つイースタン・テレグラフ・カンパニーが彼を雇ったのだ。同社は安価なメッセージ送信手段が発明されると巨額の損失をこうむる立場にあった。マスケリンは公開実験で使われる通信経路の近くに高さ五〇メートル弱のラジオ塔を建て、ハッキングに成功した。マルコーニの無線通信システムは、要するに今のラジオ局が不特定多数に向けて放送するのと同じ仕組みだ。決まった周波数に合わせれば誰でも聴ける。盗聴不可能どころではなかったのである。王立研究所の講堂に詰めかけた人々は、新技術に安全上の大きな欠陥があることを知った。

現在のように一種の「テクノカルチャー」としてハッキングが広まるきっかけとなったのは、おそらく一九六〇年代に登場したフォン・フリーク(電話を改造してタダで通話する人々)だろう。当時、AT&Tのコンピュータによる電話交換システムは、決まった周波数の音を長距離電話の合図として使っていた。この音を模倣すれば、長距離電話システムに接続できたのだ。最初のフォン・フリークの一人は、絶対音感を持つ七歳の盲目の少年ジョー・エングレシア(後にジョイバブルズと改名)だ。彼は、自宅の電話で受話器に向けて特定の音程で口笛を吹くと、タダで長距離電話システムに接続できることに気づいた。

もう一人の伝説的ハッカー、ジョン・ドレイパーは、シリアル食品「キャプテン・クランチ」のオマケについてくるおもちゃの笛で長距離電話システムに接続できると気づいた。ドレイパーは後に「キャプテン・クランチ」の名で知られるようになる。彼は電気的にこの笛と同じ音を出す装置〝ブルーボックス〟を作りだし、これを若きスティーブ・ウォズニアックとその友人スティーブ・ジョブズに見せた。若き二人が〝ブルーボックス〟で一儲けしたエピソードは有名である。

大企業の消費者向けテクノロジーを個人でハッキングし、自分の好きなように改造してしまうという文化は、そうした消費者向けテクノロジーが生まれると同時に発生する。ｉＰｈｏｎｅも例外ではない。実際、ｉＰｈｏｎｅがその最も素晴らしい特徴であるアップストアの採用に踏み切った一因はハッカーたちにあった。

○○○○

初代ｉＰｈｏｎｅはＡＴ＆Ｔの契約者でないと使えず、低スペックの４Ｇモデルでさえ四九九ドルと値の張る製品だった。世界中のアップル・ファンが欲しがったが、米国在住で、しかもＡＴ＆Ｔと契約する意志がない限りは使えなかった。だが、その状況はニュージャージーに住む一七歳のハッカー少年がわずか数週間で変えてしまった。

「やあ、みなさん。僕の名はジオホット。そしてこれは、世界初のアンロックされたｉＰｈｏｎｅだ」――ジオホットことジョージ・ホッツが二〇〇七年七月にユーチューブに投稿した動画は、その後二〇〇万回以上視聴された。ホッツはｉＰｈｏｎｅをＡＴ＆Ｔの縛りから解き放つことに熱中するハッカーたちとオンラインで協力し、累計五〇〇時間をかけてiPhoneの弱点を探り、ついにその方法を発見したのだ。彼はメガネ用ねじ回しとギターピックでiPhoneの裏蓋を開き、接続をAT&Tのネットワークに固定しているベースバンド・プロセッサを見つけた。そのチップにハンダで電線を繋いで電圧をかけて無効にし、そして自分のパソコンでプログラムを書き、このiPhoneがどのキャリアでも通信できるように改造したのである。

ホッツの動画には、TモバイルのSIMカードを入れたiPhoneで電話をかける様子が映っていた。ある金持ちの起業家は、このアンロック済みのiPhoneをスポーツカーと交換でホッツから入手した。アップルの株価は急騰し、アナリストたちはその理由をAT&Tに縛られないでiPhoneを使えると人々が知ったせいだとした。

一方、ベテラン・ハッカーたちが結成した〝iPhone Dev Team（アイフォン開発チーム、以下「デヴ・チーム」）〟と名乗るハッカー集団は、「ウォールド・ガーデン（壁に囲まれた庭）」――自社製のソフトウェアしか使えないよう利用者を囲い込む仕組み――の囲いを破ろうとしていた。「攻撃緩和策（EM）がとられていない脆弱性がたくさんありました。極めて重要な機能に多くのバグが放置されていたのです」と指摘するのは、フェイスブックやDARPAなどにアドバイスするサイバーセキュリティ企業トレイル・オブ・ビッツの共同創業者でサイバーセキュリティの専門家ダン・グイドだ。だがそれはある意味当然だった。アップルは未開の荒野を切り開いたのであり、そこに落とし穴があるのは当然の話だ。

その一つがTIFF画像だった。TIFFは大きなサイズの画像に使われるファイル形式だ。

そのTIFFが使われているウェブページをiPhoneで見ようとすると、ブラウザのサファリがクラッシュすることがあった。構文解析プログラムにバグがあったからだ。これを利用すればiPhoneのOS全体を乗っ取ることが可能になる。

ハッカーたちはこうした脆弱性を見つけると即座にiPhoneのシステムを乗っ取り、本来は内蔵されていない呼び出し音で鳴るiPhoneの映像をアップロードするなどして証拠を示し、他のハッカーのために乗っ取りのやり方も公開したものだ。「デヴ・チーム」のメンバーで〝planetbeing〟と名乗っていたデイビッド・ワンが公開した初代iPhoneをジェイルブレイクする方法は、七六もの手順が必要だった。こうしてiPhoneのセキュリティシステムを破り、あたかも自分のパソコンのように自由に使う「ジェイルブレイク」という言葉はすっかり有名になった。

○○○○

当初アップルはジェイルブレイクを黙殺していたが、その動きが次第に大きな流れとなってくるのを見て、ついに声明を出した。二〇〇七年九月二四日のことだ。

「iPhoneをアンロックするための非公認のプログラムがインターネットから入手できますが、我々の調査によれば、こうしたプログラムの多くは利用者のiPhoneに修復不可能なダメージを与えます。非公認プログラムで改造されたiPhoneは、将来アップルが提供するiPhone用ソフトウェアのアップデートを行うと、その後いっさい動かなくなる見込みが高いからです」

アップルがジェイルブレイクを懸念するのにはまっとうな理由があった。ジェイルブレイク用プログラムは、他者のiＰｈｏｎｅに不正侵入する攻撃用ツールに簡単に改造できるからだ。「誰もそうしなかったのは本当に幸運でした」（サイバーセキュリティの専門家ダン・グイド）。ジェイルブレイクを主導したハッカーの大半は、ただ純粋に高性能なデバイスの能力を極限まで引き出したかっただけであり、他人のiＰｈｏｎｅをハッキングする人はまれだった（アップルストアの展示用iＰｈｏｎｅをジェイルブレイクしたのは例外だが、あれは簡単にもとに戻せるイタズラだった）。

人々はアップルの警告に耳を貸さなかった。アップルはＴＩＦＦに関するバグを修正したが、「デヴ・チーム」や他のハッカーは次々と新たな脆弱性を見つけ、別のジェイルブレイクのやり方を公開した。新しい方法が発見されるたび、発見者の名前も公開され、名声が高まった。アップルも次々とバグを修正してはジェイルブレイクの穴をふさいだ。マスコミ向けイベントでジェイルブレイクに関する質問を受けたスティーブ・ジョブズは「猫とネズミの追いかけっこのようなものだ。どっちが猫でどっちがネズミかよくわからないけどね。必ず誰かが侵入しようとする。そうはさせまいとするのが我々の仕事だ」と答えている。

ジェイルブレイクのコミュニティは次第に人数も増え、威信も高まってきた。「デヴ・チーム」はiＰｈｏｎｅのＯＳをリバースエンジニアリングし、第三者製のアプリが動くようにした。ハッカー・デベロッパーたちはゲームや音声アプリ、iＰｈｏｎｅのインターフェースを変更するアプリなどを作成した。初代iＰｈｏｎｅでは利用者がカスタマイズできることはほとんどなく、壁紙さえ使えなかった。アプリのアイコンはただ真っ暗な画面に浮かんでいたのである。フォント、アイコンの配置、アニメーション効果などはすべて変更不能だった。そのようなｉＰｈｏｎｅを、スティーブ・ジョブズのアイドルであるアラン・ケイがかつて夢想した、創造性を刺激する〝知識の加工装置〟に近いデバイスへと変えたのはハッカーたちだったのである。

「デヴ・チーム」の一人ジェイ・フリーマン（通称〝saurik〟）は、公式アップストアが登場する前の二〇〇八年二月、要するに〝ジェイルブレイクされたｉＰｈｏｎｅ用のアップストア〟とも言えるソフトウェア「シディア（Cydia）」を立ち上げた。これを使えば第三者製のゲームやアプリがダウンロードできるだけでなく、画面レイアウトの変更といった小さな修正から、ＡＴ＆Ｔ以外のキャリアで電話をかけたりデータ・ストレージを自由に改ざんしたりするなどｉＰｈｏｎｅを劇的に変えるソフトもダウンロードできた。

ジェイルブレイクや「シディア」が大きな人気を集めたことは、少なくとも「新しいアプリを使いたい」という利用者の要求をはっきりと突き付けており、さらに言えば「ｉＰｈｏｎｅをもっと自由にコントロールしたい」という要求さえ読み取れなくもない。だが、アップルはジェイルブレイクを法律違反だと宣言した（ただし実際に訴えたことは一度もない）。これに対し、インターネット上の自由を守ろうとする非営利団体「電子フロンティア財団」は、ジェイルブレイク行為をデジタルミレニアム著作権法の例外とすべきだとロビー活動を行い、米連邦控訴裁判所はこれを認めた。コロンビア大学の法律学者ティム・ウーの次のセリフは有名である。「アップルのスーパーフォンをジェイルブレイクするのは合法であり、倫理的にも問題なく、しかも純粋に楽しい」

シディアを立ち上げたフリーマンは、ジェイルブレイクをイデオロギー的に不可欠の行為だと考えている。「核心にあるのは、大企業支配に対する戦いなんです」と二〇一一年にワシントンポストに語っている。「シディアが面白いのは、これが一種の草の根運動だからです。浮き世から離れて象牙の塔にいるアップルは、iPhone経験を自社でコントロールしたい。しかし人々はiPhone経験を自分の手に取り返せるからこそ、ジェイルブレイクに手を出すのです」――フリーマンによれば、二〇一一年のシディアの利用者は週に四五〇万人にのぼり、年間二五万ドルの売上げになったという。

デヴ・チームのようなジェイルブレイカーにとって、お金は大きな問題だった。活動資金は主にペイパルを通した寄付とハッカー活動以外の仕事に頼っていた、とデイビッド・ワンは証言する。そのうち公式アップストアが立ち上がると、ジェイルブレイクへの人々の関心は少し薄れ、またアップルがジェイルブレイク防止活動を熱心に続けたせいもあり、デヴ・チームの活動は次第に停滞するようになっていった。

加えて、権力に対抗するアングラ活動にはありがちな話だが、予想外の展開もあった。デヴ・チームの中核メンバーの一人がアップルの社員だと判明したのだ。リバースエンジニアリングに精通した通称〝ブッシング〟というハッカーがまさかアップルの社員だったとは、デヴ・チームの誰一人想像もしていなかった。〝ブッシング〟の正体は。二〇〇六年にシニア・エンベデッド(組み込み)・セキュリティ・エンジニアとして採用されたベン・バイヤーである。少なくとも彼がウェブ上に残した数々の痕跡からはそう読み取れる。「当時は誰もそうだとは知りませんでした。彼は後になって本当の正体を我々に告白したのです」とワンが振り返る。ブッシングはその後もハッカーの世界で並外れた業績を残すが、残念なことに二〇一六年に三六歳で亡くなる。友人や仲間によると自然死だったという。

○○○○

ジェイルブレイクは、かつてのように人々の注目を集める刺激的な行為ではなくなった。とはいえ、その影響は今でも残る。現在はビジネスインサイダーの記者であるアレックス・ヒースは二〇一一年、「アップルがジェイルブレイカーのマネをしたのがもっとも明白な例は〝通知センター〟の導入である」と書いている。利用者に新着情報の概略を一目で伝える画面のことだ。iOSは長いこと新しい通知手段を必死に探していたが、一方ジェイルブレイクの世界ではシディアを通して正式なiOSにはない通知手段がずっと前から提供されていた、とヒースは指摘する。彼によれば、アップルはシディアの通知アプリを開発した担当者をわざわざ雇い、公式な通知システムの開発を手伝わせたという。確かに二つのシステムは見た目が似通っている。

だが、おそらく何よりも大きなジェイルブレイカーの遺産は、アップストアへの巨大なニーズがあること、そしてそのようなプラットフォームがあれば人々はすごいことができるという証拠を示した点にあるだろう。ジェイルブレイカーたちは不正なイノベーションを通して、iPhoneが活気と多様性に満ちたエコシステムになれると示した。ただ電話をかけ、ネットサーフィンをし、生産性向上に貢献するだけでなく、それ以上のことができると示した。そのようなプラットフォームがあれば、開発者たちはどんな苦労もいとわずに喜んでそこに参加することを、理屈ではなく現実のモデルで示したのである。

したがって、スティーブ・ジョブズが二〇〇八年に公式アップストアを立ち上げ、本物の〝iPhone開発者チーム〟だけでなく外部デベロッパーへもアプリ開発を開放すると決断した背景には、ハッカーの「デヴ・チーム」による貢献が多少なりともあったと言えるはずだ。中核メンバーだったワンは「僕たちが大きな役割を果たしたなどと自信過剰に考えたくはない。僕たちが活動する前にアップルがどれだけ（アップストアの）計画をしていたかは知りようがないのだから」と話す。確かにそうだが、デヴ・チームの飽くなきジェイルブレイクがどれほどアップストア実現の後押しになったのかも知りようはない。「少しは貢献したと思いたい」とワンは言う。

○○○○

ジェイルブレイク活動のもう一つの遺産は、アップルをして改めてセキュリティ問題に本気で取り組ませたことだ。「利用者をセキュリティ問題で悩ませるべきではありません」とサイバーセキュリティの専門家ダン・グイドは言う。「その点アップルは極めて巧みに、私が〝セキュリティ・パターナリズム（家父長的安全対策）〟と名付けた対策を実現しています。安全を守る父親として子供たち（利用者）に危険なことをやらせません。それが子供たちの利益になるのです」

――なるほど、アップルのやり方は確かにそうだ。

「このセキュリティ・パターナリズムの結果、利用者は自分のデバイスがどれほど安全かを知ることができません」とグイドは続ける。「国のトップが何人もiPhoneを持ち歩いています。そして一〇億台も売れたデバイスですから、相当いじくりまわされているはずです。それなのに、ジェイルブレイクしていないiPhoneへの攻撃はあまり起きていません」

皮肉なことに、iPhoneがセキュリティ攻撃の最大の標的になっていない一因はアンドロイド携帯の台頭にある。世界のモバイルOSのシェアは八〇%ほどをアンドロイドが占めているため、費用対効果の最大化を考えるハッカーは、iPhoneでなくアンドロイドを狙うのだ。また、アップストアに掲載するアプリの審査を厳格に行うアップルの姿勢もハッカーを遠ざけている。こうしたことから現在iPhoneのセキュリティは非常に良い状態にある。

とはいえ、完璧ではない。いくつか有名なハッキング事例がある。例えばセキュリティ研究者のチャーリー・ミラーはこっそりマルウェアを仕込んだアプリを開発し、これがアップルの承認を得てアップストアで公開できたことを公表した。ミシガン大学教授のアニル・ジャインは五〇〇ドルで作った装置でiPhoneの指紋認証センサーをだますのに成功した。セキュリティ企業のゼロディウムは、iPhoneに対するゼロデイ攻撃（デバイス開発者――この場合はアップル――さえまだ知らない脆弱性を突く攻撃）を成功させたら懸賞金一〇〇万ドルを支払うと公言しており、実際に二〇一五年にこの懸賞金を支払っている。二〇一六年にはトロント大学の研究機関シチズン・ラボが、「トライデント」と呼ばれる極めて巧妙なマルウエアがUAEの人権活動家のiPhoneに仕掛けられたと公表した。同ラボによれば、このマルウェアを開発したイスラエル企業は最高五〇〇万ドルもするスパイウェアを販売しているとみられ、おそらく買い手は独裁国の政府だろうとしている。

ほとんどの利用者は、この種のハッキング被害にあう恐れは低いだろう。大きな流れを見ると、なんでもこなす汎用コンピュータの利用は減り、人々は目的ごとに異なるデバイス（キンドル、i

Pad、クロームブック、iPhone、アップルTVなど）を使うようになってきている。これがセキュリティ面では大きなプラスになる、とグイドは指摘する。単一機能のデバイスにマルウェアを仕込むのは汎用コンピュータと比べてはるかに困難だからだ。

ただしWiFi攻撃だけは不思議なことにいつまでも生き残っている。最先端で人目を引くハッキングではないため、誰も本気で解決する気にならないようだ、とグイドは言う。このため公衆WiFiに接続している最中は、決して大事なデータを入力してはならない。そして信頼できると思える公衆WiFiにだけログインすべきだ。また、スマホのOSは最新のものにアップデートしておくことが重要だ。

○○○○

大きな流れは変わりつつある──グイドが指摘するように、今後iPhoneへのハッキングは、小遣い稼ぎや栄誉を目的とする在野のハッカーでなく、政府機関や大金で仕事を請け負うセキュリティ企業が主役となってくるだろう。FBIがテロ対策のためにスマホにバックドアを設けろと要求した時、セキュリティの専門家は批判的だった。だが、それとは別のケースもある。アップルはかつて、生後一六ヶ月の赤ん坊に性的虐待をしていた二人の人物を有罪にするため、捜査当局に協力してiPhoneをアンロックしたことがある。この場合、アップルが捜査機関に協力したことは人々の賛同を得るだろう（アップルは捜査当局の要請に応じて七〇台を超えるiPhoneをアンロックしたとされるが、その大半はセキュアエンクレーブが導入される前の話である）。確かに、今後も捜査機関がiPhoneにアクセスできるなんらかの仕組みは必要かもしれない。だが、アップルでさえアンロックできないセキュアエンクレーブの時代に、どのようにその仕組みを構築すればいいのか、答えはまだない。

アップルにとってセキュリティは今後のビジネスに関わる問題でもある。アップルペイやＩｏＴアプリ、ヘルスキットなどを売り込んでいくには、利用者に自分のデータが安全に守られると信頼してもらう必要がある。利用者の立場から見れば、アップルの方針はウィン・ウィンの関係をもたらす。拍手喝采は得られないかもしれないが、アップルのメッセージは明快だ。ｉＰｈｏｎｅよりも安全な携帯電話はありません。あなたのｉＰｈｏｎｅを守るために我々は連邦政府機関が相手でも戦います。仮にあなたがテロリストだとしても、あなたのデータは安全です――。

そこらへんの事情をもう少し知りたいと思った私は、アップルでセキュリティ問題の指揮を執るイワン・クルスティッチの講演の後、彼と話すべく舞台裏へと向かった。数人に取り囲まれていたクルスティッチに私は質問を投げかけた。スマホの普及が進むなか、変わりつつあるサイバーセキュリティの現状をどう見ているのかと。

「そうですね、変わりつつある現状の一つは――」

突然、一人の男性が割り込んできた。「おっと、広報担当者の出番ですね」――男性はそう言うと私の手に名刺を押しつけ、クルスティッチを連れて行ってしまった。

アップルが同社の「セキュアエンクレーブ」を守ろうとするのは当然だろう。

第12章

メイド・イン・チャイナ

地球上で最も儲かる製品の組み立てコスト

Designed in California, Made in China *The cost of assembling the planet's most profitable product*

灰色の社員寮と風雨で色あせた倉庫がえんえんと続く工場地区が、巨大都市「深圳(シンセン)」の郊外に無秩序に溶け込んでいく――。フォックスコンの巨大な龍華(ロンホア)工場は、アップル製品の主要な製造拠点の一つである。世界でもっとも有名な工場かもしれない。そして、世界でもっとも秘密主義で固く閉ざされた工場と言えるかもしれない。すべての出入り口には警備員が配置されている。従業員といえどもＩＤカードをかざさなければ中には入れない。荷物を運びこむトラックの運転手は、指紋センサーの認証を受けないと通れない。以前、工場の塀の外に停めた車から写真を撮っていたロイターの記者が、警備員に車から引きずり出されて暴行を受けたこともある。工場の外には次のような警告文が張り出されてる。

「この工場地区は国家の承認を受けて法律に基づき設置されている。立ち入りは禁止されており、許可なき侵入者は警察に引き渡して法の裁きを受けてもらう」――中国軍の軍事施設で見かける警告文より恐ろしい文言だ。

だが実は、この悪名高き工場の心臓部に忍び込む方法があった。トイレを使うのだ。最初は私も信じられなかった。運命のいたずらと賢い協力者の粘り強さのおかげで、気がつけば私はいわゆる〝フォックスコン・シティ〟のど真ん中にいた。

○○○

手元のｉＰｈｏｎｅの背面には次のような一文が印刷されている。

「カリフォルニアでアップルが設計、中国にて組み立て（DESIGNED IN CALIFORNIA BY APPLE, ASSEMBLED IN CHINA）」――。米国の法律は、中国で製造された製品には必ずその旨を明記するよう定めている。これをアップルは独特の表現で記載しているわけだが、この一文は地球上でもっとも仮借のない経済格差の一側面を見事に説明している。すなわち、〝最先端のテクノロジーを考案・設計するのはシリコンバレーだが、それを組み立てるのは中国の労働者〟というわけだ。

ｉＰｈｏｎｅの構成部品を作る工場や完成品の組み立てを行う工場は、そのほとんどがここ中国にある。低コストで大量の熟練労働者を雇えるからだ。米労働統計局の推計によれば、二〇〇九年時点で中国には九九〇〇万人の工場労働者がいるという。これほどの生産能力を持った国はこれまでに存在したことがない。そして初代ｉＰｈｏｎｅ以来、その製造の大部分を行っているのが「フォックスコン」として知られる台湾企業の鴻海精密工業である。

フォックスコンは中国本土におけるダントツで最大の雇用主だ。従業員数は一三〇万人。世界を見回しても、フォックスコンより従業員数の多い企業はウォルマートとマクドナルドだけ。この従業員数は、二〇一六年の米国で最も企業価値の高い上位五社の従業員数をすべて合わせた数の二倍を超える。ちなみにその五社はアップルが六万六〇〇〇人、アルファベット（グーグル）が七万人、アマゾンが二七万人、マイクロソフトが六万四〇〇〇人、そしてフェイスブックが一万六〇〇〇人である。また、フォックスコンの従業員数はエストニアの人口とほぼ同じだ。

今でこそ中国各地の工場がｉＰｈｏｎｅを組み立てているが、長年この世界一のヒット商品のほとんどを組み立ててきたのは龍華工場である。敷地面積にして一・四平方マイル（約三・八平方キロメートル）のフォックスコンの旗艦工場だ。かつては四五万人がここで働いていたと推定される。今では人数が減ったと見られているが、それでも世界最大級の工場であることに変わりはない。

あなたがフォックスコンの名前を聞いたことがあるとすれば、おそらく自殺がらみのニュースだろう。二〇一〇年、龍華工場の組み立てラインの作業員が相次いで自殺した。男女の労働者が次々に建物から身を投げたのである。真っ昼間に飛び降りた人もいる。原因は絶望、そして工場の労働環境に対する抗議の意味もあった。二〇一〇年だけで一八回の自殺騒ぎがあり、一四人が実際に死亡した。上司などの説得で自殺を思いとどまった労働者も二〇人以上いた。

マスコミは大騒動となった。〝ｉＰｈｏｎｅの殿堂〟で相次ぐ自殺と労働者搾取——遺書や自殺未遂者の証言から明らかになったのは、とてつもないストレスと長時間労働、そしてミスした労働者を公衆の面前で侮辱することも辞さない厳しいマネジャーの存在だ。さらには不当な罰金制度や福利厚生に関する約束違反なども明らかになった。

世間の不信感をさらにかき立てたのが会社側の対応だ。フォックスコンのＣＥＯテリー・ゴウは、人間が落ちてきても受け止められるよう、工場内の建物の外壁に大きなネットを張り巡らせた。

さらに会社はカウンセラーを雇い、労働者には自殺を企てないよう誓約書を書かせた。ニュース解説者たちは、自殺した人の多くが都会の猛烈なペースについていけなかった出稼ぎ労働者ではないかと指摘した。この問題について聞かれたスティーブ・ジョブズは、アップルとしても「全面的に手を打っている」と述べ、さらにフォックスコンの自殺率は中国全体の自殺率と大差なく、もっと自殺率の高い大学は米国に多数あるとコメントした。このコメントは無神経だと批判されたが、数字としてはジョブズは間違っていない。フォックスコンの龍華工場は一つの国民国家でもおかしくないほどの規模があり、その国民国家の自殺率は工場立地国である中国とあまり違わない。違っている点は、フォックスコン・シティが完全に一企業によって統治される国民国家であり、その一企業がたまたま世界一儲かる製品の一つを製造していたことだ。

二〇一〇年以降も、フォックスコンと龍華工場の労働環境は劣悪なままで自殺も起きていたが、メディアにはたまに取り上げられる程度に露出は減った。その一方、フォックスコンのライバルともいえるもう一社のiPhone製造業者ペガトロンの上海工場で、労働者搾取と長時間労働が起きていると批判が巻き起こった。週の労働時間が一〇〇時間を超え、一八日間も休日なく働き続けるといったケースが頻発していることが明らかになったのだ。BBCが入手して放送した映像では、組み立てラインで働きながら眠ってしまう労働者の姿が映っていた。労働者の権利を訴える識者らの間には、ペガトロンではフォックスコンよりひどい事態が起きているのではないかという懸念が広がった。

そこで私は、実際には何が起きているのか、現場の近くで見てみようと考えた。世界的に有名なイノベーションの発信地シリコンバレーで設計された世界一儲かる製品を、そこからおよそ八〇〇〇キロ離れた場所で組み立てている人々は、何を犠牲にしているのか――。私はiPhoneの世界最大の生産国であり、消費市場としても急成長している中国に向かうことにした。まずは上海だ。

〇〇〇〇

無秩序に広がるこの大都市のどこかで、今も誰かがiPhoneの一部となるはずの部品を作っている。別の誰かは、それらを組み合わせて一台のiPhoneにしている最中だろう。アップルの年次報告書には、納入業者のうち上位二〇〇社の住所が記されている。そのほぼ半数が二つの都市に集中している。ここ上海、そして深圳だ。

上海の納入業者は四〇社。その一つであるTSMCは、iPhoneの頭脳となるARMベースのチップを作っている。私はTSMCの本社に行ってみたが、訪問者用の保安検査場は敷地のはるか向こうにあり、よく手入れされた芝生と赤と灰色に塗られた巨大な壁のほかはほとんど何も見えなかった。保安検査場に行ってみたが、予想通り警備員は私を中に入れてくれなかった。その場で写真を何枚か撮ってから駐車してある車まで戻ったが、一人の警備員が何か叫びながら追いかけてきた。今撮った写真を消去するよう要求している。私が消去したふりをするとやっと解放してくれた。

同じようなことは、私がアップルの納入業者を訪ね歩く間に繰り返し起きた。そのうち私はアップルの部品工場の近くまでくると、どれが目指す建物だかすぐにわかるようになった。鉄条網や警備員などものものしい警備体制を敷いているからだ。

ペガトロンはとりわけ厳重だった。正門には顔認識ソフト搭載のカメラが複数設置され、人の川となって工場に吸い込まれていく従業員の大群は全員がＩＤカードをかざしたうえでカメラに顔を向ける。すると回転式ドアのロックが解除されて中に入れる仕組みだ。

ペガトロンは上海郊外にあり、上海ディズニーランドの地下鉄駅からかなり歩く。私は取材協力者兼通訳と一緒に歩いたが、周囲には大学生くらいに見えるペガトロンの従業員が何百人も、首から身分証をぶら下げて歩いている。途中の道ばたに占い師の出店があったので、一〇人民元を渡してｉＰｈｏｎｅの将来を占ってもらった。

「いい携帯電話だとみんなが言っています。どんどん儲けが大きくなっているので将来は明るいでしょう」。占い師はさらに、私がハンサムなので女性に追いかけられるでしょうとも言った。彼の占いはあまり当てになりそうもない。

私たちは周囲を歩く工場労働者にできるかぎり多く話を聞いた。そうして見えてきたのは、長時間労働と反復作業で高いストレスを感じる職場の様子だ。ほとんどの労働者は一年もたずに辞めていくという。

ｉＰｈｏｎｅは中国を変えたと言っても過言ではなかろう。ただ製造するだけでなく、ｉＰｈｏｎｅの消費市場としても今や中国は世界最大級だ。その中国でも特に上海は魅力的な都市だ。スマホを中心とする上海のテック業界には、大規模な製造能力と猛烈な起業熱とが一緒くたになって渦巻いている。だがその熱気も深圳には遠く及ばない。

深圳は中国が外資系企業に門戸を開いた初めての経済特区である。特区に指定された一九八〇年当時は、人口二万五〇〇〇人ほどの漁村だった。それが今では中国三番目の大都会だ。超高層ビルが建ち並び、何百万人が住み、無数の工場が広がる。世界中の消費者向け電気製品の九〇％が一度は深圳を通過している、との試算もある。深圳は〝世界のガジェット工場〟になったのである。

〇〇〇〇

深圳は香港に隣接し、中国本土に含まれる。町の中心部は最先端で洗練された雰囲気であると同時に、どこか神経質で混沌としている。道路の渋滞はめちゃくちゃで、信号機とネオンサインが入り乱れる。といっても深圳の場合は〝サイバーパンク〟というよりも〝なんちゃってパンク〟に見える。

「深圳は中国の精神を体現していると思う」――そう話すのは深圳で生まれ育ったアイザック・チェン。彼の両親は一九九〇年代に起きた最初のビジネスブームに乗って深圳に引っ越してきた。チェンはたまたま飛行機で私の隣の席に乗り合わせた乗客だが、彼と話せたのは私にとって大きな幸運だった。チェンは言う。「新しい産業が生まれ、みんな長い時間必死に働いている。僕は深圳移民の子としてここで生まれた第一世代なんだ。子供の頃はどこもかしこも山ばかりだった。今は真っ平らだ。山を削って海岸を埋め立てた。何もかもが変わったよ」

多くの工場の労働環境は「ひどいものだ」とチェンは言う。だがその口調は決して悲しそうではない。「パリに行った時、道路掃除の仕事をしている人と話した。彼は一日じゅう同じ道路を掃除している。そして二〇年間きちんとその仕事を続けていることに誇りを持っていた。私には理解できない。我々中国人は、常に向上したいと思っている。そうしなければゼロに戻ってしまう、食べるために土地を耕していた頃に戻ってしまう、そんな恐怖心があるんだ。だから中国では何しろ仕事だ。仕事とカネだ。私たちは長期休暇なんてとらない」

○○○○

タクシーの運転手は龍華工場の正門の真ん前で私たちを降ろした。正門の横には四角い青い文字で〝FOXCONN〟とある。深圳らしい曇り空の日だった。警備員たちは不審と退屈の入り交じった視線で私たちを見ている。私の取材協力者は上海のジャーナリストだが、ここでは彼女を仮名で〝ワン・ヤン〟と呼ぶことにしよう。

私はまず、龍華工場の周辺を歩き回り、従業員をつかまえては話を聞くことにした。中に入るいい方法が見つかるかもしれない――。最初につかまえた二人組は、話してみるとどちらも元従業員だった。二人ともよくしゃべってくれた。

「人間にとって良い場所じゃないね」。シュウという若い男性が言う。一年ほど龍華工場で働き、数ヶ月前に辞めた。マスコミ報道の後も工場の労働環境はまったく改善されていないとい

フォックスコン龍華工場の正門

う。仕事は極めて厳しく、シュウも周囲の人々も日常的に一二時間シフトで働いた。高圧的で嘘つきなマネジャーたちは、作業ペースが遅い労働者を公衆の面前で叱りつけ、約束を平気で破るという。もう一人の男性（匿名希望）は龍華工場で二年間働いた。残業中は時給が二倍になると言われて残業したが、通常の時給しかもらえず、また昇給の約束も守ってくれなかった。「だから会社を辞めたくなったんだ」

二人の話から見えてくるのは荒涼たる職場環境だ。苛酷なプレッシャーのもと、労働者は常に搾取され、うつ病や自殺が日常化している。「人が死なきゃフォックスコンとはいえない。毎年何人も自殺しているんだ。それが普通だとみな思っている」とシュウ。

○○○○

我々は上海と深圳で数カ所のｉＰｈｏｎｅ組み立て工場を訪れ、シュウのような労働者数十人に話を聞いた。正直に言おう。そうした工場での日々がどんな様子なのか、本当に正確な代表例を描き出すには、数千人に及ぶ従業員を対象に体系的かつ詳細な調査を内密に行う必要があるだろう。だが私が行ったのはそうした調査ではない。工場の門から出てきた従業員をつかまえ、近所の食堂で昼食をとる間や、帰宅前に友達と一杯飲む時間に話を聞いただけだ。彼らの多くは取材に対して浮かれていたり、ビクビクしていたり、うんざりしていた。そのような前提で以下を読んでほしい。

彼らの口から語られる工場内の日常は、さまざまな姿をしていた。仕事はそれほど悪くないという人もいれば、痛烈に批判する人もいた。マスコミ報道の通りに絶望感を覚えた人もいれば、ただガールフレンドを見つけるためだけに仕事を続けている人もいた。彼らのほとんどは労働環境のひどさを事前にマスコミ報道で知っていたが、それでも仕事が必要だったか、もしくは意に介さなかった。どの工場でも従業員の平均年齢は若く、離職率は高いという。みな異口同音に「ほとんどは一年で辞めていく」と話した。

その理由はおそらく、みなが認めるように作業ペースが情け容赦ないほど速い点と、多くが冷酷と表現する経営体質にあるのだろう。

ｉＰｈｏｎｅほど小さく複雑な機械をきちんと仕上げるには、長々と続く組み立てラインに数百人もの作業員が並び、組み立て、検査、テスト、包装といった作業を行わねばならない。話をしてくれた一人の従業員は、一日に一七〇〇台のｉＰｈｏｎｅに触れるという。特殊な薬品でディスプレイを磨くのが彼女に割り当てられた仕事だ。およそ一分間に三台のディスプレイを磨くペースで一二時間その作業を続けることになる。別の男性は、二〜三人のチームで検査を担当しているが、一日に三〇〇〇台のｉＰｈｏｎｅについて問題がないか確認する責任をチームで負っていると話した。

チップボードの固定や裏蓋のはめ込みといった高い精密さが必要な作業は、そこまで苛酷なスピードは要求されない。一分に一台のペースで作業する。それでも一日でざっと六〇〇台から七〇〇台は扱うことになる。決められた台数をこなせなかったりミスがあったりすれば、みんなの前で監督者から叱責される。作業中は静かにしていなければならないし、トイレに行っていいか聞くだけで監督者から非難されることもある。

シュウとその友人は二人とも自分からフォックスコンで働くことを選んだ。とはいえ、必ずしも喜んでそうしたわけではない。「みなフォックスコンを〝フォックス・トラップ（狐用の罠）〟と呼ぶんだ。多くの人がだまされたからね」とシュウ。「僕もだまされてフォックスコンで働くことになったんだ」。もともと彼は中国の大手スマホメーカー、ファーウェイで働きたかった。だがシュウが職業斡旋業者を訪ねると、ファーウェイの求人はもう埋まっていると言われてフォックスコンを紹介された。実はファーウェイの求人が埋まっているというのはウソで、斡旋業者は多くの作業員を紹介すればするほどフォックスコンから多くのカネをもらえる仕組みになっていたのだ。シュウはそう確信している。

そしてこれは〝フォックス・トラップ〟の第一幕に過ぎなかった。フォックスは新しく雇う労働者に無料の社員寮を提供すると約束した。ところが住んでみると、途方もなく割高な電気代と水道代を請求された。社員寮は一部屋に八人で寝泊まりしていたが、かつては一二人だったそうだ。会社側は社会保険のカバー範囲を縮小し、ボーナスは支給が遅れたり払われなかったりすることもあった。さらに、もし三ヶ月の試用期間中にフォックスコンを辞めたら給料から大幅な違約金が引かれる、という契約書に署名させられた人が大勢いた。

そして、何よりも仕事自体がつらかった。ミスや未達はその場で一対一で文句を言われるのではない。上司は一日の終わりに同じ班の従業員を一カ所に集め、立ったままミーティングを行う。作業成績の良かった作業員を褒め称え、班全体の結果報告をし、それからミスをした作業員を一人ずつ名指しで叱責するのだ。「誰だって屈辱的に感じて自尊心が傷つきます。みなに見せつけて教訓とするために、誰かをつるし上げるのです」とシュウの友人が解説する。「組織的にそうしているのです。ここで叱責されるとボーナスがもらえなくなります」

とりわけ金銭的損失が大きいミスをしたと上司に判断されると、その従業員は公式な謝罪文を書かされる。さらに〝このようなミスを二度と繰り返しません〟という内容の謝罪文を全員の前で読み上げなければならない。シュウの友人の目撃談によれば、仲間をかばうために他人のミスを引き受けた従業員は、公衆の面前での叱責があまりに酷くて泣き出したそうだ。

こうした強い重圧と不安感、屈辱に満ちた職場環境のため、うつ病が蔓延している。数ヶ月前にも龍華工場で自殺があり、シュウはそれを目の前で見たという。iPhone組み立てラインで働いていた学生で、食堂で見かける顔見知りだった。彼はみんなの前でマネジャーに叱責され、口げんかになった。暴力行為はなかったのに会社側は警察を呼んだ。彼は自分への強い個人攻撃だと感じ、耐えきれなかった。三日後の昼休みに九階の窓から身を投げた。シュウは地面に血まみれで倒れている姿を見たという。

なぜ自殺があったのにマスコミに報道されなかったのか、と私が聞くと、シュウと友人は顔を見合わせて肩をすくめた。「誰かが死んでも次の日にはすべて跡形もなく片付けられています。みんな忘れてしまうのです」と友人が答えた。

二〇一四年九月に龍華工場で自殺したシュウ・リーヂィが残した日記と詩を見ると、彼らの気持ちを垣間見ることができる。

「ネジが一本、地面に落ちた」

ネジが一本、地面に落ちた／とっぷりと暮れた残業時間に／まっすぐに落ち、乾いた小さな音を立てた／どうせ誰も気づかない／前回もそうだった／こんな夜更けに／誰かがまっすぐに地面に落ちたんだ　――二〇一四年一月九日

「我々はこの問題にしっかり対処している」――相次ぐ自殺が報道された後、スティーブ・ジョブズはこう話している。「我々はこうした（製造委託先の）企業をくまなく調べている。フォックスコンは強制労働所ではない。工場なんだ。驚くことにレストランや映画館まであるような工場だ。確かに自殺や自殺未遂は起きている。でもあそこは従業員が四〇万人もいる。自殺率は米国より低いんだ。もちろん問題ではあるが」

二〇一一年にはティム・クックが龍華工場を訪れ、自殺防止の専門家やフォックスコンの首脳陣と自殺問題について話し合ったと報道されている。

二〇一二年には一五〇人の労働者が龍華工場のビルの屋上に集合し、今から飛び降りると会社側を脅かした。経営陣は待遇改善を約束して思いとどまらせた。労働者は本気で飛び降りるつもりはなく、取引材料として自殺を利用したのだ。二〇一六年、私がシュウと話をしたわずか一月前にも、七〜八人の少人数のグループが同じことをしたという。屋上に集まり、もらえるはずの未払い賃金を払ってくれなければ飛び降りると会社を脅かした。最後はフォックスコンが支払いを約束し、彼らを思いとどまらせたという。

フォックスコンでは誰もが〝死の亡霊〟に慣れてしまっている。会社側は自殺問題の解決に取り組んでいると言うが、シュウは経営陣でさえどうすべきか途方に暮れているのだろうと見ている。「みんな、呪われていると思っているんだ」。経営陣は自殺防止のためネットを張り巡らせ、カウンセラーを置いただけでなく、突拍子もない手を打っている。「死の亡霊を追い払うために塔を建てたんだ。そして〝普通〟でない感じに見える建物はすべて、ゲンを担いで真っ昼間から明かりを点けている」とシュウ。

シュウと友人は自殺など馬鹿らしいと考え、人間らしさが日々失われていく職場を辞めると決めた。すると経営側に加わらないかと誘われたという。二人はこれも〝フォックス・トラップ〟の一つだろうと判断して決意を変えなかった。シュウが龍華工場を辞めた時、一緒に働き始めた同期一五人のうち二人しか残っていなかったそうだ。今は電気店で働くシュウは「工場を辞めて間違いなく幸せになった」という。アップルとiPhoneに責任はあると思うか尋ねると、「アップルは悪くない。悪いのはフォックスコンだ」と即答した。労働環境が改善したらもう一度フォックスコンで働くと思うかと聞くと、「変わるはずがない。あそこは決して変わらないよ」とにべもなかった。

シュウの直感は当たっているかもしれない。ある晩、私は深圳からスカイプでニューヨークのリー・ワンにインタビューをした。彼は中国の労働環境を監視するNGO「チャイナ・レイバー・ウォッチ（CLW）」のエグゼクティブ・ディレクターだ。かつてフォックスコンで働いたことがあり、その苛酷な経験から労働環境の改善運動の活動家となり、ニューヨークに逃れてからCL

Wに加わった。

リーはフォックスコンの自殺騒動とマスコミの大量報道を見て、事態が改善される大きなチャンスになると期待した。「マスコミ報道には効果があります。二〇一一年にフォックスコンの労働者搾取が報道されると、賃金はほぼ二倍に上がり労働環境も改善されました。ところがその後マスコミの関心が薄れたため、二〇一三年から現在まで状況は何一つ変わっていません。アップルも最初のうちは何か手を打ったのでしょうが、世間に約束した内容には遠く及びません」

〇〇〇〇

龍華工場に話を戻そう。私と取材協力者のワン・ヤンは龍華工場の採用センターが置かれた従業員用の別の正門を目指して歩いていた。シュウがフォックスコンの内部にいる友人のジャオに連絡してくれたのだ。ジャオは何年も前にフロアマネジャーに昇格しており、その職権を利用して我々に協力すると約束してくれた。工場見学ということにしてセキュリティ・チェックを通そうという魂胆だ。首尾良く工場内に入れた時のために、iPhoneを作っているのはおそらくG2ブロックだろうと内部情報も教えてくれた。

工場の外壁に沿ってずっと歩いているが、なかなか従業員用の正門に着かない。どれだけの広さなのか想像もつかなかった。外壁は人通りの多い道路に面している。道の反対側は深圳の商店街だ。やっと採用センターの案内板が見えてきた。安っぽいLEDモニターには、楽しそうに働く作業員の姿や巨大なプールとジム、清潔でかっこいい建物などの映像が流れている。ここにも〝フォックス・トラップ〟の匂いがした。

採用センターでは数人の若い男女が必要事項を記入していた。左に曲がって採用センターを通り過ぎると、ちょっと先に守衛のいる正門が見えた。ジャオとの待ち合わせ場所だ。だがその手前に別の入り口があり、大広間のようなスペースへと続いていた。周囲に誰もいなかったので、私たちはそこに入ってみた。

○○○○

そこは「ウェルカムセンター」だった。緑色のフロアに八〇台ほどの金属製ベンチが設置された広い講堂で、青色の可動壁によって二つのスペースに区切られていた。学生を鼓舞する講演会のために会場の設営を終えた巨大な高校の体育館、といった趣きだ。ジャオに後から聞いたところ、やはりフォックスコンが新しい従業員に向けて入社説明会を行う場所とのことだった。講堂の先にはいくつもの小部屋がズラリと並び、プラスチック製の試験管や容器が置かれている。おそらく新規採用者が健康診断を受ける場所だろう。壁のポスターには、フォックスコンの事務所がある国の数や同社の影響力が誇らしげに説明されている。別のポスターは明るいタッチのマンガ風イラストで、工場内の警備員数や隠しカメラの台数を説明し、作業員は常に監視されていると伝えている。

このウェルカムセンターも〝大量生産〟ができるように設計されている。数百人もの新規採用者を相手にまとめて雇用手続きを進め、一度に数十人単位で基本的な健康診断をしたり入社時面談を行ったりできるだろう。あちこち調べ回っていると別のホールに出た。そこではプレキシガラスで遮断されたブースに二人の女性が座っており、私たちに「いったいここで何をしているのか」と聞いてきたので、あわてて退散した。

ジャオとの待ち合わせ場所まで戻り、彼に電話をすると、一時間ほどでここに来ると言う。この守衛は他の場所の守衛より少し親切そうに見えたので、中を見学してもいいかと聞いてみた。彼らは笑顔でダメだと答えた。どんな場合でも内部の見学には幹部スタッフの事前の許可が必要で、自分たち守衛には許可を出す権限がないという話だった。我々は中のフロアマネジャーと面会の約束があると訴えたが、守衛はやはり許可は出せないと笑顔で繰り返した。

守衛のその方針はジャオが現れても変わらなかった。ジャオはこざっぱりとした身なりで親切そうな表情をした二〇代半ばの男だ。フォックスコンですでに八年働いており、マネジャーになって数年になる。それでも守衛は首を縦に振らなかった。工場内には企業秘密が多数あるため、幹部スタッフの許可がなければ誰一人として中には入れない。守衛は、オンラインで幹部の許可を申請できると教えてくれた。ただし、普通は数ヶ月かかるそうだ。

我々は一時間ほど説得を試みたが最後にはあきらめた。ジャオは別の出入り口から職場に戻るというので、我々はジャオと三人でまた工場の外壁沿いに歩き始めた。私は、フォックスコンのベテラン社員であるジャオに聞いてみた。本当に世間で言われている通りのひどい職場なのか？

「お耳にしていることはすべて本当です」――彼はかすかに頭を左右に振りながら答えた。親切で屈託のないジャオは、大勢の前で部下を罵倒する仕事をしているようには見えない。中間管理職につきもののイライラした様子や頑固そうなところもない。

「なぜそんな仕事を続けているのですか」と私は聞いた。

「自分なりのやり方でやっています」と彼は笑顔で肩をすくめた。「私は他のマネジャーのように部下を叱責しません。つらい思いをさせたくないからです」

その手ぬるさのせいで昇進できないのかもしれない、と彼はほのめかした。私は、フォックスコンを憎んでいるシュウがなぜジャオを好きなのか腑に落ちた。ジャオは自分の仕事にやりがいは感じないが、すっかりなじんでいると言った。「そもそも、自分が他に何をしたいのかわかりません。あまりにも長くここにいるので」

そんな話をしながら二〇分ほど歩くと、別の出入り口が見えてきた。セキュリティゲートもある。この工場には大きな出入り口が八カ所、小さな通用門が四~五カ所あるらしい。我々はジャオに別れを告げ、彼がＩＤカードを通して人混みに消えていく姿を見ていた。まさにその時、一つのアイデアがひらめいた。その時私は急いでトイレに行く必要があり、それがひらめきを生んだのだ。

セキュリティゲートのむこう、一〇〇メートルほど離れた場所にトイレのマークが見えた。そして、ここのセキュリティゲートは他の場所よりかなり小さい。ジャオのようなマネジャー専用の通用門なのかもしれない。守衛も若い男が一人だけ。退屈しきっている様子だった。トイレを貸してもらえるのではないだろうか――。

取材協力者で通訳のワン・ヤンが懇願するような口調の中国語で守衛に何か言った。守衛は私を見て、ゆっくりと首を横に振った。彼女がもう一度何か言った。何回かやりとりを繰り返すうちに、守衛は気まずく感じてきたのだろう。何しろ私の切羽詰まった表情は演技でなく本物だったから。

「すぐ戻ってくるように」。とうとう守衛はそう言った。はい、もちろんです。すぐ戻るつもりなんてありません——。

なんとも信じられない展開だった。私の知る限り、許可なくフォックスコンの工場内部に入ったアメリカ人ジャーナリストはこれまでに一人もいない。通常の取材には必ずツアー・ガイドがつき、なんの問題もないことをマスコミに見せるために事前に準備された一定の場所だけを見せられる。

私は興奮状態でトイレに駆け込んだ。手を洗っていた少年が驚いた表情でちらりと私を見た。トイレを出るとワン・ヤンと合流し、工場内の道をずんずんと奥に向かって早足に歩いた。気がつくと外壁にぶつかるところまで来ていた。誰にもつけられていないようだ。周囲に見えるのは高い建物とわずかな木、そして灰色の壁。壁に沿って右手に歩いていく。どこに向かっているか我々にもわからない。アドレナリンが体内を駆け巡っていた。

辺りにはレンガやコンクリートブロック、砂利が乱雑に積み上げられ、一部崩れた場所はパイロンで囲ってある。出荷用コンテナを積んだ青いトラックがあちこちに停まっている。Ｔシャツ姿の若い男たちが汗まみれで草バスケットボールをしていた。我々はさらに道に沿って進み、車庫や作業場、倉庫などを横目に敷地の奥へと進んだ。庭に面した立派な構えの建物があり、玄関の両側にはガーゴイルの石像が置かれていた。私は自分のｉＰｈｏｎｅを取り出すと、まさにそのｉＰｈｏｎｅを製造している工場の敷地の写真を何枚も撮った。外にいた数人がじっと私のことを見ていた。

我々はさらに先に進んだ。

道ばたには、雨ざらしで錆びた屋根付きの資材置き場がいくつもあり、一部には加工前の原材料が山積みされていたり、金属部品やパレットが積み重ねられたりしている。ボロボロでタイヤのないフォークリフトが一台、落書きだらけで放置されていた。かつては白かった建物の壁も、風雨にさらされてくすんだ灰色になっている。要するに、歴史ある巨大工場の古びた集荷場のイメージそのままだ。高所作業車（リフト車）に乗った男たちが建物の外壁にドリルで穴をあけている。火花と粉塵が飛び散る。半数は安全装備をいっさい身につけていない。

さらに敷地の中心部へと歩いて行く。次第に高い建物が増えてくる。都市の中心部に行くにつれて密度が増すのと同じだ。倉庫や作業場が減り、二階建てや三階建ての建物が増え、続いて社員寮らしき高いビルが現れる。すれ違う人の数が増えてきた。みなＩＤカードを首にぶらさげ、すれ違いざまにちらりと視線をよこす。道幅も広くなってきた。歩行者と自転車、さらに自動車も通れる広さだ。すぐに我々は大きな交差点にぶつか

った。数百人、いやもしかすると数千人もの若者であふれかえっている。展示会だか合同企業説明会でも開催しているのだろうか。だが我々は立ち寄らずに進み続けた。数人がじっと我々を見ている。少し先には交通整理をしている警備員の姿も見えた。

ここまできてやっと、工場の敷地内に忍び込んだ自分の行為の深刻さと危険性がじわじわと実感されてきた。明らかに軽率だった。中国はジャーナリストにとても優しいという評判は聞かない。どうあがいても我々はこの敷地内で目立ってしまう（ひょろりと背の高い白人のアメリカ人は周囲に一人もいない）。もし捕まれば、とりわけ私の取材協力者は深刻な事態に直面するだろう。だが、彼女は引き返そうという私の提案を受け入れず、先に進むべきだと引かなかった。我々は警備員が背を向けるタイミングを見計らい、群衆に紛れて危険な場所を通り過ぎた。

フォックスコン・シティは本当に一つの都市のようだ。

歩き続けるうち、道路ぎわによく手入れされた植え込みが整備され、あらゆる種類の店やレストランが出現した。二四時間営業の銀行、巨大なカフェテリア、買い物客であふれた移動型の青空市場。そこらじゅうに人がいる。散歩する人、自転車で移動中の人、タバコを吸っている人、スマホに没頭している人、道ばたに座り込んでテイクアウトの麺を食べる人――。服装もポロシャツにジーンズ、格子柄のボタンアップシャツ、オシャレなＴシャツなどさまざまだ。みな首からＩＤカードをぶら下げている。

この区域は道もきれいで建物も新しい。店先の看板にはマンガタッチの猫のキャラクターが親指を立てて「いいね」のジェスチャーをし、金属製のピクニックテーブルでスマホをいじる従業員の頭上にはコカ・コーラのロゴマーク入りの日除け。メインストリートに沿って設けられた駐車スペースにはピカピカのセダンが停まっている。ここにはセブン-イレブンまである。他のセブン-イレブンの店舗とまったく同じブランドマークで、まったく同じ品揃えだ。なぜかそこに私はひどく驚いた。

すべてをひっくるめた印象は、どこかの大学の中核施設のようだ。ただし、こちらのほうがはるかに静かだ。すごい数の人々がいるにしては、ここは驚くほど静かなのだ。朝から自殺など恐ろしい話をさんざん聞かされたので、どうしてもこう言わずにはいられない。龍華工場はやはり何かに取り憑かれたような重苦しい空気に包まれていると――。

龍華工場の広さには驚かされる。きびきび歩いていた我々でも、敷地を横断するのにほぼ一時間かかった。だがそれ以上におそらく一番印象的なのは、敷地内の中心部と周辺部がまったく違っている点だ。敷地内でも〝郊外〟のエリアは漏れた化学薬品が周囲に染み出し、設備は錆び付き、ろくに監督者もないまま建設作業が行われている。だが〝中心街〟に近づくにつれて生活の質は――少なくとも居住環境やインフラだけは――良くなっている。〝郊外〟で土木作業をしていた作業員は私に言った。中心街で電子機器の組み立て作業をしている人々より間違いなく自分のほうが給料が低いだろうと。

中心街に近づくにつれて人口密度が高くなり、見とがめられる危険が減ってきたように思えた。人々は私をじっと見つめるのではなく、無関心な視線をチラリとよこすだけになった。龍華工場はあまりに広く、しかもセキュリティは極めて厳重なので、中を自由に歩き回っている我々の姿を見てもみな勝手に「許可を得た人なのだ」と思い込むのではないだろうか。それか、誰も我々のことなど気にもしていないのかもしれない。そこで我々はG2ブロックを目指すことにした。iPhoneの組み立て工場があるとジャオが教えてくれた場所だ。中心街から離れ、C16やE7と書かれた工場ブロックに入っていく。そびえるような一体構造の建物が増えてくる。いずれも多数の労働者で混み合っていた。

私が本当に心からショックを受けたのは、まさにこの工場ブロックに足を踏み入れた時だった。数え切れないほどの工場が、まるでディストピアのように歪んだ風景を作り出していたのである。工場が作られる目的は、ただ人間と機械による労働の生産性を最大化することだけだ。だが龍華工場の場合、それがあまりにも広大であるというただその一点だけで、他の工場とは違って見える――。そびえ立つ多層式の工場は、ねずみ色に薄汚れた巨大な立方体に見える。それが見わたす限り何ブロックにもわたりえんえんと並んでいる。すべての建物がまったく同じ外見をしている。くすんだ色の巨大なモノリス。その中で今、同時に百万台もの消費者向け電子デバイスが組み立てられている。ここでは一人の人間が極めて小さく感じられる。私はまるで、空母サイズの巨大な産業用エンジンのすきまに落ちている昆虫のフンになったような気がした。見わたす限り、目に入るのは工場だけ。美しいものは一つも存在していない。

実際、そもそも人に見られることを前提とし、美的感覚に訴えることを意識して作られたものは、レストラン街のあたりにあった企業のマスコット・キャラクターと、手入れされた植え込みしかない。考えてみればそれも恐ろしい話だ。龍華工場では、人は工場で作業するかショッピングモールにいるかしか選択肢がないのである。

○○○○

フォックスコン・シティは人類の最も古いイノベーションの一つである「大量生産」を頂点まで突き詰めたものだ。一七〇万年前に登場したホモ・エレクトスは、さまざまな道具を使う初めての種だった。道具を大量に作る技術にも優れ、数個の燧石(ひうちいし)（フリント）を一度に高速で叩きつけることで手斧を作る方法を発見した。材料学の歴史家ステファン・L・サスはこれを「初期の大量生産」と呼んだ。それが現代的な大量生産へと成熟するまでには数千世紀かかったわけだ。

ここで、次のような工場を思い浮かべてほしい。敷地は横幅が約二・四キロで縦は約一・六キロ。そこに広がる九三棟の工場は、床面積の合計がおよそ一・五平方キロメール。敷地内には自前の発電所を持つ。一〇万人を超える雇用労働者は一日一二時間近く働く。その多くは高賃金を求めて国内の地方から移ってきた人々だ。この工場は驚異の効率性と生産性を誇り、「ほぼ自給自足ですべてをまかなえる産業都市」と表現された。

この工場は二〇一〇年代のフォックスコンではない。一九三〇年代にヘンリー・フォードが建てたリバー・ルージュ工場である。フォードは米国産業界の英雄とされているが、それでもなお「組み立てライン」というイノベーションがどれほど大きな影響を与えたかは見落とされがちだ。このイノベーションはおそらくｉＰｈｏｎｅやフォード・モデルＴよりも革命的だった。そして、他の多くのイノベーションと同じく、組み立てラインもまた少しずつ他人の発明を借りている。

オールズモービルの創設者ランサム・E・オールズは、フォードの一〇年近く前から組み立てラインを使っていた。だがフォードの組み立てラインのほうがいくつも優れた点がある。フォード式の最大のイノベーションは、おそらく効率性を極限まで高めた点にあろう。それぞれの作業員が同じ場所を動かず、流れてくる部品に対して一つの作業にひたすら専念するという生産様式こそ、自動車という複雑な機械を手頃な価格にし、iPhoneを（まあまあ）手頃な価格にしているのだ。

考えてみてほしい。アップルは二〇一五年第4四半期に四八〇〇万台のiPhoneを売った。これらはすべて、人間の手によって組み立てられている。二〇一二年の時点ではiPhone一台の組み立てには一四一の手順があり、二四時間の労働時間が必要だった。その頃よりはスピードアップしていると考えると、極めて慎重に推定しても、二〇一四年第4四半期の三ヶ月間にiPhone製造のために費やされた労働時間は一一億五二〇〇万時間という計算になる（品質基準を満たせず廃棄されるiPhoneが大量に、時には半分近くもあることを前提としている）。

我々が取材で何度も耳にした、閾値となる特別な数字は〝一七〇〇〟だ。検印や画面チェックの担当者は一日（労働時間は一二時間）にだいたい一七〇〇台のiPhoneを調べるという。製品のクリーニング作業をする担当者もだいたい同じ台数を口にしていた。最終検査担当チームの作業員によれば、チーム全体で一日三〇〇〇台を処理すると言っていた。すなわち一時間に二〇〇台超、一分間に三台を超えるペースである。

これは桁外れの製造能力だ。フォックスコンは今や世界最大の電子製品製造請負業者であり、収益（年間一三一八億ドル）で見れば世界で三番目に大きなテクノロジー企業だ。アップルのような米国企業がフォックスコンなどの請負業者を頼る理由は、iPhoneのような複雑な機械をとことん効率的に生産できるその能力にある。

二〇一一年、オバマ大統領はシリコンバレーの大物を招いて夕食会を行った。スティーブ・ジョブズが製造業の国外移転について話していると、オバマが割り込んできた。国外に流出した仕事を米国内に呼び戻すには何が必要だろうか、と質問したのだ。これに対しジョブズが「戻ってきません」と答えた話は有名である。外国に仕事が流出するのは安さだけが理由ではない。アップルの求める製品を作るには、外国の労働力の圧倒的な規模、勤勉さ、そして柔軟性が必要なのだ。

アップル経済圏を「iエコノミー」と名付けてピューリッツァー賞を受賞したニューヨークタイムズの調査報道で、「アップルが国外で製造を続けている理由は労働コストが安いからではない」という趣旨の匿名アップル幹部の発言が紹介されていた。あるアナリストの試算によれば、仮に米国で製造しても一台当たり一〇ドルしか労働コストは変わらないという。コストの問題ではないのだ。アップルがiPhoneを深圳で作り続けている理由は、莫大な数の熟練労働者と互いに連携し合った製造業のエコシステムがそこで発展してきたからなのである。手のかかる微調整を製品に加えたいと言われれば、あっという間に大量の労働者を動員できる。組み立てラインに新たな部品が必要と言われれば、すぐさま取り寄せることができる。もしアップルが完成直前のiPhoneのアルミケースに変更を加えたいと言い出せば、フォックスコンは一瞬にして数千人の作業員と、作業を監督させる工業エンジニア数百人を招集し、これに対応できるだろう。

前述のニューヨークタイムズの特集記事は、次のような実例を挙げていた。以下に引用する。

複数のアップル幹部が、現時点では国外生産しか選択肢はないという。アップルがいかに中国の工場に頼っているかを、元アップル幹部が実例を挙げて説明してくれた。ある時、新型iPhoneの発売予定日のわずか数週間前に手直しが必要になった。最後になってアップル側がiPhoneの画面デザインを変えたため、組み立てラインを全面的に変更する事態になった。新しい画面は真夜中になって組み立て工場に到着し始めた。

工場の現場主任は敷地内の社員寮で寝ていた労働者を起こし、即座に八〇〇〇人を集めたという。彼らはビスケット一枚と一杯のお茶を受け取り、作業場へと案内された。三〇分もしないうちに彼らは一二時間シフトの仕事を開始し、面取りされたフレームにガラス画面をはめ込み始めた。九六時間もせずに、この工場は一日当たり一万台のペースでiPhoneを生産していた。

「このスピードと柔軟性には驚くばかりです」と元アップル幹部は言う。「米国内にこんなことができる工場はありません」

ここで一つの疑問が湧く。なぜ、これほど驚異的なスピードで生産できることが、それほど重要なのか？

ビジネススクールならいくつも答えが挙がるだろう。少しでも早く新製品を出荷できる経営上の優位性、市場ニーズの変化に素早く対応し、望めば希少性さえ演出できる点、余計な在庫を抱えなくてすむこと、さらに秘密保持にもプラスに働く。

こうした数々のメリットは金額にすれば相当の額になろう。とはいえ、巨大で柔軟な中国の最新工場で生産するか、米国内で昔ながらの組み立てラインで生産するかの違いは、最終的には最新型ｉＰｈｏｎｅを少しばかり早く、少しばかり安く利用者のもとに届けられるというだけの差に過ぎない。そして、その差を生むためのコストは、何万人という労働者の生活の質の低下なのだ。最後の最後で起きたデザイン変更のために駆り出され、軍隊のような労働環境で働かされ、苛酷な残業時間を押しつけられる――。これはアップル一社の責任というよりも、むしろ労働力のグローバル化の副産物だろう。アップルは巨大テック企業の中で最後まで国内生産を続けた一社だったのだ。

○○○○

我々はついにＧ２エリアにたどり着いた。

周囲を取り巻く他の工場エリアと見分けはつかない。どの工場も、スモッグにおおわれてのっぺりとした背景の曇り空と一体化してしまいそうだ。Ｇ２はほとんど廃墟のように見えた。建物の外側には錆びだらけのロッカーが並んでいる。建物の戸が開けっ放しになっていたので中に入ってみた。左手には暗くてだだっ広い部屋への入り口がある。そこに入ろうとした時、叫び声が聞こえた。フロアマネジャーが我々に向かって階段を下りながら「そこで何をしているんだ」と問いただしているのだ。取材協力者兼通訳が「ジャオさんとの約束が……」というようなことを口ごもりながら答えた。フロアマネジャーは不思議そうな顔をして、彼の使っているフロア監視システムを見せてくれた。この時間は誰もシフトが入っていないよ、と。その監視システムは少し古くさく見えた。アナログ・ダイアルにブラウン管を使っているようだ。薄暗かったし私はドキドキしていたので確信は持てないが。

いずれにせよ、ここでｉＰｈｏｎｅが作られている気配はない。我々は建物の外に出るとまた歩き続けた。Ｇ３エリアでは透明なラップに包まれた黒い機器が荷積み場に山積みされていた。近づいて見ると残念ながらｉＰｈｏｎｅではなく、アップルＴＶのようだ。見間違いではない。何しろ私は今回中国に来る一週間前に一台買ったばかりだ。まだアップルのロゴは入っていない。これから別の組み立てラインに送られるのだろうか。見たところ、数千台はありそうだった。

近くの建物のドアが開かないか試してみたが、みな鍵が閉まっていた。なかにはひどく錆び付いており、開閉できなさそうなドアもあった。かつて読んだ記事によれば、アップル製品を作っている工場労働者は、その作業フロアに入るのにさえＩＤカードをチェックされるという。そのような工場フロアに首尾良く忍び込めることを期待するほうが間違っている。そもそも龍華工場の敷地内に入れたことさえ予想外の展開なのだ。

我々は次から次に建物を通り過ぎていった。それぞれの工場はそれぞれ別の製品を作っている。ここはあまりにも巨大だ。もちろんアップル製品だけを作っているわけではない。フォックスコンはサムスンの携帯電話やソニーのプレイステーションの製造にも関わっている。

どれだけ歩いても工場ブロックは続いていた。空気は湿ったコンクリートとサビの臭いで、環境は非常に悪い。私はなんだか終わりのないディストピア小説の世界に迷い込んだような気がしてきた。ストーリーは終わっているのに恐怖だけが残っているような――。

次第に廃屋らしき建物が増えてきた。壊れて錆び付いたロッカーが目につく。ぶらぶらとさまよう数人の少年少女のグループがいた。『スタンド・バイ・ミー』に登場する悪ガキのように、あえてこのへんぴな場所に探検に来たのは明らかだ。彼らに「ここはどこか」と聞いてみた。「ここ？　整備場って呼ばれているけど」と少女が答える。彼らは違法就労になるほど年少には見えなかった。

かつてフォックスコンはその問題で批判されたことがある。二〇一二年、フォックスコンは夏期の作業員の最大一五％までが無給の〝インターン〟だと認めた。人数にして一八万人、一四歳の少年少女まで含まれていた。フォックスコンは、インターン制度は完全に本人の自由意志によるもので、インターン生はいつでも辞められる仕組みだと説明したが、複数の報道によれば、近隣の職業訓練校が学生に組み立てラインで働くようインターンを強要しており、断れば退学になったという。インターン強要の背後には、ｉＰｈｏｎｅ５の需要急増による人手不足があった。マスコミ報道を受け、フォックスコンはインターン制度を変えると公約した。確かに私は敷地内で、一六歳未満だと確信できる少年少女は一人も見なかった。

我々がさらに歩いて行くと、左手に広大な居住区らしきビル群が見えてきた。おそらく社員寮だろう。屋上と窓にはネットが張られている――噂の自殺防止用ネットだ。しまりなく垂れ下がり、半分めくれ上がった防水用カバーみたいだ。私はシュウの言葉を思い出した。「ネットは無意味だ。本気で自殺しようと思えばできる」

社員寮に近づくにつれ人影が増えてくる。首から下げたＩＤカード、サングラス、色落ちしたジーンズとスニーカー――大学生のような若者が大勢、ベンチや縁石などにたむろし、タバコを吸っている。ここでもやはり群衆は静かでおとなしかった。だが視線は我々に集まっていた。敷地内で工場でも店でもないエリアでは、人々はヒマをもてあましているのだろう。

気がつけばフォックスコンの敷地内に入ってかれこれ一時間近くになる。私がトイレから戻ってこないので、あの守衛が騒ぎ出しているかもしれない。もしかすると誰かが私たちを捜し回っているのかもしれない。実際の組み立てラインはまだ見ていないが、おそらくこれ以上は深入りしないほうがいいだろう、という気持ちが勝ってきた。

我々は来た道を引き返した。ほどなく敷地外への出口の一つが見えた。仕事を終えて帰宅する従業員が数千人、流れになって出口に向かっている。我々はそこに交ざり、顔を下に向けてセキュリティゲートを問題なく通過した。群衆は全員が無言で歩いていた。

○○○○

強烈な印象を残す巨大工場を後にし、ホッと一息ついたものの、後味の悪さは消えなかった。ボロボロの姿で働く児童労働があったわけではない。漏れ出した化学薬品や安全装具なしの建設作業員など、米国の労働安全衛生法に違反するような問題はいくつも見かけたが、それをいうなら米国内にも似たような工場はたくさんあるだろう。フォックスコンは、我々がイメージする典型的な「搾取工場」ではなかった。ただ、そうしたものとは別種の不気味さがあった。作業場に静粛を要求する規則のせいか、相次ぐ自殺で有名になったせいか、不快な環境が生み出す全体的な感覚のせいなのか、いずれにせよ龍華工場は重苦しい空気におおわれていた。押しつぶされそうなほどの抑圧感と言っていいだろう。レストランとカフェを除けば、人々の快適さを意識して作られた場所は一つもなかった。いや、そもそも人間のために設計された場所ですらなかった。

フォックスコン・シティが突き抜けている点は、その広大な施設全体が臆面もなく生産性と商売のためだけに捧げられていることだ。そこにいる人間は、働くかカネを払うかのどちらかである。後はその二つの間を陰鬱に足を引きずって行き来するだけだ。食べて、寝て、働いて、時間をつぶす――そこは消費主義を究極まで煮詰めた一つの小宇宙である。今にして思えば、「整備場」をぶらついていた少年少女の行動は、彼らなりの精一杯の抗議行動だったのだろう。

敷地内で撮った写真に笑っている人は一人も見つからない。同じ作業を繰り返すだけの長時間労働と情け容赦ない上司のせいで、作業員が精神面に問題を抱えるのも不思議はないだろう。その不安や緊張感は手でさわれそうなほどはっきりと見える。それが職場全体の雰囲気に溶け込んでいるのだ。シュウの言う通り、ここは「人間にとって良い場所じゃない」。

○○○○

フォックスコンで相次ぐ従業員の自殺が起きた後、アップルは取引業者が労働環境により責任を持つように対策を打つと公約した。同社はサプライヤー監査を実施し、コンプライアンス報告書を公表し、劣悪な労働環境に対処するため労働者の側に立った施策もいくつか導入するようになった。アップルが二〇一二年に実施したサプライヤー監査の結果、中国の複数の工場で一〇六人の児童労働者が見つかり、アップルは一社との契約を打ち切った。その会社は回路基板の部品メーカーで、一六歳未満の児童を七四人働かせていた。またアップルはテック企業としては初めて、公正労働協会（FLA）に加入した。FLAは労働環境改善のために世界規模で法整備を後押しする企業のネットワークである。こうしてフォックスコンでの自殺件数は減ったが、ゼロにはならなかった。相変わらず残業は多いが、児童労働は減った。賃金はあまり上がっていない様子で、離職率も高いままだ。

チャイナ・レイバー・ウォッチはアップルの取り組みにまったく満足しておらず、その大半はイメージ向上のためのポーズに過ぎないと主張する。エグゼクティブ・ディレクターのリー・ワンは言う。「アップルはFLAに加入して大いに助かりました。おかげでフォックスコン問題の風当たりが減りましたから。FLAは我々や世間に対して数多くの約束をしましたが、我々の知る限りそれはみんな嘘でした。約束は何一つとして守られていません」

龍華工場にもペガトロンにも長期休暇がないことは確かだ。だが中国の労働環境にも明るい材料は生まれつつある。ゆっくりとだが労働者の団結が進み、山猫スト（組合の正式決定を経ずに一部の労働者が勝手に行うストライキ）もそれほど珍しくなくなってきた。一般に、ひどい扱いを受けた労働者たちは次の世代にその経験を伝えるものだ。中国では環境問題と同じく、民衆による労働問題への抵抗運動が広がりつつある。効果的な労働者保護の仕組みはまだほとんどないが――いわゆる労働組合は昔からあるが、労組のトップは国が指名するし、労組の力はゼロに近い――それでも今では多くの労働者が団結して行動することの威力を知っている。CLMやSACOM、中国労工通報（チャイナ・レイバー・ブルテン）といった労働者の権利を訴える組織によって、一般大衆にも「労働者の権利」という問題意識が浸透してきた。また、急増する中産階級の人々は、劣悪な労働環境や労働者搾取への忍耐力が低い。

リー・ワンによれば、大きく進歩したことの一つは、労働者が工場を辞めても最後の給料をちゃんともらえるようになった点だという。前はもらえないことが多かった。ただし、猛烈なペースの作業内容や半強制的な長時間労働といった仕事の質の問題は「何一つ改善されていない」という。ｉＰｈｏｎｅ製造工場がどのような条件でアップルから仕事を請け負うかは極めて重要だ。業界全体の労働環境に影響を及ぼすからだ。リー・ワンは言う。「サムスンの幹部たちと話し合いをした時、彼らはアップルと同じようにすると言いました。アップルがしたことならなんでもそうする、と彼らは我々に言ったのです」

○○○○

上海で私は台湾人の素敵なカップルと知り合った。私が深圳に行くつもりだと言うと、そのカップルはぜひ彼らの会社の工場を訪れてほしいと訴えた。深圳の中心部でｉＰｈｏｎｅのアクセサリーを製造しているという。その工場では〝アッシュ・クラウド〟という新技術を使っており、私にとって興味深いはずだと。

その通りだった。アッシュ・クラウドは確かにすごい技術だった。工場自体もなかなか良く、清潔で現代的で効率的に見えた。工場の仕事内容は普通の組み立てラインで、それぞれの位置についた作業員がベルトコンベアからアイテムを取り上げて決まった作業を行い、それをコンベアに戻していた。この工場ではおよそ四五〇人の労働者を雇っているという。この時はイタリアなど欧州市場に向けてｉＰｈｏｎｅ用ケースを製造していた。

この工場では作業員一人につき一台、天井から吊り下げた液晶モニターが設置されていた。画面左上には作業員の顔が映り、横にはいくつか数字が表示されている。やがてモニター画面が切り替わると、全体がｉＯＳチックな見やすいステータス表示画面になる。そう、これはｉＰｈｏｎｅアプリの一部なのだ。アッシュ・クラウドにより、工場の経営者やフロアマネジャーは離れた場所にいても作業員の生産性を、その瞬間の生産台数に至るまで逐一監視できる仕組みだ。

その作業員の生産台数が標準より下に落ち込むと、表示される数字が赤い色に変わる。標準以上になれば緑色に戻る。ラインを流れてくる部品に対してきちんと作業を終えるたびに、モニター表示の数値は一つ数が増え、ノルマ達成に近づいていく。

彼らはついにループの両端を繋げ、閉じた輪を完成させたのである。その作業員が製造しているデバイスで動くアプリにより、その作業員を駆り立てる仕組みを作り上げたのだ。彼らはこの仕組みを世界じゅうに広げたいと考えていた。アッシュ・クラウド・アプリのライセンス事業を会社のもう一本の柱に育てたいと。すでに数社の工場がこの仕組みを採用済みだという。今や工場労働者は、自分たちが製造しているデバイスで管理される時代になったのである。

私はフォックスコンの元従業員の言葉を思い出した。「決して止まることなく続く。電話、電話、ひたすら電話だ」

第13章 「セル」フォン

マーケティングのための徹底的な秘密主義

Sellphone How Apple markets, mythologizes, and moves the iPhone

サンフランシスコの中心部にあるビル・グラハム公会堂。六〇〇〇人の収容能力のあるホールはすし詰めの満席になるだろう。テック系ジャーナリスト、アップル社員、業界アナリストらの行列に混ざり、私も入り口に向けてノロノロと進む。照明は薄暗く、人々は期待で興奮気味だ。ロックコンサートの入場待ちのようだ。新作のｉＰｈｏｎｅ７が発表されるまであと少し。テレビカメラがアップルの巨大なロゴを背景にレポーターを写している。

新製品発表会は、アップル神話とマーケティング戦略の中心的存在である。スティーブ・ジョブズはＭａｃ以降のアップルの大型新製品を、すべてこうしたステージで発表してきた。ジョブズのキーノート・スピーチ(基調講演)は新製品発表会に欠かせない恒例となり、一部のアップル・ファンは「スティーブノート」と呼ぶほどだ。それもうなずける。ジョブズはセールスの名人なのだ。彼はステージ上でスペックをまくし立てたり、いかに新製品がすごいかを感情的に訴えたりはしない。この新製品を買うべき理由など話さない。事務的な口調で、もうすぐ世界を変えるはずの新製品の特徴を述べるだけだ。彼の話は自然で力強く、真実に聞こえる。ジョブズが「アップルは電話に革命をもたらす」と言った時、彼は心からそれを信じていた。その伝統はジョブズが他界した二〇一二年以降もアップルに残された。ティム・クックはトップによるプレゼンテーションを前任者ほど楽しんでいないのは明らかだが、それでもその役目を忠実に引き継いだ。

今回、事前に噂の的となっていたのは、ワイヤレス・イヤホンを業界標準にしたいアップルが、ヘッドフォンジャックを廃止するのではないかという憶測だった。

私はマーク・スプノアと並んで着席した。彼は「トムズ・ガイド」という信用あるガジェット・レビュー・サイトの編集長だ。少なくとも七回はアップルの新製品発表会に出席しているという。発表会に出席する狙いは、何が本当に新しいのかを見極め、ガジェット・ブログの本来の目的である「買い換えるべきか？」という疑問に答えるためだ。

「その機能がすでに他社製品にあったとしても、アップルならそれよりさらに優れたものにできると証明しなければならない。それは、ジョブズ亡きあとのアップルもやはりイノベーティブなのだと示すことでもある」。何度も新製品発表会に出ているスプノアでも、やはり招待のeメールを受け取るのは嬉しいという（発表会には招待客しか入れない）。「やはり新製品発表会は興奮するよ。新製品だけが理由じゃない。この雰囲気だね」

照明が落ち、ビデオ映像でティム・クックが映し出される。彼は配車サービスのＬｙｆｔを使ってアップルの新製品発表会（この会場のことだ）へ行きたいと告げている。来た車にいざ乗ってみると、運転しているのは人気テレビ番組〝相乗りカラオケ（Carpool Karaoke）〟の司会者、ジェームズ・コーデンだ。なぜか歌手のアッシャーも同乗しており、三人は車内で「スウィート・ホーム・アラバマ」を一緒に歌い始める。同時に、本物のクックがステージに登場する――。

クックはいくつかの発表をした後、任天堂の伝説的プロデューサー宮本茂を紹介する。宮本は、ゲーム「マリオラン」で任天堂が初めてiPhoneゲームに進出すると告げた。固唾（かたず）をのんで聴いていた聴衆は熱狂に包まれた。

iPhoneが人類の歴史上で最も売れたデバイスになった理由の一端は、こうしたプレゼンテーションにある。端的に言って、アップルの並外れたマーケティングと小売り戦略がなければiPhoneはここまでの商品になっていなかった。アップルは、物欲をかき立て、需要を育て、自社のテクノロジーをかっこいいと思わせる点でずば抜けて優れている。二〇〇七年に初代iPhoneの発売を初めて公表した時点で、すでに世間ではアップルの新しい電話をめぐり憶測や噂が熱狂状態にあった。この見事なマーケティング戦略には少なくとも以下の三つの要因がある。

①新製品を秘密のベールで包んでわくわく感を高め……
②その新製品の発表会を神々しいほど見事に行い……
③清潔でピカピカのアップルストアで近日中にその新製品を売り出す。

当然ながら、この戦略が成功するには新製品自体が素晴らしくなければならない。だが、発売当初からその製品を神話化することは、販売戦略上何よりも重要なのだ。

もちろん、従来型のマーケティング・キャンペーンも大事であり、アップルはｉＰｈｏｎｅのためにその種の広告もたくさん行ってきた。二〇〇八年のキャンペーン〝そのためのアプリがあります〟は典型例だ。ｉＰｈｏｎｅの最初のＣＭである〝ハロー〟は、映画俳優などさまざまな有名人が電話を取って「ハロー」というシーンを寄せ集めたものだったが、今では覚えている人もわずかだろう。こうした初期のＣＭには説明調のものも多く、今見ると興味深い。指先一つでウェブを操作して電話をかけるという行為そのものに、まだ説明が必要とされる時代だったのだ。

ともあれ、ｉＰｈｏｎｅのＣＭキャンペーンには決定打というべきものはなかった。だから、アップルはいかに競合他社と違うやり方で目玉商品の存在感を高めてきたのか、それを研究する価値はある。

その場合、第一に挙げるべきはアップルの「秘密主義」だ。秘密主義を抜きにｉＰｈｏｎｅは語れない。アップルは徹底的な秘密主義によって、ネット上での憶測混じりの興奮をかき立て、それを利用する手練手管を磨いてきた。それ自体が一つのイノベーションと言っていい。アップルの技術面でのイノベーションと同じように、同社の秘密主義もやはり歴史的背景を持つイノベーションなのである。

〇〇〇〇

アップルほど秘密主義が徹底している企業は世界でもそれほど多くない。

その至上命令はトップから生まれる。スティーブ・ジョブズは常にアップルがどのようにマスコミに扱われるかを事前に慎重に考える人物だった。アップル創業時から、彼は主要なメディアの編集者や記者と関係を築くことに熱心だった。といっても、最初から徹底的な秘密主義だったわけではない。アップルに食い込んだ数少ない記者の一人、ニューヨークタイムズのジョン・マルコフは、一九九〇年代末から二〇〇〇年代初頭にかけてアップルが変化したと言う。「アップルに戻ってからのジョブズ氏は、トップレベルの幹部しか取材を受けないという姿勢を次第に強めている」――マルコフは、iＰｏｄ開発の陰の立役者だったトニー・ファデルへのインタビューを断られた後でそう書いている。また、ニューヨークタイムズの別の記者ニック・ビルトンは、ジョブズがよくアップル製品を〝魔法のよう（マジカル）〟と表現すると指摘し、「ジョブズ氏がよくご存じのように、魔法を魔法たらしめる要因の一つは、その仕組みを相手に知らせないことだ。アップルがうんざりするほど口が硬いのはそのせいもある」とする。

あえて秘密主義に徹することで新技術への関心を高める、という戦略は昔からある。例えば初の有人飛行を行ったライト兄弟だ。技術史の専門家デイビッド・ナイによれば、二人が初めて飛行機を飛ばした時、目撃者はほとんどいなかった。事前に人々の興味をかき立てようとしなかったので、まさか飛行機が空を飛ぶなど誰も予想していなかったのだ。そこで二人は戦略を変えて秘密主義になる。開発中の飛行機のデザインなど情報を公開せず、マスコミの取材にもほとんど応じなかった。憶測や噂が広まったが、二人はそれを放置した。一九〇四年のセントルイス万国博覧会でも彼らの飛行機を披露するよう招かれたが、二人はこれを断っている。「ライト兄弟は飛行機の商業利用を考えていたので、機械の詳細を公開したくなかったのだ」とナイは解説する。

一九〇八年になってやっと米国空軍のために公開デモンストレーションを行った時、大群衆がライト兄弟の飛行機を見に訪れた。

これと同じで、アップルが公の場での社員の言動を制限するのも、効果を考えた意識的な戦略なのである。

ブレント・シュレンダーとリック・テッツェリによる『スティーブ・ジョブズ　無謀な男が真のリーダーになるまで』によれば、ジョブズは「アップルの広報責任者であるケイティ・コットンに指示し、信頼できる四〜五社の紙メディアにしか自分が登場しないという広報戦略をとらせた。（中略）宣伝したい新製品が出てくると、この選ばれたメディアのうちのどこに特集記事を書かせるか、ジョブズとコットンの二人で決めた。そしていつも取材ではジョブズが単独で話をしたのである」。

もちろんジョブズは取材でも詳細は秘密にした。長年ジョブズを取材してきたシュレンダーはこう述べている。「自分ばかり脚光を浴びて、仕事仲間に光が当たるのを嫌がる彼の姿勢について、何度となくジョブズと議論した。というのも、私は他の人にも取材をしたいと繰り返し申し込んだからだ。ほとんどは上手くいかなかったが」

引き抜かれる恐れがあるので、誰が素晴らしい仕事をしているのかライバルに知られたくない――ジョブズはいつもそう言っていたが、シュレンダーは「本当のことを言っていない」と感じたそうだ。本当のところは「ジョブズは新製品とアップルについて自分より見事に語れる人物はいないと思っていたからだ」としている。

こうした広報戦略の結果、アップルの公式発表は極端に少なくなった。同社が一九九〇年代の落ち込みから復活し、iPodやボンディブルーのiMacなど洗練されたヒット商品を連発するようになると、アップルの動向に関する情報は一気に需要が高まった。ファン・ブログ、業界アナリスト、テック系の記者らが同社に群がり、〝アップル・ウォッチ〟は一つの立派な仕事となった。「アップルがあまりに秘密主義であるため、同社に関する噂を生み出す仕事、それを広める仕事、噂がうそだとあばく仕事を中心に、一つの業界のようなものまで生まれた」――ハフィントン・ポストは二〇一二年にそう言い切っている。

○○○○

この腹立たしい秘密主義の一番の問題は、確かに効果があることなのだ。

少なくともアップルにとって、iPhoneという製品のステータスを高めるのに一役買った。元アップル幹部は、初代iPhoneの開発を秘密裏に進めたことには「何億ドル分もの経済効果があった」と見積もる。

それはなぜか。iPhoneの秘密主義はアップル専門サイトによる無料の〝広告宣伝〟効果を生んだだけでなく、iPhoneを欲しがる消費者の気持ちを次第に高めていくのに大きな効果があったのだ。カナダのサイモンフレーザー大学の経営学者デイビッド・ハナーら三人の教授は、学術誌〝ビジネス・ホライズン〟に二〇一三年に掲載された論文で、アップルの秘密主義が売上げ増加に役立った仕組みを論じている。

「リアクタンス理論によれば、人は自由な選択――例えばどのような商品・サービスを選ぶか

――が制限されると必ず、(制限されない時よりも)その選択をしたいという気持ちが相当に強くなる。これは自分の自由を回復したいという欲求のためだ。その商品を選ぶ自由が重要であるとマーケッターが人々に思わせることができた場合、特にこの効果は大きくなる。アップルはこの原理を極めて効果的に利用している」――。さらに、アップルは製品の詳細や発売日を秘密にするだけでなく、発売直後の製品供給をわざと少なくしていると指摘する。発売前には詳細がわからない。発売されてもなかなか実物に触れられない、というわけだ。

そこで筋金入りのアップル・ファンは、ライブ・ストリームやツイッターで新型iPhoneの秘密を知ろうとする。こうして隠されたものを暴いてゆくという感覚がまた、欲しいという気持ちを高める。その欲求は、アップルが新型iPhoneの品薄感を巧みに演出することでさらに高まる。こうしてファンは「新製品をまっさきに購入するため、しばしば徹夜も辞さずに、喜んで開店前の店に並ぶことになる。数週間待てば簡単に入手できるとわかりきっているのに」(デイビッド・ハナーらの論文)。この「何ブロックも続く開店待ちの行列」という異様な光景が、さらにiPhone人気の高さを裏付け、行列してまで手に入れようという人々の満足度はいっそう高まる結果になる。

初代iPhoneが圧倒的に儲かる製品となっていくにつれ、アップルの秘密主義はさらにエスカレートした。発売前の新製品の詳細について情報を漏らした社員は、即座に解雇されかねない。ジョブズが最重要だと考えるプロジェクトに関わるメンバーは、同僚にさえも仕事内容を秘密にしなければならない。私はiPhone開発に関わった社員や元社員を取材していて、〝アップルで働くことの不満〟をいろいろ耳にしたが、その中で一番多かったのがこの秘密主義だった。そのせいで、本来なら協力してもらえたであろう他のアップル社員との間に、不必要な壁ができたというのが不満の理由だ。

ジョブズは情報漏洩元を突き止めるため、わざとニセの製品概要をサプライヤーに流したといわれる。もしそのニセ情報がファンサイトに載れば、ネタ元となったサプライヤーがわかり、取引を中止できる。

元アップル上級副社長でかつてのスター社員、トニー・ファデルは私にこう語った。時としてアップルの秘密主義のせいでｉＰｈｏｎｅの開発作業（ファデルはｉＰｈｏｎｅのハードウェア責任者だった）がほとんど不可能になることさえあったと――。「（秘密主義のせいで）仲違いも起きた。何しろ信じられないほど無茶な計画だったから関係者全員が協力し合う必要があったのに、一番肝心な部分について互いに情報を共有できないんだからね」

ジョブズだけでなく、ジョブズから権力を与えられた幹部連中にも秘密主義が蔓延していたとファデルは話す。「彼らはいつでも自分の権力を維持したいから、僕らに必要なことを話さないこともあった。あえて僕らがダメに見えるように仕向け、責任を押しつけるんだ。こっちは情報を教えてもらってないから身を守ることもできなかった」

今のアップルはその頃よりはるかに大きな企業になったし、ＣＥＯのティム・クックはジョブズのように偏執的ではない。サプライチェーンの拡大とともに情報が漏れる頻度は増えたが、クックは犯人捜しにそれほど熱心ではない。では秘密主義が緩んでいるのかというと、そうでもないようだ。「以前よりひどくなっています」というのはブライアン・ウッピ。最初のｉＰｈｏｎｅ設計に関わった入力エンジニアだ。彼は数年間アップルを離れてから同社に復帰し、部門間の秘密主義がかつてないほど高まっていることに気づいた。その後彼は再びアップルを辞めた。

私がなんとか接触できた現職のアップル社員も同じ気持ちでいる。上から下まで何らかの肩書きを持つほとんどの役職者が、ほぼ全面的な情報非公開を義務づける同社の方針に対し、イライラを隠さなかった。彼らの多くは、ぜひ私の取材を受けて自分の貢献について語りたいのだが、会社の方針のせいで話ができないと答えた。私はｉＰｈｏｎｅのＰＲ担当の責任者ともアップル本社で話をした。彼は、そもそも私と会っていること自体がアップルが情報開示に積極的になりつつあるからだ、と言っていた。しかし、アップルが本気で情報開示に積極的になったことはそれまで一度たりともない。

○○○○

こうしたアップルの秘密主義の一つの成果は、会社発のメッセージをしっかりコントロールし、世間の関心を製品自体に集めることができる点だ。つまり、触れて欲しくない問題含みの行為から世間の目をそらすことができる。それは例えばｉＰｈｏｎｅ製造工場の労働環境であるとか、アイルランドの租税回避地に所有する二四〇〇億ドルもの現金といったことだ。また、そこまで議論を呼ぶ問題ではないが、ｉＰｈｏｎｅ開発で誰がどんな貢献をしたか、といった点からも世間の関心を遠ざけることができる。

要するにアップルは、世間やテック系メディアに対して「取材なし、公式コメントなし、透明性なし」で通すという新常識を打ち立てたのである。そこで私はアトランティック誌のテック分野担当編集者エイドリアン・ラフランスに話を聞いてみた。彼女は最近の去勢されたテック系メディアについて真面目な記事を書いたばかりだ。私はアップルの主導するこの〝新常識〟が世間にどのような影響を与えているのかと質問した。

「どうせテック系企業はオンレコの取材に応じないだろう、または公式コメントを出さないだろう、という事態にみんなが慣れていくと、ジャーナリストが本気で情報を追いかけなくなる危険があります。どうせ情報は得られないだろうと最初からあきらめてしまうし、実際に得られないケースが多いからです」

つまり、アップル（そして日々秘密主義に傾いていく他のテック系企業）は取材を拒否し続けることで、公式発表を受け入れるしかないとジャーナリストを教育しているのだ。企業側が用意する昼食会イベントに招待されて、そこで詳細な情報を恵んでもらうしかないのだと。

「取材する側もされる側も、こうしたやり方にすっかりなじんで居心地良く感じています。テック系の報道の世界をよく見てください。製品レビューばかり熱心に伝えていますが、その企業の活動内容を報道することにどれほどの熱意が割かれているでしょうか？」――テック系メディアは「製品」こそ世界の中心にあると考えているようだ。あたかもそうした「製品」は労働者や開発者や利用者、そしてビジネスとはまったく無関係に存在しているかのように。

では、ジャーナリストはどうすればいいのか。「どれだけ取材を断られても、取材の努力を続けるべきです」とラフランスは言う。

そこで私はそうすることにした。

歯に衣着せずテック業界を批判することで有名な英国のテック系メディア〝ザ・レジスター〟で面白い記事を読んだことがある。彼らはアップルのiPhone7の発表イベントにぜひ招待してほしいと懇願するメールをアップルの広報部門に送る際、本当にメールを読んでもらえるか調べるために〝メール・トラッカー〟を忍び込ませ、その顛末を記事にしたのである。結果的に広報部門はちゃんとそのメールを読んでいた（ただし招待はされなかった）。

私も同じことをしようと考えた。その時点でアップルは、私の取材申し込みを何ヶ月間も無視したままだった。そこで私は新たにもう一度取材申し込みのメールを書き、そこにストリークという企業が作ったメール・トラッカーをインストールした。その結果、私のメールは送信した日のうちに三つの異なるデバイスで開封されていたことが判明した。おそらく三人の別々の人物がメールを読んだと考えていいだろう。だが、やはりまったく返事はない。そこで一週間後に同じことを繰り返してみた。だが、やはり返事はなかった。面白いじゃないか――。

ついに私は中抜きをしようと決めた。ティム・クックに直接メールを書くのだ。やってみなければ結果はわからない。ジョブズはインボックスのメールに気まぐれで返事を書くことで知られていた。クックも一度か二度、そうしたことがある。

二〇一六年八月三一日、私はインタビューをしたいという旨のメールを直接ティム・クックに送信した。すると思いがけない展開を見せたのである。私の使ったメール・トラッカーは、極めて小さく目に見えない1×1ピクセルの画像をメール本文に忍ばせる仕組みになっている。メールが開封されると、この画像は送信元サーバにピン（テスト用パケット）を送り返す。このピンにはメールが開封された日時と場所、さらにどのようなデバイスで開封されたかという情報が含まれている。

なんとも奇妙なことに、メール・トラッカーによれば、ティム・クックはＷｉｎｄｏｗｓのデスクトップパソコンで私のメールを開封したというのだ。何かの間違いだろう――そう思った私は、メール・トラッカーが伝えてくる使用デバイスの情報はどれほどの精度があるのか、ストリーク社にメールで問い合わせてみた。同社のサポート部門からの答えは「具体的なデバイス名が書かれていた場合、精度は非常に高い」というものだった。そこで私はティム・クック宛てに念押しのメールを送ってみた。結果は同じ。Ｗｉｎｄｏｗｓのデスクトップパソコンで開封されたのだ。

ティム・クック本人、もしくは彼のためにメールの整理をする人物が、ＷｉｎｄｏｗｓのＰＣを使っているなどということがあり得るだろうか。どちらもちょっと考えられない。

その後、私がクック宛てに送ったメールは、アップルの広報部門に転送されたらしい。クック本人はメールを見たのだろうか。広報担当者に聞いてみると、本人がメールを読んでから広報に転送したという。数週間後、私はもう一度、取材希望の念を押すメールをクック宛に送った。そのメールはまたしてもＷｉｎｄｏｗｓのＰＣで開封された。クックからの返事は結局なかった。

○○○

なるほど。つまりアップルは極端な秘密主義を貫くことで、同社に関することならなんでもかんでも熱狂的に伝えるメディアと、同社の新製品をひたすら待ち続けるコア顧客を生み出した。そのような下地が整えられたところに、アップルが狙い澄ました〝鶴の一声〟を放つ。それまではうわさや憶測に過ぎなかった情報が初めてはっきりとわかり、改めて人々を熱狂させるアップルからのメッセージ――その最高の舞台となるのが、招待客だけに披露される新製品発表会なのだ。

〝スティーブノート〟という言葉まで生んだこの発表会のスタイルを考え出したのは、アップルの元CEOジョン・スカリーだったと指摘するのは、アップルに詳しい著述家のリアンダー・カーニーだ。「マーケティングのプロだったスカリーは、理想の新製品発表会というのはマスコミ向けに上演される〝ニュース劇場〟であるべきだと考えました。つまり、マスコミがニュースとして扱うように、新製品が記事の見出しになるように、イベントを演出するという考え方です。何しろニュース記事は一番効果的な広告になりますからね」

スカリー自身も自伝『スカリー――世界を動かす経営哲学』で次のように述べている。「人々をその気にさせる方法は、まず新製品に興味を持ってもらい、次に彼らを楽しませ、そしてその新製品をものすごく重要な出来事にしてしまうことだ」

わくわくするような新しいテクノロジーと「劇場」の融合は、米国独自の芸術になった。そしてそれを完成させたのがアップルだ。この〝芸術〟は、技術史の専門家デイビッド・ナイが言うところの米国型〝技術的崇高(テクノロジカル・サブライム)〟――技術の飛躍的進歩をその目で見た人々が感じる畏敬の念――を見事に利用している。多様な文化や宗教によって価値観が細分化されている米国だが、フーバーダムや白熱電球、核爆弾といった驚くべき新技術への感嘆の念が人々を結びつける共通の基盤となることを、米国は昔から知っているのだ。ナイはそう指摘する。

確かに効果的だ。ビル・グラハム公会堂でアップル幹部が世界を変えるような最新のガジェットを見せびらかす姿を見ながら、私はそれを実感した。しかも事前の秘密主義のおかげで、この場にいる我々だけが真実をのぞき見ることが許されている、という感覚がさらにぞくぞくさせるのは否めない。

だが、隣に座るガジェット・レビュー・サイトのマーク・スプノアがクギを刺す。「ジャーナリストのなかには、興奮にとらわれて客観性を失わないよう、この〝現実歪曲シールド〟から一定の距離を保とうと努める人たちもいるよ」

問題は、アップルの〝技術的崇高〟を見せつけられると、興奮にとらわれないでいるのが非常に難しいという点なのだ。

○○○○

プレゼンテーションの締めくくりは、オーストラリアの人気歌手シーアのパフォーマンスだった。巨大なかつらをかぶって身じろぎもせずにヒット曲を歌う彼女のまわりを、子供たちが跳びまわり、横とんぼ返りを打つ。その後、招待客は舞台下手の部屋に案内された。そこは一月後のアップルストアを模した部屋で、つい先ほど舞台で紹介されたばかりの新製品「ｉＰｈｏｎｅ７」が並んでいる。新型ｉＰｈｏｎｅの実物を初めて手に取り、スワイプし、写真を撮れるという仕掛けだ。あちこちでブロガーが写真を撮り、テレビクルーは現場中継をしている。この公会堂から何百というブログが更新されたであろう。多くの人々が自分の旧型iPhoneで新型iPhoneの写真を撮っている。そして私のように、iPhoneでiPhoneを写す人々の姿をiPhoneで撮影する人もいる。そこは不思議な空間だった。ショールームであるアップルストアを模したショールーム。きらびやかに飾られた最先端の小売店を模した箱庭――。いずれ現実の世界でもこれとまったく同じようにiPhone7を見ることになるのだろう。

○○○○

それから数週間後のiPhone7の発売日。私はアップルのマーケティング戦略の成果を確かめようと、アップルストア巡りにでかけた。

最初に立ち寄ったのはロサンゼルス郊外グレンデール・ガレリアの店だ。ここはバージニア州タイソンズコーナーセンター店と並び、二〇〇一年五月一九日開店の最も古いアップルストアである。私が知りたかったのは、初代iPhoneから一〇年後の今でも、当時話題になった「開店待ち行列」ができているかどうかだ。

行列はあった。ショッピングモールの二階にあるアップルストアの入り口から中央通りの角を曲がって四〇人ほどが並んでいた。聞けば先頭の数人は徹夜で並んだという。ちょうどその時、店が開いて従業員の明るい声が響いた。スタッフが入り口に勢揃いし、行列していた客を拍手で迎え入れる。新製品発売当日のアップルストアの恒例行事だ。

この年、新色の〝ジェットブラック〟のiPhone7とデュアルカメラ搭載で画面の大きいiPhone7プラスはそうそうに売り切れた。「品切れ」も新モデル発売時のお決まりの一つだ。

発売後数ヶ月で品切れになった初代iPhoneの場合、あの熱狂的な奪い合いを考えれば、純粋に生産が間に合わなかったのかもしれない。だがその後のモデルに関しては、アップルの優れた在庫管理能力を考えれば、人工的に引き起こされた〝品不足〟であってもおかしくない。

この品不足を「世界最高峰のマーケティング・チームによる完璧な演出ですよ」と指摘するのはアップルに詳しいコンピュータ科学者のビル・バクストン。サプライチェーンの柔軟性を維持する狙いや、品不足の印象を与えることで需要を高める狙いもあるという。「彼らは生産能力からサプライチェーンまで何もかもしっかり作り上げています。その気になれば需要に応えるため一気に生産能力を高めることもできるでしょう。実際、あれだけの奪い合いが起きたにもかかわらず、新モデルのiPhoneを買えなかった人が一人でもいましたか？」

○○○○

新製品が展示されるアップルストアは、一点の汚れもないほど清潔で完璧にデザインされた空間だ。世界中の小売り業者の垂涎の的である。製品が置かれる大きな木製テーブルは、ジョニー・アイブのインダストリアル・デザイン・ラボを模したものだといわれる。スティーブ・ジョブズのアイデアも数多く反映されており、ストア内のガラスの階段は彼が特許を持っている。二〇〇〇年代初頭から相次いでオープンし、当初はアップルの取締役会が反対したにもかかわらず、結果的には巨大な売上げを同社にもたらした。

二〇一五年時点で、アップルストアは一平方フィート当たり五五四六ドル（年間）を売上げ、単位面積当たりの売上高で二位に圧倒的な差をつける米国一の小売店である。販売や修理を行う

「スペシャリスト」や「ジーニアス」と呼ばれる店舗スタッフは相当な数に上る。アップルは米国内の二六五店舗で三万人の店舗スタッフを雇用しているという。二〇一五年の米国でのアップル総雇用者数のうち半数近くを占める。販売量の巨大さと店舗スペースの素晴らしい効率性を考えれば、彼らは米国でも最高レベルの生産性を持つ店舗スタッフと言えるだろう。二〇一一年にはアップル担当アナリストのホレス・デディウが、その生産性を具体的に分析している。米国のアップルストアの店舗スタッフは、二〇一〇年に一人当たり平均で年間四八万一〇〇〇ドルを生み出し、二〇一一年も似たような数字になりそうだとしている。これはＪＣペニーの従業員のほぼ四倍の数字になると彼は指摘する。アップルストアの従業員は平均で一時間に六人の顧客に対応し、二七八ドルの売上げを生み出しているのだ。

アップルの店舗スタッフは一時間当たり九ドルから一五ドルの時給をもらい、各自の売上げに応じた歩合給はない。最低賃金よりはだいぶ高いとはいえ、薄給である。アップルのずば抜けた利益額との対比が際立つ。ｉＰｏｄ以降のアップルは、時にカルト的と批判されることもあるほど若者を惹きつけ、スタッフの人集めに苦労することはない。ただし、歩合給がなく固定給が安いことから、スタッフの定着率には問題がある。二〇一二年にはニューヨークタイムズが〝アップルの販売部隊：忠誠心は十分、賃金は不十分〟との見出しでこの問題を取り上げた。健康保険の対象は正社員のみだし、昇進のシステムも不可解とあって、店舗スタッフの間には不満も高まり、ついに、サンフランシスコの旗艦店でパートタイムの〝スペシャリスト〟として働く一人のスタッフが立ち上がる決意をした。

「アップルの店に立ち寄り、買い物するのが本当に素敵な経験になるよう僕たちは努力し、アップルの役に立っています。その努力に見合うよう、スタッフにとっても楽しく働ける、やりがいのある職場になってほしいのです。でも今はその逆の職場になりつつあります」とコリー・モールは私に訴える。彼は二〇〇七年に出身地であるウィスコンシン州マディソンのアップルストアで働き始め、二〇一〇年にサンフランシスコの中心部にある旗艦店に移った。筋金入りのアップル・ファンでもある。

だが、旗艦店で数年働くうちに制度面の問題が見えるようになってきた。その一つは賃金だ。賃金上昇率は一～三％程度と相対的に低く、店舗スタッフの専門知識やスキル、アップルの社風や製品にどれだけ精通しているかといった点が考慮されているとは思えない。「福利厚生は何もないうえ、時給は一二ドル。まるで〝世界最高クラスの企業で働けるんだぜ。時給はほとんど最低賃金程度だけど、それがイヤなら勝手にしな〟と言われているようなものです」

スタッフの昇進を議論する仕組みは存在せず、店長は雇用契約を変更せずにパートタイムのスタッフにフルタイムで仕事をさせた。本来なら常勤スタッフになれば福利厚生の対象となるはずだ。モールや同僚がその点を尋ねても、店長は知らん顔をした。労働者を適正な職種に分類しないのは労働法違反の可能性もある、とモールは指摘する。労働時間や能力面からフルタイムの職種がふさわしいのに、何年間も放置されるスタッフもいた。パートタイムの〝スペシャリスト〟からフルタイムの〝ジーニアス〟へと昇進するのは極めて難しいが、店長と仲良くなったスタッフは昇進できるなど、情実人事がまかり通っていた。

アップルストアの立役者とされるロン・ジョンソンが二〇一一年にJCペニーのCEOに転職し、後任のリテール責任者がジョン・ブロウェットになると事態はさらに悪化、店舗スタッフの不満は爆発寸前になった。そこでモールは労働者の組織化を考え始める。やり方はよくわからなかったが、仕事仲間に声をかけ、話し合いを始めた。「乗り気になる人もいれば怖がる人もいました。正式な労組の結成を要求するとかそんなつもりではなく、みんなで集まってきちんと声をあげよう、という気持ちでした」

実際に動き始めてみると、業務に追われる日中のアップルストアではスタッフ同士で話し合う余裕などない。そこで彼はツイッターを利用して声をかけてみた。するとサンフランシスコだけでなく、米国全土のアップルストアのスタッフ二〇〇〜三〇〇人が反応し、労働者の連帯の可能性が見えてきた。モールはプレスリリースを作成してテック系メディアにばらまき、ウェブサイトを作り、既存の労働組合の幹部に会って助言を受けた。CNET、タイムズ、ロイターなどが彼を取材した。数百人の店舗スタッフが各自の不満をモールに伝え、彼はそれを会社側に伝えた。

アップル側もこれに対応した。「組合研修資料」という名目で、要するに組合活動を沈静化するための手引きとも読める資料を各ストアに配布したのだ。だが同時に、賃上げを早期に行い、パートタイムのスタッフにも研修のチャンスを増やし、福利厚生制度も拡充すると約束し、確かに実行した。モールによれば、彼の時給は二ドル四二セントもアップし、同僚も多くが異例な額の昇給をしたという。iPhoneの販売でアップルの巨大な利益に貢献している数千人の店舗スタッフにとって、一つの勝利であることは間違いない。だが同時に、この勝利によって店舗スタッフたちの組合結成への関心は急速にしぼんだ。アップルストアに五年半勤めたモール自身も、変化を求めてアップルを去ることにした。

モールの熱意は結果的に正式な組合の結成にまでは至らなかったが、当時やその後の店舗スタッフ数千人の生活水準を向上させた。「目的は達成できたと思います。声を上げるのは怖いですが、他に道がないと思える時は声を上げるのが自分の権利だと考えるべきです」とモールは振り返る。

彼の行動の後も、何度か店舗スタッフの不満が表面化したことがある。

二〇一四年にはアップルストアのスタッフたちがアップルを相手に集団訴訟を起こした。食事や休憩の時間が与えられないことが多かったり、賃金支払いが遅れたりするなど、カリフォルニア州の労働法に違反する事例がいくつもあるという内容で、二〇一六年に労働者側が勝訴。アップルは二〇〇万ドルの支払いを命じられた。また北京のアップルストアでは「スペシャリスト」のスタッフが不満を訴えている。いわく、毎日帰宅前に持ち物検査を受けねばならず〝泥棒扱い〟されており、しかも検査の行列に並ぶ時間は無給であると。

だが、全体的に見ればアップルストアのスタッフの満足度は高い。労働者が職場の満足度を評価するアプリ〝グラスドア〟を見ると、職場としてのアップルストアは高評価である。アップル本社の評価よりも、アップルストアのほうが評価が高いほどである。

私はスタッフの生の声を聞くため、二〇一六年にニューヨーク（五番街の旗艦店）、サンフランシスコ、ロサンゼルス、パリ（ルーブル美術館内にある）、上海、クパチーノ（アップル本社内）のアップルストアを巡り、何十人もの「スペシャリスト」や「ジーニアス」と話した。その全員が匿名希望だった。アップルの秘密主義は店舗の隅々まで行き渡っているのだ。

概して彼らは仕事にまあまあ満足していた。大好きという人や大嫌いという人はほとんどいなかった。二〇〇〇年代中盤から後半にかけて一部で批判された〝カルトっぽさ〟はあまり感じられなかった。シフトに柔軟性がないという不満がある一方、しっかりした福利厚生を称える声もあった。これらは他の小売店でもよくある話だろう。

アップル本社にあるアップルストアは、ｉＰｈｏｎｅの原型が生み出されたインダストリアル・デザイン・スタジオのあるインフィニット・ループ2番地から建物一つ分の場所にある。そのアップルストアに並ぶｉＰｈｏｎｅは、数十メートルしか離れていない場所で設計され、はるばる中国で組み立てられ、またこのアップル本社に貨物便に乗って戻ってきたわけだ。

店を出ようとした私は、中国人の観光客グループに呼び止められた。アップル本社のアップルストアを背景に写真を撮って欲しいという。シャッターを押してカメラを返す時、彼らがアップル本社に来た理由を聞いてみた。その女性は笑顔で即答した。「ｉＰｈｏｎｅが大好きですから」

第14章 ブラックマーケット

使用済みiPhoneの運命

Black Market *The afterlife of the one device*

深圳では、バラバラに分解されたパーツを使ってどんなものでも作り上げることができる。ここはシリコンバレーが一番頼りにできるモノづくりのガレージなのだ。チップに回路基板、各種センサー、筐体、カメラ——さらには加工前のプラスチックや金属まで手に入る。

とりわけすごいのは電気街の華強北(ファーチャンペイ)だ。そこではゼロからまるごと一台のiPhoneさえ作り上げることができるという。これはぜひ試してみたい。

華強北は深圳中心部にある活発な市場だ。行き交う人々で道はあふれ、ネオンがきらめき、道ばたには露天商が並ぶ。みなひっきりなしに煙草を吸っている。取材協力者のワン・ヤンと私はSEGエレクトロニクス・プラザ(賽格電子市場)をさまよい歩いた、ここは家電量販店〝ベスト・バイ〟の巨大版のようなビルで、あらゆる部品を売る小規模店舗が一〇階まで詰め込まれている。ドローンがうなりをあげ、高級ゲーム機のライトが点滅し、買い物客はチップの品定めに忙しい。ここでは偽造品のスマートフォンが格安で手に入る。女性の売り子が私に買わないかと見せつけるｉＰｈｏｎｅ6は、アンドロイドＯＳで動いている。別の売り子はピカピカのファーウェイ製スマホを二〇ドルほどで売っている。

私は内気そうな若い修理工が一人で座っている露店に足を向けた。彼はドライバー一本と自分の爪でｉＰｈｏｎｅを解体している。私が「ｉＰｈｏｎｅの交換部品をどこで買えるか知っているか」と聞くと、彼はこちらも見ずにうなずいた。

「ｉＰｈｏｎｅを一台組み立ててもらえるかい？」と聞いてみる。

「ああ、できると思うよ。どのｉＰｈｏｎｅが欲しい？」

私はどのモデルでもいいと答えた。組み立てる過程を見るのが主な目的だ。

「中古を一台買ったほうが早いけど」と修理工が言うので、できるだけバラバラの部品を寄せ集めて一台組み立てたいのだと説明した。カメラ用センサーやバッテリー、回路基板などを個別に買ってきて作りたいと。

その若い修理工は、三五〇人民元でｉＰｈｏｎｅ4ｓを作れると言った。五〇ドルほどだ。

「それは本当に動くのか？」

「もちろんだよ」

作っている様子をビデオと写真で記録してもいいかと聞くと、あんたは頭がいかれてるねと言ってから、少し不安そうに「いいよ」と言ってＳＩＭカードを一枚取り出した。交渉成立だ。

修理工は何も言わずに立ち上がると、ふらふらと歩き始めた。ガード下をくぐり、大通りを横切り、ここでは高級店のように見えるマクドナルドを過ぎ、横道に入り、一軒の建物に入った。

中はまるでｉＰｈｏｎｅ組み立て工場をひっくり返したかのように多種多様な部品であふれかえった巨大な店だ。

華強北の電気街からわずか数ブロックの場所にあるこのくすんだ四階建ての建物は、あらゆるｉＰｈｏｎｅの百貨店だった。再生品や中古品、そして偽造品――。自分の目で見なければ信じられないだろう。私はこれほどたくさんのｉＰｈｏｎｅが一カ所にあるのを見たことがない。あらゆるモデル、あらゆる色のｉＰｈｏｎｅの山がえんえんと続く。

修理屋の店先では、客を呼び込むためｉＰｈｏｎｅの解体を実演中だ。若い男女が虫眼鏡と小さな工具で作業している。別の店先に何千個と並んでいるのは、おそらく極小のカメラレンズだろう。隣の店先には銀色のアップルのロゴマークが山積みで、店先の男性は薄い金属片からロゴマーク部分を切り取ってはサイズを測っている。さまざまなｉＰｈｏｎｅ用ケースを展示している店もある（私は後からこの店に戻り、〝２５０台限定品：24金〟と書かれたｉＰｈｏｎｅ5用ケースをおよそ一〇ドルで購入した）。どの店もｉＰｈｏｎｅ用部品を物色する客が鈴なりだった。

例の修理工は勝手知ったる様子でスイスイと進み、アップルのロゴ入りバッテリーが山積みの露店に立ち寄ると、その一つを約二ドルで購入した。こうして彼は次々に店をまわり、カメ

ラ・モジュールや黒い筐体、ディスプレイ・ガラスなどを買い漁った。さらに三人の若い女性が奥に座るブースに立ち寄る。三人はそれぞれ自分の携帯電話に没頭しており、一人は太字で〝ＣＡＳＨ〟と書かれた白いＴシャツを着ていた。修理工はそこに並ぶマザーボードを指さした。ｉＰｈｏｎｅ４ｓ用に加工済みの完成品マザーボードだという。ここではあらゆるｉＰｈｏｎｅのあらゆるパーツが買えるのだ。

本当はゼロから組み立てて欲しかったのだが、修理工は私が写真を撮るのに神経を尖らせている様子だったので、私は加工済みのマザーボードを買うことに同意した。彼はｉＰｈｏｎｅのパーツを両手にかかえてＳＥＧプラザの自分の店に戻ると、さっそく組み立て作業に着手した。

ジャック――その修理工は自分をそう呼んでくれと言った――は電子廃品の町として有名な貴嶼(グイユ)鎮の出身だという。小さい頃から電子機器を解体して遊んでいるうち、自然に修理の技術が身についた。深圳に移ってからは携帯電話やタブレットの修理が天職となった。道具はドライバー一本のみ、あとは自分の指だけで行う彼の作業は驚嘆に値する。軽妙かつ直感的、自信に満ちた仕事ぶりで、一五分程度で組み立ててしまった。ジャックは動作テストを終えると最後に中国用のＳＩＭカードを差し込み、ほぼ新品同様のｉＰｈｏｎｅ４ｓを私に手渡した。それまで使っていた６と比べるとわずかに動作が遅い気がするが、それ以外は完璧に動いた。もちろん私とジャックは別れる前に一緒に自撮りをした。

さて、新しいｉＰｈｏｎｅを手にした私は、またワン・ヤンと一緒に電子市場をうろついた。大勢の人々が押し込まれた狭い空間はうなるようなざわめきに満ちている。だが、我々が周囲の人々に声をかけ、話を聞こうとすると、例外なく誰もが黙りこくってしまう。そのｉＰｈｏｎｅやパーツはどこから入手したのか、どんな相手に売るつもりなのか、誰一人答えてはくれない。明らかに個人顧客向けにｉＰｈｏｎｅを売っている店もあるが、多くは卸売り商売をしているようだ。店主に話しかけても、みな手を振って私たちを追い払う。値段を聞いても、売り物じゃないと言って相手にしてくれない。どうやら、だれか専門家を連れて出直してくる必要がありそうだ。

○○○○

「こんなの見たこともない」――それから数日後、例のｉＰｈｏｎｅパーツの百貨店を再び訪れると、同行したアダム・ミンターは絶句した。彼は電気・電子機器廃棄物の専門家で、地球規模のゴミとリサイクルの問題を追いかけた*Junkyard Planet*（日本未訳）の著者でもある。廃棄物問題の会議に出るため、たまたま私と同じ時期に深圳にいたのだ。

私たちはフロアを歩き回り、取材協力者のワン・ヤンの通訳で質問を投げかけた。前回と同じく店主の多くは答えようとしなかったが、一つだけわかったことがある。やはり一部の店は卸売り業者で、店先のｉＰｈｏｎｅは個人に売るためのものではない。買い付けにきたバイヤーに品質チェックさせるためなのだ。

「ここにあるｉＰｈｏｎｅの大半は、おそらく中国版イーベイの淘宝（タオバオ）か、本家の米国イーベイに出品されるのだろう」とミンター。「イーベイでｉＰｈｏｎｅを買う時は常に注意が必要だ。原産地はここかもしれないからね」

ネット上でも現実世界でも、中古市場ではｉＰｈｏｎｅがたくさん売られている。中国などの発展途上国では特にそうで、大きなビジネスになる場合もある。多くの米国人は、イーベイやクレイグズリストといったオンライン市場を、自分が使わなくなった中古品を格安で処分する場だと思っている。だが、上記のような部品マーケットの存在が示すように、実はオンライン市場は巨大なブラックマーケットの一部として機能している可能性がある。ブラック（非合法）までいかなくても、少なくともグレイ（非合法すれすれ）であろう。

「これで合点がいった」とミンタ－。つい先日、彼は非合法の〝iPhone再生工場〟に関するタレコミ情報を入手してそこを訪れたのだが、その工場で使われているiPhone用パーツがどこから来ているのか、どうしてもわからなかったのだ。「これですべてわかったよ」と彼は言う。あのような本格的な〝iPhone再生工場〟の組み立てラインを稼働させるには、あらゆる部品を大量に供給できるこのような市場が不可欠だ。

深圳は以前から〝グーフォン〟や〝クール999〟といったiPhoneのコピー商品の産地として知られる。この種のコピー商品は、見た目は本物そっくりでも性能は足元にも及ばない。ところが、今我々の目の前にある非合法iPhoneは、アップルストアに並ぶ本物とまったく同じなのだ。違いは新品でないという一点だけ。

二〇一五年、中国政府は深圳にあるiPhoneの偽造品工場を摘発して閉鎖した。この工場は中古の部品を使って四万一〇〇〇台のiPhoneを製造していたという。米国も無関係ではない。二〇一六年にはニューヨーク市警がiPhoneとサムスン製携帯電話の偽造品一万一〇〇〇台、金額にして八〇〇万ドル相当を差し押さえている。また二〇一三年には、国境警備隊が二五万ドル相当のｉＰｈｏｎｅ偽造品をマイアミの店舗で差し押さえたこともあった。

さて、ここで問題となるのは、〝偽造品〟や〝非合法〟のｉＰｈｏｎｅの定義である。世界中で大人気となったｉＰｈｏｎｅは、コピー商品や偽造品を生んだだけでなく、本物を取り扱う中古市場も拡大している。深圳にある四階建てのビル一棟がまるまる一つの製品とそのパーツだけで埋め尽くされているのには理由があるのだ。

ｉＰｈｏｎｅはソフトとハードが高度に一体化されているため、本物に近い偽造品を作っても、本物を使い込んでいる利用者には即座にニセモノとばれてしまう。真のコピー商品を作るには、本物のｉＰｈｏｎｅ用パーツがなければまず無理なのだ。つまりｉＰｈｏｎｅの場合、利用者が偽造品と気づかないほどの偽造品なら、それはある意味利用者にとっては本物のｉＰｈｏｎｅと変わらないと言えるだろう。

本物のｉＰｈｏｎｅのバッテリーを交換をしたら、それはもう〝本物のｉＰｈｏｎｅ〟ではなくなるのだろうか？　画面のガラスがゴリラガラスでないｉＰｈｏｎｅは？　内蔵ＲＡＭを増設したら〝本物〟とは呼べないのだろうか？　深圳の改造業者ならｉＰｈｏｎｅの内蔵ＲＡＭを二倍にすることなどたやすい。こうしたｉＰｈｏｎｅはマスコミには〝偽造品〟と呼ばれがちだが、実際には微調整や改良されただけのｉＰｈｏｎｅなのだ。

私たちの旅の最初にｉＦｉｘｉｔのラボを訪れたことを思い出してほしい。アップルが顧客に製品内部をいじられることをどれだけ嫌っているかを――。同社は改造を防ぐために普通のドライバーでは開けられない特殊なネジを使い、ｉＰｈｏｎｅの修理方法を解説したブログに対しては著作権を理由に削除を要請し、無資格の第三者や自分でiPhoneを修理した場合は製品保証が無効になるとしている。おそらくその理由として、アップルが修理サービスで年間一〇億ドル程度の純利益を得ていると推定されることや、ユーザー自身に修理させなければ新モデルの購入が促進されること、未熟な修理によりアップルやiPhoneのブランド価値が毀損するのを防ぐといったことが挙げられるだろう。

アップルはiPhone用の交換部品をいっさい販売していない。スクリーンやバッテリーを交換したければ、かなり割高な修理費を払ってアップルに交換してもらうしかない。民間の修理業者でも、交換部品は中古市場やイーベイ、または深圳の闇市場から入手せざるを得ない。それゆえ、iFixitなどの業者は手を組んでアップルその他のデバイス・メーカーに対し、修理業者への対応を改善するよう要求している。二〇一六年には米国の五つの州でいわゆる「修理してもらう権利」の法制化に向けた動きが始まった。

今のところ、ほとんどの利用者はiPhoneの修理を自分ではしていない。もしiPhoneが動かなくなれば、新しく一台購入して古いのは引き出しにしまい込む。中には捨てる人やリサイクルに出す人もいるだろう。

まだiPhoneが動くのに新モデルが欲しくなった場合、選択肢はさらに増える。アップルは新モデルへの買い換えを促す狙いもあって「下取りプログラム」を導入した。旧型iPhoneを持ち込めば、アップル製品のギフト券がもらえたり新型iPhoneが割安で買えたりする仕組みだ。また、イーベイを使えば個人でも簡単に中古iPhoneを売り出せるし、旧型iP ｈｏｎｅの買い取りをしている業者も多い。

では、こうしてリサイクル業者の手にわたったｉＰｈｏｎｅはその後どうなるのか？ガゼルなどの下取り業者はまず、持ち込まれた中古の携帯電話が転売可能かどうか調べる。良品ならそのままネットなどで転売することもある。ｉＰｈｏｎｅのように需要の多い製品については、世界各地の転売業者向けにまとめ売りをする。つまり、中国企業が大量に買い付けることもできるのだ。深圳の業者なら、大量に買い付けた二世代前のｉＰｈｏｎｅから利益をたたき出すこともできよう。もちろん、深圳の電子市場では誰一人話をしてくれなかったので確証はない。だが、ほとんど監視の目もないような労働環境のなかで日雇い労働者が地中から掘り出す生の元素からｉＰｈｏｎｅの人生がスタートし、複雑な経路をたどってやっと最後に晴れてアップルの正式なサプライチェーンに組み込まれるのと同じように、人生を終える時もｉＰｈｏｎｅはアップルの正式なネットワークからこぼれ落ち、透明度の低いマーケットへと転売されていく。

「工場から出荷される時、一部のｉＰｈｏｎｅは〝トラックの荷台から転落して〟この辺りに落ちてくるんだと思うよ」とミンター。香港や国外から流れてくるものもあれば、一部は貴嶼鎮(グィユ)からくるようだ。そう、Ｅウェイスト（電子・電気機器廃棄物）の町である。

○○○○

深圳からわずか数時間の距離にあるグイユは、世界一のＥウェイストの集積地だ。つい最近までは汚染のひどい不毛の土地だった。関税手続きの緩さで悪名高い香港に接していることが主な理由で、グイユは何十年も前から不要な電子・電気機器の廃棄場になってきた。

大通りから一歩裏に入ると、道ばたに電子回路やコード類、モニターからPCの筐体まで山積みとなっている。何人もの男女がコンクリートの上に廃棄物を広げ、かがみ込んでは仕分けに精を出している。さらに奥に歩いていくと入り口が開いたままの倉庫があり、大小の電子回路やパソコン類の内部パーツが高々と積み上げられているのが見えた。男が一人走ってきて、写真を撮るのをやめるよう我々に命じた。

この町を理解するには一九七〇年代まで遡る必要がある。その頃から八〇年代にかけ、プラスチックや鉛、その他の有毒化学物質を含んだ消費者向けの電子機器がかつてないほど大量に生産された結果、その捨て場所が深刻な問題となった。廃棄物の埋め立て地はブラウン管や鉛を含んだ回路基板（回路の接着に使う「はんだ」は鉛とスズが主成分）で満たされ、環境問題を引き起こす。先進国ではEウェイストの規制を求める声が高まり、規制が進むとそのせいで〝有毒廃棄物の商人〟たちが台頭した。Eウェイストを引き取り、中国や東欧、アフリカなどに輸出して廃棄させる業者である。

一九八六年、その種のEウェイストに当たるゴミ焼却炉の灰を一万四〇〇〇トンも積み込んだ貨物船キアン・シー号がフィラデルフィアから出航した。同号はバハマで焼却灰を荷下ろししようとしたが拒否され、その後一六ヶ月間、焼却灰の受け入れ先を求めてドミニカ共和国、パナマ、ホンジュラスなどを転々とするが、いずれも受け入れを拒否される。あきらめてフィラデルフィアに焼却灰を返却しようとするも拒否され、ついにはハイチ政府に〝農地用の肥料〟だと嘘をついて四〇〇〇トンの焼却灰を陸揚げする。環境NGOのグリーンピースがハイチ政府に真実を告げ、同国政府はキアン・シー号に焼却灰を引き取るよう求めるが、同号はそのまま逃げ出してしまう。その後キアン・シー号は「フェリシア号」や「ペリカノ号」と次々に船名を変え、なんとか残りの焼却灰を引き取らせようとあちこちの国に愛想を振りまき続けた――。

この悲喜劇は国際社会の注目を集め、最後に船長は残る一万トンの焼却灰を外洋で海に投げ捨ててしまう。この行為に対する世界中の怒りが原動力となり、「有害廃棄物の国境を越える移動及びその処分の規制に関するバーゼル条約」が一九八九年に採択された。先進国の有害廃棄物を発展途上国に押しつける、いわゆる〝廃棄物植民地主義〟を防ぐための取り組みだ。こうして有害廃棄物は我々の視界から消え失せた。

だが、一般に有害廃棄物の処理は直接の引き受け手の企業からその下請け、孫請けと複雑怪奇な契約の連鎖をたどり、国外企業もからむケースが少なくない。キアン・シー号の場合、フィラデルフィア市当局は六〇〇万ドルで「ジョセフ・パオリーノ・アンド・サンズ商会」に焼却灰の処理を任せたが、同社はリベリア国籍の「アマルガメイテッド・シッピング・カンパニー」に委託し、さらにどこかの時点で別会社の「コスタル・キャリア」が処理を引き受けることになっていた。このように廃棄物の行方を追跡するのは困難であり、バーゼル条約は今でも実効性が低いままだ。

だからこそグイユに世界中のEウェイストが集まるのである。キアン・シー号の事例と同じような複雑な連鎖をたどり、世界中のEウェイストが香港へ、そしてそこからわずか数百キロの中国の小さな町グイユへと流れてくる。

シアトルのNGOバーゼル・アクション・ネットワークが二〇〇一年に明らかにしたレポートによれば、欧米のEウェイストは最終的にグイユに行き着くケースが多く、そこでは出稼ぎ労働者が手作業で廃棄物を選り分け、酸性の溶液にひたして貴金属を分離し、炭火に電子回路をかざしてはんだを分離していたという。近隣の河川は電子機器を燃やした灰で黒く染まり、土地も炭化したプラスチックで真っ黒。子供たちの血液には危険なほど鉛分が多く、流産が日常化していたそうだ。

今はそこまでひどい光景は見られない。グイユの環境問題が何年もの間マスコミに報道されたため、地元政府がイメージアップに取り組んでいるからだ。私たちがグイユで乗ったタクシーの運転手によれば、かつてコンピュータを燃やした土地で今は米を育てているという。地元政府は屋外で焼却や抽出作業をしないようリサイクル用の複合施設を作っている。だが業者は施設の使用料を払いたくないため利用はあまり進んでいないようだ。運転手の話では、地元政府の対策は主に表面を取り繕うことだけが狙いであり、かつて屋外で行われていた作業は視界から見えなくなったが、屋内や目につかない郊外で同じような危険な作業が今でも続いているとのことだ。

バーゼル・アクション・ネットワークは二〇一六年にもマサチューセッツ工科大学と共同で調査を行っている。きちんと資格を得た信頼性の高い米国のリサイクル業者（グッドウィルなど）に委託する一〇〇を超える廃棄電子機器にGPS装置を取り付け、そのゆくえを追跡したのだ。驚くべきことに、これだけ〝Eウェイストの輸出〟が批判され、規制当局も業者もしっかりしたリサイクル・プロセスの確立を約束していたというのに、調査対象の廃棄電子機器の大半は最終的に外国に向かった。多くは香港に、一部はケニアに行き着いていた。確かにそれらの場所にはEウェイストへの需要がある。熟練の修理屋はゴミから携帯電話を再生できるし、そうした中古の携帯電話を売りさばく道はいくらでもあるからだ。

国際連合による二〇一六年のレポート『廃棄物犯罪』によれば、「二〇一四年にはおよそ四一八〇万トンのEウェイストが生まれ、その一部は違法行為を含む非正規な方法で処分された。こうした非正規な処分方法は、金額にして年間一八八億ドルにもなっている可能性がある。持続可能な廃棄物の処理方法と監視制度、そしてEウェイストの優れた管理体制を確立しなければ、こうした非合法の処分行為はますます増えかねず、健康と環境を保護しようという取り組み、および正規雇用を生み出そうという取り組みの土台を揺るがすことになる」

確かにグイユに〝優れた管理体制〟があるようには見えなかった。最先端の機械は一台も見かけなかったし、手作業でEウェイストを分別している作業員たちはまったく安全装備を身につけていなかった。私たちが会った地元政府の役人は、まだ改善計画が進行中であり、完了は一年以上先になると話した。

ただ、少なくとも河川はもう真っ黒ではないし、屋外で廃棄物を燃やす火も見えない。街中を車で走っていると、何千個ものマイクロチップが玄関先に積み上げられた建物があった。車を停めると、汚れたTシャツで作業中の男たちがけげんそうに我々を見る。

「買いに来たのか?」と一人の男。

そうだ、と答えて私はマイクロチップの山から一つ取り出し、手のひらにのせた。

「持っていきな」と男は笑った。

○○○○

ｉＰｈｏｎｅなどの電子機器が洪水のようにあふれた結果、今やＥウェイストの集積地は世界中にある。グイユの次にマスコミはガーナのアグボグブロシーを新しい〝世界一のＥウェイストの集積地〟と報道している。だがＥウェイストの専門家アダム・ミンターは、同じような場所は世界中にあると言う。廃棄デバイスへの需要が世界中にあるからだ。「ケニアに行ってごらん。モンバサでもナイロビでもいい」とミンター。そこには彼が見たなかで最も優れた技術を持つ修理工が何人もいるそうだ。Ｅウェイストの国際移転が〝廃棄物植民地主義〟だというのは過去の話である。今やアフリカやアジアには、まだ動く中古の携帯電話（ｉＰｈｏｎｅよりアンドロイドや格安携帯が主流）の輸入に目の色を変える企業がいる。

そこで私は行けるだけ川下に行ってみようと決めた。

ボリビアの鉱山をのぞくことでｉＰｈｏｎｅが生まれる仕組みをよりよく理解できるのであれば、急速に中古携帯電話の受け入れが進むケニヤのような国の廃棄場を訪れることで、ｉＰｈｏｎｅがその一生を終える仕組みもよりよく理解できるであろう。

私が向かったのはナイロビ郊外の悪名高きダンドラ。東アフリカで最大のゴミ集積地だ。ダンドラの住人のなかには、スマートフォンを手に入れる唯一の方法が、腐りゆくゴミの山からまだ動くものを見つけ出すことだという人々もいる。ここにはナイロビ周辺部だけでなく、世界中の豊かな国々から不要となったゴミがやってくる。

ダンドラ廃棄物処理場は一九七五年に世界銀行の資金で稼働を始め、二〇〇一年には収容能力が上限に達したと宣言した。だが、すぐにも施設を閉鎖するとナイロビ市当局が繰り返し宣言しているにもかかわらず、いまだに年間七七万トンにものぼる産業廃棄物や有機ゴミ、Eウェイストが運び込まれ、周辺までゴミであふれかえる結果となっている。

実際にその場に立つと、強烈な臭いが鼻を突く。腐った食物や吹き出すメタン、よどんだ空気の臭い。見わたす限り果てしなく続くこのゴミの山で、毎日三〇〇〇人が働く。地元経済にとってここは大事な職場である。彼らは第一線のリサイクル専門家であり、あらゆるリサイクル可能なものを拾い集める。プラスチックやガラスや紙などの原材料、アルミニウムや銅などの金属、価値あるEウェイストならきれいに磨いて転売できる。携帯電話、とりわけスマートフォンは「大物」だ。まだ動くものも多く、その場合は近隣のバイヤーに持ち込む。壊れていて動かない場合は、分解してバッテリーやマザーボード、銅片など価値のある部分を取り出す。

ゴミの山のてっぺんには足場が組まれ、そこを土台に家や店が建っている。入り口にどくろマークが描かれた家もある。「みんなここで生まれ、ここで死んでいく。このゴミの山しか知らない人もいる」と案内役のムボマ。彼は役者兼クラブ経営者兼ボランティアで、自身もダンドラで生まれ育った。私は仕事仲間の友達を通して彼と知り合った。

ここは苛酷な場所だ。ゴミの山には火がくすぶり、各種の有毒ガスが漂う。毒を含んだ液体の水たまりがあちこちにある。ここで働く人々はなんら安全装備を身につけないまま、朝から晩まで過ごす。私が到着した日の朝、廃棄場の入り口に近い道路で寝込んでいた一三歳前後の少年が、廃棄物を積んだダンプカーにひきつぶされた。だがダンドラ廃棄場は地元自治体の目が届かない場所にあり、警察も役人も事故現場に現れないまま、死体は一日中放置されていた。

私はこの廃棄場を裏で支配するカルテルのメンバーに会った。ＴＪと名乗るその若い男はせいぜい二二歳程度に見えたが、かなりの権力を持っているようだった。廃棄場での仕事は危険だがカネになる。そこで、廃棄場に出入りする権利を組織化されたカルテルが仕切っている。

「こういうのが、いいカネになるんだ」——彼は身をかがめて、ゴミの山から一見無傷の携帯電話を拾い上げた。私もファーウェイを一台見つけた。タッチスクリーンの一部が溶けている以外はなんの傷もない。だがＴＪによれば、スクリーンは交換パーツが入手できないので、このファーウェイにそれほど価値はないそうだ。周囲にはノキアやボロボロのブラックベリーを見つけた人もいた。携帯電話は近くの中古ショップに持ち込めば、故障の有無にかかわらず五〇〇シリングほどになる。米ドルでいえば五ドルだが、ここでは一ヶ月分の家賃になる。

ダンドラは電気もろくに通わず、地面に直接あばら屋が建っているような場所だが、それでもスマホ画面をいじりながら歩く若者を大勢目にした。彼らが使っているのはほぼすべてアンドロイド携帯だ。アップル製品を扱う店はナイロビに数店あるが、ここではｉＰｈｏｎｅは高級品であり、みな名前は知っていても実物を見ることはめったにない。

ダンドラで中古品の売買をして二五年間になるというワハリによれば、ｉＰｈｏｎｅは地元のビジネスパーソンにとって最高のステータスシンボルだという。廃棄物の山からｉＰｈｏｎｅが見つかることもたまにある。「ものすごいレアだけど、たまに見つかる。まさに金鉱だね」とワハリ。

この地球上でｉＰｈｏｎｅの影響を受けていない場所はほとんどない。ｉＰｈｏｎｅが手の届かない夢のデバイスであるような土地でさえ、人々の物欲をかきたて、類似商品の普及を促進する原動力になっている。

○○○○

さて、本書はここまで「唯一無二のデバイス」をあらゆるパーツや要素に分解し、それぞれを世界のさまざまな場所に置き直してきたようなものだ。これらバラバラの要素を発見し、収集し、改善し、ついに見事なイノベーションを達成するというストーリーが最後に残されている。アップルがどのようにそれを行ったのか、セクション４でそれを語りたい。

セクション4

●●●●

ザ・ワン・デバイス

秘密主義と社内政治でめちゃくちゃになったアップルの内情

The One Device
Purple reign

「紫寮」、別名「ファイト・クラブ」、または「インフィニット・ループ2番地の二階」——いずれにせよ、そこは人でいっぱいだった。

アップル本社が建てられたのは一九九〇年代初頭だ。ホールには紫色や青緑色の円がアクセントとして点々と描かれ、別棟の会議室には「ビトウィーン」「ロック」「ハードプレイス」など、こしゃくな名前がついている（訳注：between a rock and a hard placeで「にっちもさっちもいかない」という定型句）。「ディプロマシー」という名の会議室は、グレッグ・クリスティーのチームが新しいUIを大騒ぎで作り上げた場所。大会議室の「フィッシュボウル」には週一でスティーブ・ジョブズが現れたものだ。

二〇〇六年までにはｉＰｈｏｎｅプロジェクトの基本的な輪郭が決まっていた。ＭａｃＯＳチームと通称〝ＮｅＸＴマフィア〟がソフトウェアの開発を担当。彼らと密接に連携しながら、ヒューマンインターフェース（ＨＩ）グループがアイデアに磨きをかけ、まとめ上げ、新しいデザインを考え出す。困難が予想されるハードウェアの開発はｉＰｏｄチームが担当。別のチームはＭａｃＯＳを携帯デバイスに転用するため、使えるコードを見つけては贅肉をそぎ落とす作業にひたすら没頭した。かの有名なＩＤグループは、フォームファクタ（形状因子）を完璧にする作業に着手した。こうしてバス・オーディングとイムラン・チョードリー、グレッグ・クリスティーの古びたオフィスを中心にｉＰｈｏｎｅプロジェクトが回り始めた。

「おいおい、本当にやるのか？　という感じでしたね」とオーディング。「実際には写真の一覧表示はどんな方法で見せるのか、メールの使い方の細部やキーボードの使い方はどうするのか、詰めるべき点が山ほどありました」

すでにＨＩグループは、新しい携帯電話のルック・アンド・フィールがどうなるか、基本的特徴のアイデアを固めていた。そのコンセプトはとても魅力的で、低リスクながら魅力に劣る〝ｉＰｏｄフォン〟に取って代わるものだった。ＨＩチームのチョードリーはこう話す。

「最大の課題は安心感でした。コンピュータは難しすぎると普通の人は考えます。Ｍａｃでもね。だから私は、自分の父でも使えるようなインターフェースを目指したのです。誰でも直感的に操作でき、安心して使えるような」

フォーストールの下でソフトウェア開発の中心となったアンリ・ラミローも、HIグループのコンセプトを高く評価した。ラミローはiPhoneチームのなかで、誰からも一目置かれる存在だ。冷静沈着でバランス感覚に優れ、チームに問題が起きた時もみなを落ち着かせた。誰もが知るアップルの支配者のキャラクターと好対照をなす人物だ。軽快なフレンチ・アクセント、わずかに白いものが交じるあごひげ、エンジニアというよりも前衛彫刻家に見える。ラミローいわく「HIグループの作った試作機はよくできていました。どんなルック・アンド・フィールになるのか、UIがよくわかりました」

その試作機には、すでにアイコンやDockも盛り込まれていた。ラミローのチームは、そのアイデアを実際のプログラムに落とし込み、携帯電話に合うよう小型化する作業を担当した。タッチスクリーンのP2チームはこの試作機を〝ワラビー〟と呼んだ。ワラビーは紫寮で行われるさまざまな実験に欠かせないツールとなった。

もとはインターフェース・デザイナーの本拠地だった紫寮に、ソフトウェア・エンジニアが大挙して移動してきたのには理由がある。iPhoneを生み出すにはデザイナー陣営とエンジニア陣営の緊密なコラボレーションが必要だったのだ。デザイナーは気楽にエンジニアのところに立ち寄り、新たな思い付きが本当に使い物になるか確認できる。エンジニアはどの部分に修正が必要なのか、デザイナーに簡単に伝えられる。二つのチームがここまでしっかりとまとまったケースはアップルでも珍しかった。

リチャード・ウィリアムソンは、みんなで一つの目標に向かうという一体感があったと振り返る。「山ほどあった共同作業がうまくできた理由は、みんながあの閉ざされた部屋に押し込められていたからです。最大でちょうど四〇人いたでしょうか。インフィニット・ループ2番地、ジョニー・アイブのIDスタジオの真上を（iPhone開発の）〝ハブ〟にできたのです。みんな数年間、あそこに住んでいたようなものです」

当時のメンバーの一人は「オールスター・チームでした」と言う。「社内でもトップの連中だけが選ばれたのは明らかでした。その全員が全力を出し切ったのです。誰も電話を作った経験はなく、作業を進めながらやり方を見つけていきました。デザイナーとエンジニアが隣同士に座り、一緒に問題解決の道を探しました。あれほど自分の考えを製品に反映させたことはなかったし、これからもないでしょう」

このオールスター・チームはただ狭い部屋に押し込まれただけでなく、完全に密封された。「いわばスティーブは企業内に〝スタートアップ企業〟を興し、完全に外部から遮断したのです。そして彼らが必要とするものは原則として無条件に与えました。このやり方は、スティーブの素晴らしい業績の一つに加えていいでしょう」（ウィリアムソン）

この〝スタートアップ企業〟の組織図を作れば以下のようになる。CEOはスティーブ・ジョブズ。その直下にいるスコット・フォーストールがソフトウエア部門の責任者。フォーストールの直下には三人。一人目はアンリ・ラミローで、その配下にいるリチャード・ウィリアムソンとニティン・ガナトラは、それぞれが小チームのリーダーだ。ウィリアムソンのチームはサファリとウェブアプリを担当し、ガナトラのチームはメール機能や電話機能などを担当する。フォーストール直下の二人目はＨＩグループを率いるグレッグ・クリスティー。このＨＩグループにはバス・オーディング、イムラン・チョードリー、ステファン・ルメイ、マルセル・ファン・オース、フレディ・アンスレス、そしてマイク・マタスがいる。フォーストールの直下の三人目は品質保証部出身のプロダクトマネジャー、キム・ヴォラス。ｉＰｈｏｎｅソフトウェア開発チームでは数少ない女性である。

全部で二〇人から二五人——初期のｉＰｈｏｎｅ開発チームはわずかそれだけだった。後にそのデバイスが生み出す巨額の利益と絶大な影響力を考えると、驚くほどの少人数だ。フォーストールはチームに常駐し、ジョブズは定期的に進捗度合いを見に来た。「あれほど高度な楽しさを感じたことはなかった。『サージェント・ペパーズ』の変奏曲を作っているような体験だった」とジョブズは後に語っている。

ラミローによれば、週一でジョブズも参加する会議を行い、活発な意見交換を通して大きな方向性を決めていった。会議ではいつも、ジョブズからオーケーをもらいたい機能や特徴が山積みだった。例えばＨＩグループはｉＰｈｏｎｅに盛り込みたい機能をいろいろと試作品にしてジョブズに見せる。

「もしスティーブが気に入って『うん、Ａはいいね』と言ったとしましょう。するとＡを実際に動くようにするのが私の仕事になります。次の会議で『Ａを実装しました。どうでしょう？』と聞いてみると、『うーん、こりゃあダメだ。Ｂにしてみよう』と言われたりするのです」（ラミロー）

スコット・フォーストールが社内から一本釣りで人材を集めたエピソードは有名だ。その最初の標的となったのがニティン・ガナトラである。

最初の一本釣り

ガナトラは一九六九年にバンクーバーで生まれた。iPhone開発チームのメンバーは多くがそうであるように、彼も小さい頃からコンピュータを使いこなした。小学生時代にプログラミングを身につけ、スペイン語を学ぶためのプログラムを自作している。一九九〇年代初頭にアップルに入社し、暗黒時代を切り抜けた後、同社のメールクライアント開発のリーダーを務めていた。

「ある日スコットが僕の部屋に来て言ったんです。『いま、ある取り組みが始まるところでね。実は携帯電話をやろうとしているんだ。基本設計はある程度できていて、これから試作品にとりかかり、最終製品のかたちを決めていかなくちゃならない』と。ブラックベリーを見ればわかる通り、メールは携帯電話の中核機能の一つでしたから、スコットとスティーブにとって大きな課題だったんだと思いますよ。〝メールの王者〟ブラックベリーに対抗するスマートフォンを売り出すのに、自社製の素晴らしいメールクライアントを搭載しないわけにはいかないですからね」

プロジェクト参加を承諾したガナトラは、窓がなく空気のこもった部屋に連れて行かれる。そこにはタッチスクリーンの試作機がどんと置かれていた。「驚きましたね。初めて見た人はみんな同じ感想を持つと思いますよ。〝これぞまさに僕が欲しいものだ！ ポケットに入れて持ち歩きたい。でもどうすればポケットに入るんだろう？〟ってね」――興奮はすぐにたくさんの疑問に変わった。「エンジニアだからでしょうね。いつも答えより先に多くの疑問を持ってしまうんです」

飛行機のトイレがヒントになったアンロック操作

かつてｉＰｈｏｎｅ開発に関わったエンジニアのエヴァン・ドールは、ｉＰｈｏｎｅが優れたデバイスになった要因として二つの独自技術を挙げる。「マルチタッチ」と「コア・アニメーション」だ。どちらも、基本的にはそれぞれ一人の人物によって生み出された。マルチタッチを独自に考え出したのはフィンガーワークスのウェイン・ウェスターマン。コア・アニメーションを考え出したのは、ドールが〝半端なく内向的〟と評するジョン・ハーパーだ。

「アニメーションするＵＩこそ、極めてなめらかな操作感の土台なのです。アンドロイド携帯のグーグルが長年どうしても追いつけない部分です」とドール。大いに説得力のある指摘だ。マルチタッチはジョブズも基調講演で大々的に取り上げた技術だが、そのマルチタッチを生かすアプリをデベロッパーが開発できるのは、コア・アニメーションという土台のおかげである。アップルの説明によれば、コア・アニメーションは「実際の描画作業の大半をオンボードのグラフィック用ハードにゆだねることで、レンダリングを高速化」している。その極めて効率的な仕組みのおかげで、アプリ開発者は魅力的なアニメーションを手軽に利用できる。「ジョン・ハーパーという天才のおかげです。極めて非力だった初代ｉＰｈｏｎｅがなめらかに動いた一因も、この仕組みにありました」（ウィリアムソン）

コア・アニメーションを土台に、ｉＰｈｏｎｅ開発チームはマルチタッチの操作方法を考え出す崇高な作業を進めた。後に世界中に広がる一種の〝文化〟となる操作方法だ。アイデアはすでにアップル内外で考案されており、あとはどう実現するかだけという操作方法もあれば、ゼロから考え出さねばならないものもあった。後者の一例はデバイスの起動方法だ。ユーザーがデバイスを起動したい時、その意志をどのようにデバイスに伝えればいいのか――。ジョブズが忌み嫌う物理スイッチは使えない。

また、起動後にスクリーンは暗くなる必要がある。バッテリーを節約し、電話が受けられる状態を長時間維持するためだ。ホームボタンを押して起動させる方法も考えられるが、ポケットの中で意図せず起動させてしまい、バッテリー切れを引き起こすリスクがある。このためデザイナーは、できれば片手で操作できるほど簡単でありながら、意図せぬ誤作動を防ぐほどには複雑な起動方法を、ソフトウエア的に考え出す必要に迫られた。

チョードリーは、ドアノブを回すように複数の指をスクリーン上で回転させて起動するというアイデアを温めていたが、少し複雑すぎるようにも思えた。一方、UIデザイナーのフレディ・アンスレスもチョードリーと一緒にこの問題で頭を悩ませていた。当時たまたまサンフランシスコからニューヨークへ出張があり、アンスレスは起動方法の問題を考えながら機内でトイレに立った。中に入ってドアを閉め、ノブを横にスライドしてロックする。用を済ますとまたスライドしてドアをアンロックする。そこで気づいた。このやり方は素晴らしい解決法になるのでは――。

その後、このアイデアを試す良い方法をチョードリーが思いついた。試作機を自宅に持ち帰り、自分の娘に触らせたのだ。チョードリーは、まだ乳児である娘でさえスクリーンを指でスライドしてアンロックできるのを見て、この操作方法が誰でも使いこなせると確信した。

こうしたアイデアがデザイナーとエンジニアから次々と湧き出て、チームの作業はオープンかつ多面的に進められた。当時の特許には、誰か一人でなく大勢のメンバーの名前が書かれている。その点からも、オープンで協力的だったチームの雰囲気が読み取れるとラミローは言う。実際、彼は当時を振り返って、自分だけのアイデアといえるデザインは一つしか思いつかなかった。「お気づきかどうかは知りませんが、iPhoneでウィンドウを開いた時、スクロールバーが一瞬光るんです。スクロールできることをユーザーに知らせるためにね。このアイデアを思いついた時のことは今でも覚えています。会議中でした。〝どうやってスクロールできると知らせればいい？〟と誰かが言ったので、私は〝一瞬光らせたらどうかな〟と。そしたらみんなが〝それで決まりだ！　次にいこう〟って」

アイデアは会議の最中にも、深夜のプログラミング中にもひらめいた。みんなアイデアが湧いた瞬間につかみ取り、実装してはテストし、却下したり採用したりを繰り返した。そしてやるべき作業はとてつもない量に積み上がっていった――。

ジョブズは「戻るボタン」をつけたかった

タッチ操作を原則とするiPhoneは、当初案では前面すべてがスクリーンになるはずだったが、結果的には一つだけ物理ボタンを搭載せざるをえなかった。誰もが知る「ホームボタン」だ。だが実はスティーブ・ジョブズはボタンを二つにしたかった。「戻るボタン」があったほうが利用者が操作しやすいと考えたのである。チョードリーは反対した。これはデバイスへの信頼感と予測可能性に関わる大事な問題だと。ボタンは一つで、いつ押しても必ず同じ結果（自分のホーム画面）が得られることが大事なのだと主張した。

ホームボタンに関しては、二つの操作方法が影響を与えている。一つはMacOSにあった、「エクスポゼ」の機能。もう一つは映画『マイノリティ・リポート』に登場してみんなの心をつかんだ、あのいかにもSF的なジェスチャー操作である。フィリップ・K・ディック原作、トム・クルーズ主演のこの映画は、ちょうどENRIグループの話し合いが始まった頃の二〇〇二年に公開され、それ以降は〝未来っぽいユーザーインターフェース〟の代名詞になった。登場人物たちは目の前の空中に手をかざしては、上下左右に動かすことで仮想オブジェクトを操作し、用が済めばスワイプして消し去る。iPhoneの基本的UIの一部は、この映画からヒントを得ている。

「とてもクールな映画で強い影響を受けました」とオーディング。彼がMac用に作った「エクスポゼ」（訳注：現在は「ミッションコントロール」に統合）という機能は、現在開いているウィンドウをズームアウトして一覧表示する。「このエクスポゼを思いついたのは、ウィンドウが山ほど重なって開いている自分のMac画面を見つめながら、〝あの映画みたいに、重なったウィンドウに次々と目を通して全部を一瞬で把握する方法があればいいのに〟と考えたのがきっかけでした」

——そしてそのエクスポゼが、後にiPhoneの中核機能のヒントとなる。

「ホームボタンの初期コンセプトを考えたのはイムランです。それを押せば起動中のアプリが全部一覧表示されるようなボタンを一つ作ろうと。彼はそれを〝iPhone用エクスポゼ〟と呼んでいました。一覧表示されたアプリを一つ選んでタップすれば、そのアプリが前面にズームインされる。ちょうどＭａｃのエクスポゼでウィンドウを一つ選ぶのと同じように」（オーディング）

イムラン・チョードリーは言う。「繰り返しますが、最後は信頼感の問題に行き着くのです。このデバイスは必ず自分が要求した動作をしてくれる、という信頼感。それまでの携帯電話の問題として、メニューが複雑すぎて使いたい機能が埋もれてしまうという点がありました」――ジョブズの主張した「戻るボタン」は、それと同じように操作を複雑にしかねない。チョードリーはジョブズにそう訴えた。そして「その議論は私が勝ちました」

○○○○

機能を考え出すのは大きな仕事だが、それで終わりではない。その機能の使い勝手を高めるというまったく別の作業がある。

「みんなで議論して、以下の鉄則が明らかになりました。絶対にこれを破ってはならない鉄則です」（ガナトラ）

①いつホームボタンを押しても必ずホーム画面に戻る。
②すべての動作は、ユーザーが指で触れたらすぐに反応を始めなければならない。
③すべての動作は、最低でも六〇フレーム／秒で動かなければならない。あらゆる操作でそれを徹底する。

上記の三つに加え、何より個々の操作ごとにユーザー経験をきめ細かく調整しなければならない。例えば画面をスクロールする時の加速や減速の度合い一つにしても、なすべきことは山ほどあった。ジョブズとフォーストールは「現実のモノを触っているような感じ」に強くこだわったからだ。「何かを押せば、それが動く。スティーブとスコットはそのようなリアルな操作感を強く求めました。例えば本物の紙を触っているのと同じように、指を動かせばその下で紙も一緒に動くというように」（ラミロー）

アプリのデザインにも同じように現実世界の物性が要求された。「ユーザーが使い慣れている現実のモノや身近なモノを模倣するため、多くの労力を割きました」とラミローは振り返る。ここからiPhoneの悪名高いスキューモーフィズム——デジタル世界のものを現実世界の同じものに似せるデザイン——が始まったのだ。

「そもそもスキューモーフィズムは、初めてiPhoneに触った人でもすぐに使い方がわかるようにするための仕掛けの一つでした。先にMacOSXにも導入されています。例えば私が関わった〝メール〟は切手のアイコンだし、〝住所録〟（アドレスブック：日本語名は〝連絡先〟）もあるといった具合です。ユーザーマニュアルのようなものは絶対に作りたくなかったのです。そんなものが必要になったら我々の負けだと考えていました」（ガナトラ）

AT&Tとの交渉に全面勝利

完成後、初代iPhoneは三つのデバイス——携帯電話、タッチ式音楽プレーヤー、インターネット通信機器――が一つになったという触れ込みで売り出されることになる。ネットブラウザ〝サファリ〟のiOS移植を担当したウィリアムソンは、〝インターネット通信機器〟としての側面を重視していた。「ウェブ機能こそ我々の携帯デバイスとの付き合い方を左右する。そう確信していました。だから電話や音楽プレーヤーと同じだけ、いや、おそらくはその二つ以上にウェブ機能が重要でした」

当時、携帯端末からネット接続した際の標準規格はWAP（Wireless Application Protocol）だった。この方式は通信データ量を抑えるため、ユーザーに本来のウェブサイトではなくその簡略版を見せる。文字情報だけのサイト、もしくは写真の解像度を粗くしたサイトだ。

「僕たちは、情報レベルを下げたこの種のサイトを〝赤ちゃん用ウェブ〟と呼んでいました。iPhoneなら完全なウェブサイトを表示できるかもしれない、と思っていました」

当時の携帯電話や携帯デバイスで、簡易版ではない正式のウェブサイトを表示するものは皆無に近かった。通信会社はデータ通信事業に将来性を見出してはいたものの、当時の従量制プランは法外に高く、一般ユーザーは誰も使っていなかった。

iPhone開発チームが完成を急いでいた頃、裏では通信会社とアップルの交渉が進んでいた。最初はベライゾンと、その後はシンギュラー（後のAT&T）と。結局AT&Tが二〇〇六年にアップルとの契約を勝ち取るが、AT&T側は何点か大きな妥協をせざるを得なかった。ウィリアムソンは一点においてのみ、この交渉に関わった。それはAT&Tが〝トランスペアレント（データ内容を加工せずそのまま送る）〟なデータ通信システムを用意すべきだと主張したことだ。「それまではどの通信会社も、誰に対しても、そのようなサービスを提供していませんでした。WAPが主流でしたから」

通信会社にとっては、端末よりもネットワークの回線状況のほうが大事だ。データの質を犠牲にしても回線スピードの維持を優先しようとする。「かつて通信会社は通信データのフィルタリングをさかんに行っていました。例えばウェブサイトに写真を載せても、彼らはその写真を低解像度に変換してから端末に送信するのです。データ量が少し減るので、端末から見るスピードも少し上がります」

ウィリアムソンらは、トランスペアレントなデータ通信を求めてAT&Tと長いこと交渉を重ね、ついに妥協させた。今ではそのような仕組みが世界中で当たり前になっている。また、「パーシステントコネクション」（持続的接続：効率性を高めるデータ通信の技術）を採用するようAT&Tと交渉する必要もあった。そうでないと〝通知〟や〝iMessage〟といったiOSのサービスが実現不可能に近くなるからだ。

「彼らは『パーシステントコネクションなんて不可能です！　何百万台という端末があるんですよ！　絶対に無理です！』と言いました」（ウィリアムソン）

結果的に無理ではなかった。契約書にも盛り込まれた。「我々は通信会社のメンタリティを変えたかったのです。着メロやテキストメッセージの一つ一つに課金するような考え方をやめ、携帯電話とは〝たんにネット接続を必要とするコンピュータに過ぎない〟のだから、コンピュータがネットから得られるものは全部提供すべきだと考えてもらおうとしました」（ウィリアムソン）

それがいかに重要な進歩であったか、どれだけ強調しても足りないほどだ。iPhone以前の携帯電話を覚えているだろうか？　なんであれ電話以外の機能を使ったら最後、テキストメッセージ料金や、着メロとゲームソフトのダウンロード代で埋め尽くされた請求書が届いたものだ。

AT&Tは将来を考えて前向きだったが、同時に自分たちのビジネスモデルが崩れることを非常に心配していた、とウィリアムソンは振り返る。「実際、僕たちが彼らを骨抜きにしたわけです。今では誰もテキストメッセージや着メロにお金を払おうとなんかしませんからね。とはいえ、彼らもiPhoneの独占キャリアとしてたいへん良い思いをしたわけですから、ウィン・ウィンの関係だったと言えるでしょう」

一方で、ジョブズの恐れた通り、新しい携帯電話の仕様に関して通信会社側は大量の要求をしてきた。分厚い仕様書を抱えたAT&Tの技術者と何度も長い会議が持たれた。「この方式に対応してもらわないと困る」「いや、できません」――こうした問答が繰り返され、最終的にはほぼアップル側の全面勝利となった。AT&Tとの交渉をアップルがいかに重視していたかは、通信会社との関係だけを専門に見るプロジェクト・マネジャーをわざわざアップルが採用したことからもうかがえる。「その人のチームは一時、（iPhoneの）ソフトウェア開発チームと同じほどの人数がいました」（ウィリアムソン）

手探りのハードウェア

そしてもちろん、ハードウェアの開発も忘れてはならない。

トニー・ファデルは社内のあらゆる部署から助っ人を集めた。また、厳しい守秘義務が求められる部分は主にUIチームとインダストリアル・デザインチームが担っていたので、ハードウェアに関しては社外から新しいエンジニアを採用したり、新しいサプライヤーの協力を得たりした。「社外の助けも含め、あらゆる種類のプロを集める必要があった。要するにタッチスクリーンの新会社を興すようなものだからね」とファデル。

マルチタッチのハードウェアを作るためだけに何十人も新規採用した。タッチ担当チームだけで四〇〜五〇人になったという。彼らが採用することにしたタッチセンサーは、当時は簡単に入手できるものではなかった。なんとか見つけ出したTPKという台湾の小さな企業が、それを大量生産することになった。TPKはその契約一つを足がかりに、何十億ドルを売り上げる企業へと急成長することになる。

入手先を考えなければならないのはタッチセンサーだけではない。他にもWiFiモジュールや多重センサー、特注のCPU、専用のスクリーンなど、必要とされるハードのリストは見るだけでうんざりするほどだった。「どれ一つとっても非常に難しく、全部合わせたら月にロケットを送るくらいの難易度。アポロ計画みたいだったよ」とファデル。

ENRIチームや二〇〇五年にアップルが買収したフィンガーワークスのおかげで、専門的な知識はすでにあった。「基礎科学はできていた。適切なチップを設計し、きっちりと製造できる技術はあったということだ。問題は、大量生産してあらゆる環境下で使われるようになってもちゃんと動くようにできるか、という点だった」とファデル。「例えば〝汗〟にはものすごく苦労させられた。（指先の）汗のせいでちゃんと操作できなくなる。だから最後の最後で（スクリーンの素材を）プラスチックからガラスに変えた。まさに予想外の展開だよ」

Ｍａｃと同レベルのソフトウェアをごく小さなデバイスで動かそうというのだから、ハードウェアに求められる条件は相当に厳しかった。無線を担当したシニア・エンジニアのアンディ・グリグノンは言う。「アップルは無線機能を搭載した手持ちサイズのデバイスを作った経験がありませんでした」――実験的にｉＰｏｄフォンを作ったことはあるが、マス市場に向けた大量生産の経験はない。「筐体の素材のせいで、アンテナも自分たちで開発しなければなりませんでした。それだけでも独自の技術とコツが要ります」

ハードウェアの一番基礎のレイヤーから、すべてが新しいのだ。新しいＣＰＵで動く新しいＯＳ上で動く新しいアプリを、新しいハードウェアで操作する――。開発者になったと想像してみてください、とグリグノンは言う。「〝くそ！　アプリがクラッシュしたぞ。なぜだ？〟となった時、その原因はデバイスを構成するどのレイヤーにあってもおかしくないのです。それこそ、最下層のシリコンに至るまで――。新しいＣＰＵにバグがあるのかもしれない。ＯＳの命令セットも新しくしたから、コンパイラのバグかもしれない。または、アプリのプログラム本体のバグかもしれない。もうね、最低の悪夢でしたよ」

キーボードに隠されていたハイテク

実は、わずかな期間ではあったが、ｉＰｈｏｎｅがＱＷＥＲＴＹ配列のキーボードの息の根を止めてしまう可能性もあった。

「物理キーボードをなくすというのは過激なアイデアでした。今から振り返れば大正解だったわけですが、当時はみな大いに心配したものです」とウィリアムソン。大ヒット中のブラックベリーは物理キーボードだったし、みなの頭にはニュートンの大失敗もあった。

一九九〇年代にアップルが発売した携帯端末ニュートンの手書き認識機能は、誤変換が多いことで悪名高く、人気アニメ『ザ・シンプソンズ』でネタにされたほどだ。いじめっ子が「マーチンを痛めつけること（Beat up Martin）」というメモをニュートンに手書き入力すると、ニュートンは正しく読み取れず、「マーサを食べ尽くすこと（Eat up Martha）」と誤変換する。iPhone開発チームのエンジニアは、自分たちへの警句として〝マーサを食べ尽くす〟というフレーズをよく口にした。

開発チームでは、不器用なユーザーでも指先でスクリーン上のオブジェクトを正確に操作できるようにするため、〝最小判定サイズ〟というものを定めていた。あらゆるオブジェクトが最低限それだけの大きさを持たねばならないとするサイズだ。そして、初代iPhoneのスクリーンはあまりにも小さいため、QWERTY配列のバーチャル・キーボードは問題外だった。個々のキーが小さすぎ、押し間違いが頻発したのである。そこでさまざまなキー配列の実験が行われることになった。

そもそもQWERTY配列は非効率にできている。一九世紀、タイピストがキーを速く打ち過ぎて機械を壊してしまうのを避けるため、あえて非効率な配列にしたのだ。それから一〇〇年以上も、ただ人々が〝使い慣れている〟という理由だけで温存されてきた。だが、物理キーボードのないタッチ型デバイスなら、テキスト入力方法を一新できるかもしれない——。開発チームは本流の作業を一休みして、キーボードのアイデアを募ることにした。

「まあ一種の息抜きです。みんなストレスでとことん疲弊してましたからね。おそらく最終製品には採用されないだろうと知りつつも、やりたいことを好きなようにできる自由時間がいい気分転換になるだろうと。その自由時間は合計で二、三週間だったと思います。それほど長くは思えないかもしれませんが、我々開発チームにとっては十分長い期間でした」（ウィリアムソン）

ピアノの鍵盤のように、複数のキーを押して入力文字を指定する「コード（和音）キーボード」を提案したエンジニアもいた。これは画面を3×3のグリッドに分割し、二つの場所を同時に押さえることで文字を選ぶ方法だ。また日本語の〝フリック入力〟のように、クリックすると四つの文字候補が飛び出し、スライドして一つを選ぶ「バブル・キーボード」のアイデアもあった。革新的な入力方法のアイデアがいくつも出てきた。

「おそらくコード・キーボードが一番ぶっ飛んだアイデアでしたね。ピアノの鍵盤のような外見で、いわば文字を〝演奏〟するように入力する方法もあったんです」とウィリアムソン。ニュートンにも搭載され悪評だった文字入力システム〝グラフィティ〟（もとはパームの入力方法）にそっくりのキーボードも提案されたが、これは早々に却下された。

彼らはこうしたキーボードのアイデアを集めたウェブサイトまで作り、コンテストを実施した。ケン・コシエンダというエンジニアが優勝し、キーボード・プロジェクトを主導することになった。

ウィリアムソンの記憶によれば、最終的に六種類前後の新しい入力方法を開発したという。ユーザーが生まれて初めて見るキーボード配列もあり、新しい配列に慣れてもらうためのミニ・ゲームまで用意した。「ミニ・ゲームも新製品に同梱するつもりでした。時間内に決まった文字を打つとか、単語に含まれる文字を打ち落とすとか、楽しいミニ・ゲームでした」

だが、ジョブズには楽しいと思えなかったようだ。「全部スティーブに却下されました。人々が一目見て理解できるものを望んだのです」とウィリアムソン。彼は結局、〝慣れ親しんでいる〟という理由で、効率性に劣る昔ながらのキー配列が採用された。「人々がこの新型携帯を店で見かけて手に取った時、その場で理解でき、その場で使いこなせるものでないとダメなんです。【これがQWERTY配列にした理由です。でもそこに我々はすごい〝スマートさ〟も盛り込んだのです」

初代iPhoneのバーチャル・キーボードは一見ありふれた普通のキーボードに見える。だが実は極めて高度な技術が隠されていた、とウィリアムソンは解説する。「各キーの大きさは〝最小判定サイズ〟を下回っていました。そこで我々は一連の予測アルゴリズムを開発して、ユーザーが次やその次にタッチする可能性の高い文字を推測しました。そして、それらのキーはタッチしやすくなるよう〝当たり判定〟の領域を広げたのです」

例えばユーザーが〝H〟と入力したら、予測アルゴリズムによって〝I〟と〝E〟のキーは〝当たり判定〟の領域サイズが広がり、その二文字はより簡単に押せるようになる。

彼らがいかにキーボードを重視したかわかるエピソードがもう一つある。iPhone開発プロジェクトの全工程のなかで、唯一チーム外の人にユーザーテストを実施したのがキーボードの部分だった。「正確なキー入力ができるか不安でたまらなかったので、チームメンバー以外でｉＰｈｏｎｅ開発の秘密を知っている人を見境なく捕まえてはユーザーテストをしてもらいました」（ウィリアムソン）

誰にも使われないので極秘プロジェクトの本部となった「ユーザーテスト研究室」は、やっと本来の機能を果たせたわけだ。

秘密主義と社内政治

隔離中の〝紫寮〟は常に人でごった返していた。

「いつも時間に追われ、常に人手不足でした。みんなめちゃくちゃに働いていました」とラミローは振り返る。開発チームの人数は少しずつ増えてはいたが、増加ペースはゆっくりだった。ジョブズとフォーストールが秘密保持を重視したからだ。

なかでもＵＩ（ユーザーインターフェース）の中身は最高機密だった。Ｐ２チームのメンバーになるか、ジョブズから明確な許可を得ない限り、誰一人それを目にすることは許されない。「ＵＩを見ることができた人は、まさにその仕事をしていたＵＩデザイナーを含め、最大でも二〇人いなかったでしょう」とグリグノン。彼自身、担当はハードウェアだったので当初はＵＩを見ることが許されなかった。もしＰ２チームが社内のエンジニアを引き入れたいと思っても、ジョブズを通さなければ誰一人メンバーに加えることはできなかった。アップル経営陣はＵＩを見ることを許された人たちを〝UI被開示者〟と呼んだ。

紫寮の内部では、忙しすぎて誰も機密保持政策のことなど気にする余裕はなかったが、他のアップル社員はそうではなかった。アップルの敷地内で堂々と〝立ち入り禁止〟扱いされている建物を見て、一般の社員は排他的な雰囲気を感じていた。紫寮の元メンバーは「鉄の扉で閉鎖されていましたから、異様な光景でしたね」と証言する。グリグノンによれば「スティーブはそういう〝境界線〟を作るのが好きなんです。でも、中に入れない人たちにとっては大声で〝あっちに行け！〟と言われているようなものです。みんな社内のスター社員が誰かは知っています。そうしたスター連中が次第に自分の周囲から引き抜かれ、自分には立ち入れない建物に集められているわけですから、気分は良くないです」

開発チームに属さないエンジニアが、技術的問題の解決のため紫寮に立ち入ることもたまにあったが、そうした場合、UIが見られてしまう恐れのあるモニターはすべて黒い布でおおい隠された。「問題解決に来てくれたエンジニアを布で隔離するなんてひどいですよね」とグリグノン。当然ながらAT&Tの社員もUIはいっさい見せてもらえず、一般人と同じく公式発表で初めてiPhoneのUIを見たという。

こうした排他的雰囲気に加え、社員の間にはスティーブ・ジョブズへの恐怖心があった。

「スティーブへの恐怖心は大きかったですよ」とエヴァン・ドールは語る。「ヒラ社員からは何よりも恐れられていましたし、中間管理職もそうでした。いわば個人の神格化です。私は社内でスティーブを見かけるといつも口を閉ざしました。みんな、彼との会話で得られるチャンスよりも、何かを失う恐れのほうが大きかったのです。なにも旧ソ連の強制収容所のような雰囲気だったと言いたいわけではありません。でも、スティーブと関わるチームには、彼とどんなやり取りをする際にも、根拠のない強い恐怖心が奥底にあったことは間違いありません」

ジョブズは紫寮とは別に、社内の複数の部署にもiPhoneのアイデアを探しに行っていた。ただし相手にはそれを何に使うのか決して教えなかった。例えば「プロ向けアプリ」グループのトップを務めていたクリエイティブ・ディレクターのアビゲイル・ブロディは、〝P2〟と呼ばれる正体不明のマルチタッチ・プロジェクトを手伝うため、健康管理アプリとUIを設計するよう指示されたが、それ以上の情報はほとんど与えられなかったという。

「携帯電話よりは大きいけどiPadよりは小さい試作機を一台渡されました。おおざっぱに組み立てられた感じで、テープで固定されていたと思います。それでマルチタッチのジェスチャーをテストできました。他にはなんの手がかりもありません。アプリにはリストビューとメインメニューがあって、一覧画面やら何やらも必要だ、くらいしか言われず、とてもあいまいな指示でした。まさかそれが携帯電話のアプリになるなんて、一言も教えてくれませんでした」

一方、iPhoneのさまざまな部品を手がける社外サプライヤーに対しては、新プロジェクトが新型iPodの開発だと思わせるようにニセの図面を渡していた。噂が出回るのを防ぐため、社外サプライヤーとの打ち合わせにiPhone開発チームのメンバーが出席する場合は、別の会社の社員のふりをした。さらに開発メンバーは全員、厳しい守秘義務契約書への署名を要求された。そこにはiPhoneに関する情報をリークすれば解雇される場合もあると明記されていた。「要するに〝ニンジャ〟になれってことですよ。透明な存在になれと」――元開発メンバーのデザイナーは吐き捨てるように言った。

新たにアップルに採用された人のなかには、「守秘義務契約の守秘義務契約」に署名を求められるケースもあった。つまり、〝今から見る守秘義務契約書の中身に同意できない場合でも、そのような守秘義務契約の存在自体を他言しません〟という誓約である。

こうした秘密主義のせいで、やる気を失う社員や冷静さを失う社員もいた。その最右翼は、iPhoneのハードウェアを作れと命じられながらも、そのソフトウェアを見るのを許されなかった一部のiPodチームメンバーだろう。彼らはハードのテストのためにわざわざニセのOSまで作らねばならなかった。そのOSを搭載した偽物のiPhoneは〝スカンクフォン〟と呼ばれた。

「画面のあちこちでピエロが反吐をはいているような見た目でした。あれは、社内政治と過度の警戒心を混ぜ合わせたアップル的排他主義の最悪の部分を具体化したものです」とグリグノン。基礎はiOSをベースにしているがUIはまったく別物で、AT&Tの社員やアップルの品質保証部はこれを使ってテストを行った。

また、フォーストールがUIの秘匿にこだわったことで大変困った立場に追い込まれたのがトニー・ファデルだった。ファデル率いるハードウェア・チームでは、ファデルだけしか本当のUIを見ることが許されなかったからだ。グリグノンによれば、フォーストールはスティーブ・ジョブズの心配性を巧みに焚きつけ、誰にＵＩを見せていいかを二人だけで決めてしまい、ファデルには口出しさせなかった。

ｉＰｈｏｎｅ開発を巡る社内政治の話になると、今でもファデルの口調には怒りがにじむ。「政治的駆け引きには本当に疲れたよ。スティーブは僕を除きハードウェア・チーム（Ｐ１）の誰にもＵＩを見せたくなかった。だからあのニセＯＳが作られた。その行き過ぎた秘密主義がもう一方のチーム（Ｐ２）を増長させたんだ。何をするにも連中の許可を得なくちゃならない。これが両チームの間に本当に深い溝を生んだ。お互いに協力なんてしたくなかった。隙あらば相手を批判したいと思っていた」

ｉＰｈｏｎｅほどソフトウェアとハードウェアが見事に一体化された製品を開発するのに、その両陣営がそこまで対立してしまったらどうなるか――。グリグノンいわく、とうとう秘密主義のせいで製品開発がほとんど進まないという馬鹿げたレベルにまで達した。

「本物のＵＩで作業できないため、我々（ハードウェア・チーム）の作業は先に進めない状態になりました。そこでトニーが直接スティーブに掛け合ったんです。〝いいかい、アンディ（・グリグノン）はＵＩを見なきゃ仕事にならないんだよ〟って感じでね。フォーストールは最初は反対しましたが、最後には認めました。トニーがこう言ったんです。『信頼できる俺の部下数人にそのＵＩを見せてもらわなきゃ、くそったれの製品一つだって作れやしない』って。馬鹿げた話ですよ」

こうしてジョブズは五人かそれ以上を〝ＵＩ被開示者〟のリストに加えざるを得なくなった。驚くべきことに、当初は被開示者を増やすことに反対していたフォーストール自身も、この機会を利用して自分の部下数人を新たに〝UI被開示者〟リストに押し込んだのである。グリグノンはこの時点で、秘密主義が組織的に制御できない馬鹿げた段階に達しており、iPhone開発プロジェクトにとって有害にさえなっていたと振り返る。

紆余曲折の本体デザイン

iPhoneはその出発点からIDグループが関与している。ダンカン・カーはENRIチームの主要メンバーだったし、そもそもiPodの大ヒットの一因となったフォームファクタ（形状因子）の設計もIDグループだ。マイク・ベルなどの幹部がアップルで携帯電話を作るべきだと訴える際にも、IDグループの作成した試作機を利用した。

そう考えると、世に知られている最初のデザインスケッチ、ジョニー・アイブの描いた右のタッチスクリーンの図面が、実際に発売された初代iPhoneとそっくりなのも不思議ではない。iPhoneに関する最初期の話し合いは、「この〝インフィニティプール〟（縁の見えないプール）、この池のような場所、ここに魔法のように画面が現れるというアイデア」（アイブ）が議論の中心だった。アイブの言葉を借りれば、〝画面の優先順位を高め、その他すべては画面に従う〟ことが最初から重視されていた。

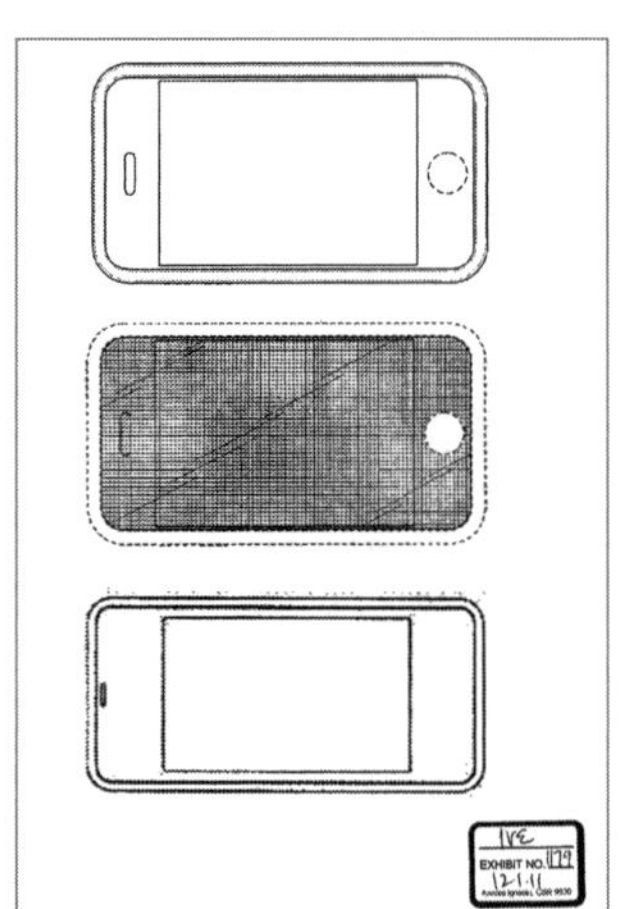

そうした話し合いは、ごく普通の古いキッチンテーブルを囲んで行われた。いつも一五人ほどのインダストリアル・デザイナーが出席し、アイブ、カー、リチャード・ハワース、ユージーン・ワン、西堀晋、ダグラス・サッツガー、クリストファー・ストリンガーらがメンバーだった。「スケッチブックを手にテーブルを囲んでアイデアを出し合いました。極めて真剣で、容赦なく本音の批判をし合う場でした」（ストリンガー）

ＩＤグループは数え切れないほどさまざまなデザインを考えては検討し、却下していった。いくつもの閃きが浮上し、そして消えた。西堀はある時ソニーの製品を調べるように言われ、彼は冗談半分でソニー風デザインのｉＰｈｏｎｅを試作した。ご丁寧に〝ＪＯＮＹ〟のロゴまで入れて――。

結局二つのデザインが有力候補として浮上した。一つはストリンガーの提案したもので、アルミニウム・ボディのｉＰｏｄミニにヒントを得たデザイン。アルミを押出成形（エクストルード）するため、後に〝エクストルード〟の名で知られるようになる。角張った上下と小さめの画面で、シャープで押しの強い印象を与える。ｉＰｏｄと電気シェーバーを足して二で割ったような感じと言えばいいだろうか。アルミをアルマイト加工してｉＰｏｄミニのようにカラフルな色分けもできる。もう一つはハワースのデザインで、後に〝サンドイッチ〟と呼ばれる。四隅の丸い長方形で、二枚のプラスチック板を重ね、外周を金属の輪でぐるりと囲んでいる。

ＩＤグループも本物のＵＩを見ることは許されなかったため、アプリが画面に並ぶ様子をマンガ風に茶化したシールをモックアップに貼って作業を進めた。二つのデザインのうち、ＩＤグループはエクストルードを推していた。これはアイブの有名なアルミニウム好きを考えれば驚くにはあたるまい。加えてアップルは手のひらサイズのアルミ製ガジェットを大量生産する工場をすでに抱えており、生産量を増やすのはそれほど困難ではなかったろう。こうしてIDグループからハードウェア・チームに送られた最初のデザインは〝エクストルード〟になった。

「二つの異なるフォームファクタを手がけました」とデイビッド・タップマン。「最初のやつはまさにiPodミニを巨大にしたようなアルミのチューブで、画面の部分は空洞でした。それに電子回路を詰め込んで、ちゃんと動く試作機を作りました。美しかったですよ。ジョニーのデザインはいつもそうです。ただね、上下の縁が角張っていたんです」——エクストルードの試作機に触れた人はほぼ例外なく、その角張った縁が気になった。耳に押し当てた時に快適でないのだ。電話機としては致命的欠陥である。

しかも、内部の部品が堅い金属の筐体に囲まれる構造のため、電波の受信が極めて難しかった。アンテナの専門家であるアップルのエンジニア、フィル・カーニーとルーベン・カバレロは、取締役会でジョブズとアイブに残念な報告をしなければならなかった。「しかも、納得させるのは簡単ではありませんでした。ほとんどのデザイナーは芸術家であり、中学生以降は科学の勉強をしていません。〝ちょっとすき間をあけて電波を通せばいいじゃないか〟という彼らに、それが不可能である理由を説明しなければなりませんでした」(カーニー)

そこでIDグループは角張った縁と電波の問題をなんとかしようとした。「エクストルードを生かしたくて、アンテナ問題や耳に当たる部分の不快感の問題をうまく解決できないかと、何冊ものスケッチブックを新デザインのアイデアで埋め尽くしました。でもどうやら、どの解決策も全体のデザインを台無しにしてしまうのです」（ダグラス・サッツガー）

結局、ジョブズがこのデザインを却下すると決めた。ジョブズは「昨夜は眠れなかった。このデザインが気に入らないとわかったからだ」と言ったそうだ。このデザインでは画面を最優先にできないし、あまりに雄々しく感じられると——。アイブはその場でジョブズの言うとおりだと認めた。「そのような感想を彼に言わせたことを心から恥ずかしいと感じたのを今でも覚えています」（アイブ）

〝エクストルード〟が却下された後、IDグループは少しの間〝サンドウィッチ〟を検討するが、あまりにもずんぐりとしていて醜いと結論する。ちなみにこのデザインはiPhone4で復活することになる。チップや機械類の進化で十分にスリム化できるようになったからだ。

IDグループは最終的に初期のデザインに立ち返った。前述した最初のデザインスケッチにごく近いデザインだ。このデザインが一番根っこの部分で何の影響を受けたものなのか、全体像を解明するのは不可能だが、ヒントはある。IDグループが最初に獲得したiPhoneのデザイン特許（意匠登録）の一番目に引用されている特許は、メキシコの物理学者ホセ・ウガルデが一九四四年に取得した製図板の特許なのだ（次ページの図）。ウガルデに関する記録は二つの新聞記事をのぞき、ほとんど残されていない。記事の一つは〝イオン化〟による人工降雨機について、もう一つはiPhoneに影響を与えた製図板についてのものだ。

アイブは言う。「ｉＰｈｏｎｅのような製品は画面が最優先です。こうした製品はたいがい、それまでの常識を覆すデザインになっています。たんなる好みではなく、しっかりとした理由があって製品の形が決まった場合、結果的に〝この形しかあり得ない〟と感じられると思います。まるでデザインの作業などせずに自然にそうなったかのように――。なんというか、当然これしかない、これ以外の形などありえない、と感じられるのです」

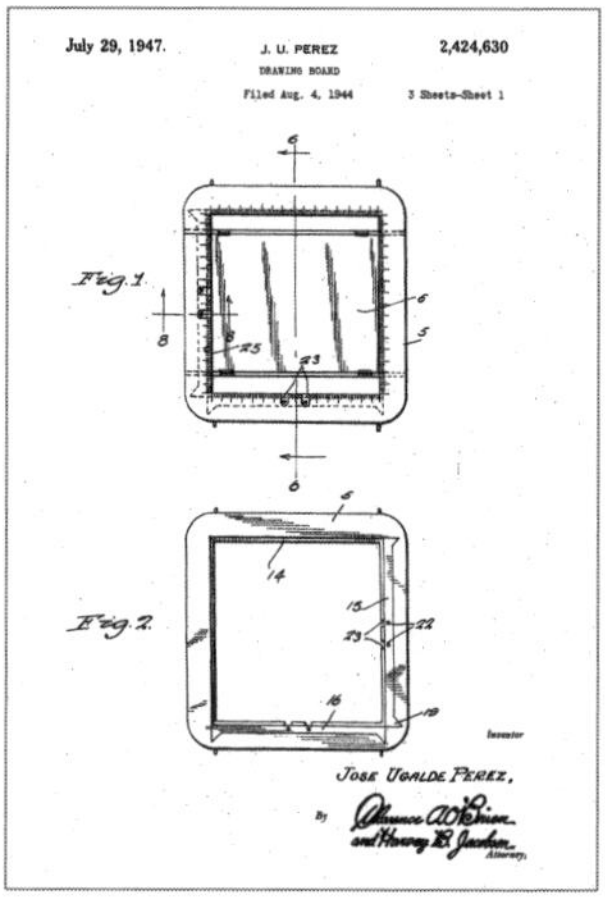

〝薄さ〟をめぐる攻防

デイビッド・タップマンの仕事はあまり羨むべきものではなかった。働き過ぎのわずかな部下と一緒に、ころころ変わるｉＰｈｏｎｅ用の部品を調整するチームを率いていた。

「電話の中にある、あらゆる電子システムが僕らの担当でした。ＲＦシステム、ＧＳＭシステム、ＷｉＦｉ、アプリ・プロセッサ、コーデック、カメラ、オーディオ、スピーカー。これら全部をごく少数、確か六人ほどで扱ってました」。元アップル幹部の一人は彼を〝ｉＰｈｏｎｅのハードウェア開発のヒーロー〟と呼んだほどだ。

タップマンは英国出身で明るく元気な男だ。以前はモトローラでスマートフォンの開発をしていたが、それが開発中止になるとアップルに転職し、iPodのエンジニアリングの推進役となった。彼はiPhone開発でも喜んで数々の難題に立ち向かう。最初の難題は〝場所取り〟だった。既にジョブズとIDグループがiPhoneをできるだけ薄くすると決めていたからだ。「iPodでも最初から最後まで場所取りをしていました。〝薄さは正義〟が合い言葉でしたから」。機能と形状のどちらを優先するかは、必ず議論になった。「十分に長持ちするバッテリーにしてくれないかな。それから形はなるべくジョニー(・アイブ)の希望通りに頼む、というわけですよ」(タップマン)

ファデルによれば、アイブは最初からiPhoneにヘッドフォンジャックとSIMカード・スロットは不要だと主張していた。「最初のiPhoneにSIMカード無しなどありえない、と納得させるのに大いに苦労しました」(ファデル)

なんとしても薄くしたいというアイブの熱意は、確かにiPhoneの差別化には大いに役立つのだが、電話として機能しなければ話にならない。「そりゃあね、厚さ二、三センチにしていいならバッテリーを長持ちさせるのは簡単ですよ。一ミクロンの厚さ、一平方ミリの面積をめぐって戦うからこそ、ぎりぎりのイノベーションを生み出そうと一生懸命になるんです」(タップマン)

iPhoneの〝薄さ重視〟は、多くの人が不満に思うことになる新しいトレンドを作り出した。それ以降の携帯電話はバッテリー交換が不可能もしくは困難になるのだ。タップマンに言わせれば、バッテリー・コネクタはトラブルの元になるのでハンダ付けのほうがいい。しかも「我々に与えられた使命は〝修理できるように作れ〟ではなく、〝素晴らしい製品に仕上げろ〟でしたから、バッテリーが交換できるかどうかなど気にもしませんでした。iPodでは交換可能バッテリーにしたことなど一度もありません。我々にとって携帯電話は初めてでしたから、常識や経験もなく自由にできたのです」（タップマン）

大きな決断の一つは、回線を3G（第3世代移動通信システム）にせずに2Gにしたことだった。3Gのチップセットはサイズも消費電力も大きかったので、バッテリーの稼働時間を優先したのである。「（2Gにしたことで）ずいぶん批判されました。でもWiFiが使えるという大きな長所があったからです。それまでWiFiが使える携帯はありませんでしたから」（タップマン）

問題は毎日発生した。「二週間ごとに部会があるのです。出席者はスティーブにジョニー・アイブ、ティム・クック、業務担当の各チーム、我々のチームにトニー（・ファデル）やその他の各iPhoneリーダーたち。そこであらゆる問題が報告されます。スティーブは問題の報告を聞くのが大嫌いでした。いわゆる定例報告会議を毛嫌いしていたのです。彼が聞きたいのは〝問題を解決しました〟という報告だけです。とはいえ『この点に不安があります』と彼に伝えないわけにはいきません。なぜなら二週間後にいきなり『これは結局うまくいきませんでした』なんて報告すれば、『なぜそれを黙っていた？』となるからです。なので巧みなバランスが必要です。彼が退屈やイライラのあまりうわの空になるほど長々とは報告せず、とはいえ聞いてなかったと言われないほどには伝えておくのです」（タップマン）

五ヶ月でＣＰＵを作れとサムスンに要求

そうした問題の一つは、中央演算装置（ＣＰＵ）が未定だったことだ。ｉＰｈｏｎｅの頭脳をどうするか決めてなかったのである。「二〇〇六年二月の段階でやっと〝あと一年で出荷なのにまだメインチップがない〟と問題になりました。〝生産スケジュールさえ手元にないよ。いったいどうすりゃいいんだ？〟ってね」（タップマン）

運良くハードウェア・チームは、ｉＰｏｄのチップを供給していたサムスンと会議の予定が入っていた。その会議でファデルが、〝なにかＡＲＭ11を使った製品を作っているか〟とサムスン側に尋ねた。答えはイエスだった。その製品はケーブルテレビ用のチューナーだったが、スペックはアップル側のニーズに合っていた。

「そこで僕らは『そいつにちょっと手を加えた製品が欲しい。修正内容はこれこれだ』と伝えました。『ところで実はかなり急いでるんだ。このチップを五ヶ月で用意して欲しい』ってね」

——チップの開発は一年から一年半かけるのが普通だ。アップルは最新のプロセッサ技術を使ったチップを要求し、しかも五ヶ月後に最初のサンプルが欲しいと伝えた。

もちろんサムスン側はそれがｉＰｈｏｎｅのチップだとはいっさい知らされなかった。だがサムスンにとってｉＰｏｄのチップ供給は大きな事業であり、アップルは大切な得意先だ。要求に応じないわけにはいかない。「サムスンは上を下への大騒ぎで、できることはなんでもしました。クパチーノにエンジニアの一団を送り込んできたし、韓国にいるエンジニアとも協力しました。彼らがチップを開発するのと同時並行で、僕らはそのチップの細かい仕様を決めていきました。実際、サムスンの協力がなければｉＰｈｏｎｅは予定通り出荷できなかったでしょう」（タップマン）

紫寮の空気は緊迫状態にあった。誰もが極度のプレッシャーに押しつぶされそうで、怒鳴り合いが始まったり、憎悪があふれ出すことも日常茶飯事だった。しかも、ストレスを何倍にも高める要素がもう一つあった。

離婚と悪臭の〝iワーク〟

「臭かったんです。みんな、ほとんどの時間をそこで過ごしていましたからね」とウィリアムソン。ドアの横には腐った食べ物が積み上がり、路上生活者と残飯の臭いの混合物が室内に漂っていた。ある年かさのエンジニアは、いつも休憩時間にジョギングをし、汗まみれの服を室内に放置した。

悪臭だけではない。開発チームのメンバーは、いつも私生活も犠牲にしていた。長期休暇も休日も論外だし、父親としての育児休暇などとても言い出せる雰囲気になかった。「ものすごく緊迫していました。私は新婚だったので、〝iPhoneベビー〟が三人産まれました。最初の子は確か病院に顔を見に行ってそのまま仕事に直行です。育児休暇は一日も取っていません。あとの二人の時は数日取れたように思います。いや、本当にきつかったですね」（ウィリアムソン）

グリグノンは当時を振り返ってもあまりいい思い出はないという。週に七日間働き、常にストレスを感じ、体重は五〇ポンド（約二三キロ）増えた。「家庭のある人はさらに大変でした。何人も離婚しましたよ」

開発プロジェクトが終盤になると事態はさらに悪化した。「部屋では定員の倍の人数が働いていたので、いつもデスクの奪い合いでした。みんな、泊まり部屋を使わず、そのへんのソファーや簡易ベッドで寝泊まりするので、臭いもさらにひどくなりました」（ウィリアムソン）

おそらくiPhone開発をめぐる〝働き過ぎ〟伝説でもっとも有名なエピソードは、ソフトウェア・エンジニアのジョン・ライトに関する話だろう。ある土曜日、彼は午前中ずっと働き、午後になると荷物をまとめて帰宅しようとした。その日は息子の誕生日だったのだ。その様子を見たプロダクトマネジャーのキム・ヴォラスが、もうすぐ始まる会議に出ないのかと聞いた。ライトが「出ない」と答えると、ヴォラスは怒り始めた。「土曜日に喜んで出社している人がここに一人でもいると思ってるの？　私だって子供がいるのよ！」と玄関ホールで怒鳴り合いになった。彼女はすごい剣幕で自分の部屋に駆け込むとドアを叩きつけるように閉めた。その勢いが強すぎてドアノブが壊れ、彼女は部屋に閉じ込められてしまった。スコット・フォーストールが金属バットでドアを壊し、なんとかヴォラスを救い出した。「警備員が飛んできましたが、すぐに通常業務に戻りました」とウィリアムソン。

当時の雰囲気をよく物語るエピソードである。グリグノンは次のように振り返る。「今になって考えれば、失っていたものがよくわかります。でも当時は目の前の仕事をただこなすだけでした。驚くほど簡単に、我を忘れてのめり込んでしまったのです。仕事以外の人生をいろいろと犠牲にしてね。なにがそうさせたのか、うまく説明できません。ある時期、仕事が人生で一番重要だったのです。家族よりも、心や体の健康よりも」

○○○○

キム・ヴォラスはiPhoneの歴史でひときわ目立つ人物の一人である。取材を通して私は一度ならず彼女が〝傲慢で激しい女性〟と評されるのを聞いた。一度は〝いい意味でも悪い意味でも〟と前置きがあった上での評価だった。総じて彼女は物事を前に進める原動力となったが、人の神経を逆なでするところもあったらしい。ここで指摘したいのは、iPhone開発プロジェクトに巨大なジェンダー格差が存在したことだ。

一時期、iPhoneの設計にもエンジニアリングにも開発プロセスにも女性は一人も関わっていなかった。関与したのは数十人もの男性、そのほとんどが白人で、女性はゼロ。グリグノンによれば、開発プロジェクトが進むにつれ男女比はアップル全社の割合に近づいていったという。残念なことに、その割合とは当時のテック業界の平均的数値で、女性比率は一〇～一五％程度だった。これは品質保証部門や一般事務職を含めた比率である。

初代iPhoneの複数の特許に記載されている名前もすべて男性だ。クリエイティブ・ディレクターのアビゲイル・ブロディによれば、iPhoneの雰囲気や外観に彼女の仕事も一部取り入れられているのに、それでも彼女は〝UI被開示者〟にしてもらえなかった。

iPhone開発チームは時として、チーム内に何人かいた社会的マイノリティにとって居心地の良くない職場であったことも事実だ。あるメンバーは、別のメンバーが同僚と「うちのフッド(近所)で飲むかい？」と話していたため、「ここではそんな話し方はしない」と上司に叱られた場面を覚えている（訳注：「フッド」はラップなどで多用され、都市の貧困地域と結びついたイメージのあるスラング）。また、別の非白人のメンバーが職場で苦情を申し立てた時、彼はiPhoneソフトウェア担当の幹部から極めて奇妙なことを言われた。その幹部は、スタンフォード大学でパブリック・エネミー（訳注：黒人差別問題を積極的に訴えたヒップホップ・グループ）のコンサートを観て感銘を受けたことがあるから、「君がどんなところで生まれ育ったか理解できるよ」と言ったという。

iPhoneがこれほど巨大な成功を収めたからには、そのデバイスがほぼ男性だけの、しかもほとんどが白人のチームによって開発されたという事実はきちんと知られるべきである。おそらくパーソナルコンピュータの歴史上最大のパラダイムシフトに、いったいどれだけ設計面でのバイアスが――たとえ無意識にせよ――反映されているのか、その影響を判断するのは難しい。アップルの品質保証部門で複数の女性が製品テストをしたのは事実だが、設計と開発の段階では男性の指だけを画面に這わせてさまざまな選択をしたのである。フォームファクタから画面操作法に至るまで、すべてを男たちの指紋が決めたのだ。

○○○○

時は二〇〇六年一〇月。iPhoneの公式発表までもう数ヶ月しか残されていない。ジョブズが本当に、当初の予定通り二〇〇七年一月のマックワールドで公表するつもりなのか、多くのエンジニアには見当もつかなかった。というのも、この時点で一つ問題があったからだ。メインチップが壊滅的にバグだらけだったのだ。グリグノンが解説する。

「今の時代、チップというのは基本的にソフトウェアなんです。僕らが新しくチップを作るとなれば、韓国にいる誰かが実際のコードを打ち込み、それがコンパイルされて金属とシリコンからなるチップになる。そしてすべてのソフトウェアと同様そこにはバグがあります」

サムスンが作ったチップにも複数のバグがあり、とりわけ一つはプログラム全体を停止させてしまうほど根深いものだった。そのバグは、CPUのメインチップか、電話機能を担うベースバンドチップかのいずれかにあるらしいとわかった。問題なく立ち上がるのだが、エンジニアが処理をさせようとするとクラッシュしてしまう。「予定していたほどのメモリバンド幅が得られていなかったのです」とグリグノン。「スティーブは関係者全員をクビにしかねない勢いでした。大変な緊急事態です。発表まで二ヶ月の時点でシステムチップに大問題があったのですから」

アップルは集められるだけのエンジニアをすべてかき集めた。世界最高峰のコンピュータ科学者も何人かいた。サムスンのエンジニアたちと同じテーブルを囲み、〝どうすればもっとメモリバンド幅を増やせるか〟など詳細を詰めていった。最後にはサムスンがきちんと動くメインチップを作り上げた。「彼らは六週間かそこらで解決してしまいました。とてつもないですよ」（タップマン）

ラリー・ペイジとスティーブ・ジョブズの握手

二〇〇六年当時には、まだアップルとグーグルの関係は友好的だった。iPhone開発チームはサファリのデフォルト検索エンジンとして、当時からすでに圧倒的な業界標準だったグーグル検索を使いたいと考えた。ジョブズとラリー・ペイジとの会談がセットされ、その場でジョブズは何気なくペイジにiPhone試作機を見せた。

「ラリーはびっくり仰天して、しきりに感嘆していました」とウィリアムソン。「彼はその場で、グーグルマップも搭載したほうがいいと提案しました。スティーブは『おお、それはもっともだ』と答えました。出荷までわずかな時間しかなかったので、ジョブズは『急いでマップも加えよう』

と」（訳注：アプリ名は「Ｍａｐｓ（マップス）」として搭載された）

ラミローとウィリアムソンがグーグル本社のあるマウンテンビューを訪れた。「二〜三時間の徹底的な議論で方針を決めました。グーグルマップの心臓部となるソースコードを提供してもらい、それをｉＰｈｏｎｅで走らせることになったのです」（ウィリアムソン）。正式な契約文書など何一つ交わさないまま、二人はグーグルマップのソースコードを手にグーグル本社を後にする。

契約書の内容を詰めていくには長い時間がかかる。だがｉＰｈｏｎｅの発売はもうすぐそこまで迫っている。だから彼らは「ラリーとスティーブの握手だけ」（ウィリアムソン）で作業を先に進めた。細かい点は後でなんとかなるだろう——そう考えたのである。結果的に、なんとかならなかったのはご存じの通りである。だが、当時はテック業界最大の二社同士で、一社の最重要ソフトウエアをもう一社の最重要消費者向けデバイスに移植するという話を、そんなふうに気軽に決めることができたのだ。

グーグルから提供されたソースコードをもとにｉＰｈｏｎｅ開発チームは二〜三週間ほどで「Ｍａｐｓ」アプリを完成させた。ほぼ同じやり方で「ＹｏｕＴｕｂｅ」アプリも開発した。この二つのアプリは、基本的にクローズド・システムだった初代ｉＰｈｏｎｅの中で大きな〝売り〟になった。

結局、初代ｉＰｈｏｎｅにはグーグル製の大型製品が三つ搭載された。グーグルマップ、ＹｏｕＴｕｂｅ、そしてグーグル検索だ。これは大きな成功を収め、アップルに収益をもたらした。「検索フィールドが生み出した利益は、ｉＰｈｏｎｅ用のソフトウェア開発費をほぼすべてまかなえるほどでした」とウィリアムソンは言う。アップルがｉＰｈｏｎｅ開発にかけた費用は（ハードも含め）総額で一億五〇〇〇万ドルと報じられている。つまりサファリのデフォルト検索エンジンをめぐるグーグルとの契約は、実に実入りがよかったということだ。

史上初のポルノ・サイト

グリグノンはｉＰｈｏｎｅに関する記録を二つ持っている。

「何が素晴らしいって、その記録は決して塗り替えることができないんです。一つ目は、ｉＰｈｏｎｅからの電話を世界で初めて受けたこと。これは、ｉＰｈｏｎｅの電話機能のソフトウェアを僕のチームがぜんぶやっていたからです」

チップの問題を修正し、ハードウェアがぴたりと組み上がると、ソフトウェアの品質改善が猛スピードで進んだ。さまざまな苛酷な条件でもきちんと動くかどうか、初期の試作機によるテストが始まった。

「ある日、同僚だか誰かと打ち合わせをしていたら、デスクの電話機が鳴りました。発信元は知らない電話番号でした。だから〝ほっとけ〟と思って、留守番電話に対応させました。そして打ち合わせが終わる頃に留守録を聞いてみると、なんと連中からの電話だったんです！『よお！携帯電話からかけてるんだ。これが最初の電話だよ！』ってな感じでした」（グリグノン）

二番目の記録は、多少品が落ちるがやはり今風である。「僕は携帯電話でポルノ・サイトを閲覧した世界初の人物なんです。試作機が何台もでき、電話もかけられるようになり、僕らでいろいろなことを実際に試していた頃の話です。みんなで玄関ホールに座ってあちこちのサイトを見てはアプリの動作を検証していた時、なぜかとても変な気持ちになって、〝罰当たりな巨乳たち（Fark Boobies）〟というサイトに飛んだのです。そしてそこの巨乳写真を一つずつ全部チェックしました。周りの連中に〝おい、これを見ろよ〟って声をかけて、写真をピンチしたりズームしたり。みんなでゲラゲラ笑いながらね。ええ、あれが世界で最初にｉＰｈｏｎｅで閲覧されたポルノ・サイトでした」

　バス・オーディングもファイナライズされたｉＰｈｏｎｅ試作機を最初に手に入れたテスターの一人だった。他のテスター同様、常に持ち歩いて使い続けるのが役目だ。「すごい経験でしたが、同時に参りましたよ。メインの携帯電話として使っているのに、すぐバッテリーは切れるわ、クラッシュするわ、電波の受信もそれほど良くないことも多くて」――もちろんそのためのテストである。実生活のいつ、どんな場面で電話が使えなくなるかを知るのが狙いだ。「バッテリーの持ち具合や、仕事中に気づくちょっとしたことなんかです。消音スイッチが要るな、とか、アラームが鳴り始めたら音を消す手段がない、とかね」（オーディング）

　ジョブズ自身もｉＰｈｏｎｅ試作機でテスターを務めた。ところが自宅でＷｉＦｉの電波が受信できないことが判明する。問題解決のためにアップルからＣＥＯの自宅へとチームが派遣された。エヴァン・ドールによれば、厚さ六〇センチもあるレンガの壁のせいだったという。

　そのうち、紫寮のメンバーにも全員にｉＰｈｏｎｅ試作機が配られた。メインの携帯電話としてできる限りリアルな環境で使用せよ、ただし油断するな――という指示が与えられた。

ニティン・ガナトラは「馬鹿者だと思われるから話したくないんですが」と前置きして、自分の経験を教えてくれた。なんと車を運転しながらiPhoneでSMSを送信したのだ。「なるべく人々が実際にやりそうな方法でこいつを使おう、というのが当時の方針でした。まあ言い訳にもなりませんが、別のことに気をとられながらキーボードを使うのがどんな感じなのか、車の運転をしながら、一文字ずつキーを見ないでまともに入力できるのかどうかをテストしたのです。今なら法律違反だし、恐ろしいほど無責任なことをしました。誰もひかなくて本当によかったです。要するに我々は、人々がこのデバイスを使うようになるとどんな影響が出てくるのか、それを調べていたんです」

マックワールド

仕事のペースは恐ろしい猛スピードにまで高まってきた。マックワールドは一月上旬に控えている。控え目に表現しても、iPhoneの準備は整っていなかった。電話中に切れる。ソフトウェアは落ちる。まったく回線に接続できないこともあった。

とはいえ発表を延期するという道はなかった。他に発表する目玉がないのだ。マックワールドは新製品のお目見えの場として名高い。もしそこで中身のある発表を何もできなければ、アップルの株価も名声も急落しかねない。情報漏れを防ぐために最大限の手を打ってきたにもかかわらず、アップルが新型携帯電話を発表するらしいという観測はすでにあちらこちらで大量に出回っていた（見た目や操作についてはさすがになんの情報もなかったが）。

メインチップはまだ問題を抱えており、ソフトウェア・エンジニアは問題点を巧みに回避しながら発表用の作業を進める必要があった。発表会場で固唾をのんで見守る大勢のテック系ジャーナリストに向け、iPhoneが何の問題もなく動くように見せかけるため、いわゆる〝ゴールデン・パス〟――事前に正常な作動を確認済みの一連の動作手順――の準備を進めていた。

もちろん、マックワールドの会場となるサンフランシスコのモスコーニ・センターには警備員が配置され、出入りは厳重に制限された。当初ジョブズは秘密を保持するため、発表前夜に会場にいる人間は一人も外に出さず、全員が会場内に泊まるべきだと主張したが、あまりにも極端だと他の幹部たちに反論され、さすがに通らなかった。デモンストレーションの内容を秘密にしておくことを、ジョブズはそこまで重視していたのである。

「マックワールドの一週間前にグラフィックデザイン・グループがポスターや横断幕などをジョブズに見せる手はずになっていました。ところがジョブズは、ポスターを作る予定だと聞くと即座にそれを中止させたのです。彼は『ダメだ、ダメだ。印刷物はいっさい作らない』と言っていました。ポスターを作る印刷業者に〝iPhoneだ！〟と気づかれるリスクを避けたかったのです。これには本当に驚きました。何しろそのポスターにiPhoneの情報はいっさい描かれていなかったんですから」（オーディング）

「最初はデモのリハーサルに立ち会えることをとても名誉に思いました。いわば信頼を得た証のようなものですから。でもすぐに苦痛に変わりました。ジョブズは激怒することはほとんどなかったのですが、じっと私を見つめながら〝君は私の会社を台無しにしている〟とか〝失敗すると

すれば、君のせいだ〟などと、きつい口調で大きな声で言うんです。恥ずかしさで身の縮むような思いでした」（グリグノン）

デモ中に予告されたファデルの追放

発表当日となる二〇〇七年一月九日の朝、モスコーニ・センターにはｉＰｈｏｎｅ開発に関わってきたエンジニアやデザイナー、幹部たちが集まっていた。恐怖に近いような興奮がその場に漂っていた。開発チームの一人は、すみのほうでｉＰｈｏｎｅをいじくりまわしているフィル・シラーの姿に気づいた。今日初めて触ったかのように見えた。「開発に貢献してきた人たちが他に大勢いるというのに、なぜフィルがｉＰｈｏｎｅ発表の場にいなきゃならないんだ？」と彼は思った。

〝他に大勢〟とは、例えばマルチタッチの先駆者であるウェイン・ウェスターマンだ。ｉＰｈｏｎｅ開発プロジェクトのそもそものきっかけになり、当初からプロジェクトを下支えしてきたのは彼の技術だ。本人も二〇〇五年以降はアップルの社員になっている。そのウェスターマンが発表会場に招待されていないのは、アップル広報部門の大きな手抜かりと言えよう。

グリグノンは会場にスキットル（アルコールを入れる金属製水筒）を持ち込んでいた。「デモのリハーサルを一〇〇回は繰り返したでしょうか。そして毎回なにかしら問題が起きていたんです。いい気分じゃなかったです」

ジョブズのプレゼンが始まった。二〇分ほどで彼はちょっと間を置き、切り出した。「ごくたまに、すべてを変えてしまう革命的な製品が現れます」――あとはご存じの通りだ。なんなくデモを進め、中心となるであろう機能を見せつけていく。電話、ビジュアル・ボイスメール（留守番電話）、カバーフローを含めたiPodタッチと同じ機能、簡略版でないウェブ閲覧ができるインターネット通信機能。そしてマルチタッチだ。完璧な慣性スクロール、ピンチやズームの機能を見せると、聴衆は拍手喝采で応えた。また、iPhoneでグーグルマップを立ち上げると、近くのスターバックスを検索し、店名をクリックして電話をかける。応答した相手に四〇〇〇人分のカフェラテを注文すると、混乱したバリスタが何か言う前に電話を切り、会場は大きな笑いに包まれた。グーグルのCEOエリック・シュミットも舞台に登場した。

こうしてiPhoneはテクノロジー業界の注目と関心を一身に集めることに見事成功した。拍手喝采はその後もブログ記事や新聞記事で続いていく。アップル・ウォッチャーたちは即座に〝ジーザス・フォン（神の電話）〟と別名をつけ、競合他社は不安そうにiPhoneを批判したものだ。

グリグノンはチームメンバーと一緒に会場でスキットルを飲み干し、その後は街中で祝杯をあげた。クリエイティブ・ディレクターのアビゲイル・ブロディは、謎に包まれたP2プロジェクトのために自分が考えたデザインの一部（特大のフォントやクマノミの壁紙）をジョブズのデモで初めて目にして驚き、そして誇りに思った。「あれが初代iPhoneに使われるなんて知りませんでした」

一方、iPhoneの立ち上げが大成功したことで、アップル社内ではフォーストールの立場が大いに強くなった。グリグノンは次のように振り返る。

「どうせいつかは起きたであろう社内政治、すなわちトニー（・ファデル）の社外追放を一段と早める結果になりました。それは予告されていたのです。彼（ジョブズ）がデモのなかで、スワイプしてトニーを削除した場面を見たでしょう。デモの導入部で、〝連絡先〟の管理がいかに簡単かを見せた場面です。（連絡先を）スワイプ一つで削除する操作をしながら、〝何か不要なものがあれば、難しいことは何一つありません。ほらね、ただスワイプ一つでいいんです〟とかそんな感じでした。そこで削除された名前はトニー・ファデルでした。聴衆は拍手していましたが、僕は〝マジかよ……〟って思いました。開発プロジェクトに関わっていたアップル社員はみな〝なんてこった〟って感じでした。あれはメッセージだったんです。彼は要するに『トニーは出て行く』と告げたんです。なぜなら、リハーサルではトニーを削除などしなかったんですから。リハーサルの時は、そのたびに適当に選んだ別の人を削除してました」

あまりにもひどい話なので、本当だとは思えなかった。本当にジョブズは意図的にトニーを削除したのか、私はグリグノンにもう一度確認した。

「スティーブがやりそうなことですよ」とグリグノン。「というのもね、予兆がたくさんあったでしょ。そういう時、彼はあの手のことをするんです。あのメッセージはわかりやすいほうでしたね。みんなはっきりわかりましたよ。誰もが〝なんてことだ。今のを見たか？〟って感じでした」

○○○

初代ｉＰｈｏｎｅが発表されたその日のうちに、エヴァン・ドールはｉＰｈｏｎｅチームに加わりたいと異動願いを出した。ほとんどのアップル社員と同じく、彼はその日までｉＰｈｏｎｅのことなど知らなかったのだ。

「スコット・フォーストールと面接しました。彼は面接中、自分のｉＰｈｏｎｅをテーブルの上に置いていました。世界で誰もｉＰｈｏｎｅに触れなかった頃の話です。途中でそれが鳴ったので、彼は手にとって私にも画面を見せてくれました。電話はスティーブ・ジョブズからでした。『出なきゃならない。ちょっと待ってて』と言って彼は部屋の外に行きました。一五分かそこら会議室で待たされました。僕は〝いったいまだ面接中なのか？　それともこれは何かのテスト？〟なんて考えていました。もちろん僕はｉＰｈｏｎｅを持っていませんでしたから、いじくりまわして時間をつぶすこともできません。その時の僕はこんな感じでした」――ドールは「フンフンフン」とハミングしながら指先で机をトントン叩く。「昔はこうでしたよね。ただ座って部屋の壁を眺め、考え事をしながら誰かを待っていたものです」

結局フォーストールは部屋に戻ってきた。二週間後、ドールはｉＰｈｏｎｅチームの一員となり、火中に投げ込まれた。

「初代ｉＰｈｏｎｅのホーム画面に並んでいるアプリのほとんどは、それぞれの担当者が一人で作っていました。一人で複数のアプリを担当しているケースさえありました」

ドールは何でも屋として「時計」や「メール」、その他追い込みで人手が足りないアプリはなんでも手伝った。もちろん、ちょっとした問題はしょっちゅう起きた。例えば「連絡先」アプリのバグを直していたエンジニアは、自分の書いた修正コードがアプリに反映されているように見えないことにイラつき、住所を記入する欄のタイトルを「住所」から「消え失せろ」に書き換えた。〝どうせこれも反映されないんだろ?〟とたかをくくっていたのだ。ところがそのエンジニアは間違えてその修正版をレポジトリ(チーム共通のデータ貯蔵庫)に戻してしまう。そのアプリを搭載したバージョンのiPhone試作機がAT&Tのテスト用に貸し出され、ほどなくスコット・フォーストールにAT&TのCEOから電話が入る。「なぜこのiPhoneは私に〝消え失せろ〟と言うのですか?」——このエンジニアはチーム全員に謝罪のメールを書く羽目になった。

一方、別のセキュリティ・エンジニアは発売前のiPhoneを旅行に持って行き、レストランのソムリエに見せた。ソムリエ氏はその後エンジニアを裏切って、アップルの噂を追いかけるウェブサイトに新しいiPhoneの詳細レポートを投稿する。このエンジニアはクビになってもおかしくないところだったが、iPhoneの暗号化システムの一部については彼しか専門知識を持つ人間が社内におらず、クビを免れた。ただしチームメンバー宛ての謝罪メールは書かされた。一部の若手エンジニアの中には、そのようにチームのみんなの前で仲間が罰を受けるのを見て、まるで全体主義体制のようだと奇異に感じる人もいた。フォックスコンの工場労働者が同僚たちの前で懺悔させられるのと同類ではないかと。「確かに気味の悪い類似点がありました」とiPhoneチームの一人は振り返る。

それから三ヶ月間、エンジニアたちは〝ゴールデン・パス〟以外でもiPhoneがきちんと動くようにするため、死にものぐるいで仕事を続けた。疲れを知らないサムスンのチップ担当者の助けもあり、特注ARMは無事に完成した。マックワールドの発表から一月後には、よく知られるように、iPhoneのスクリーンをプラスチックからガラスに変えるとジョブズが決めた。コーニングは必死でゴリラガラスを大量生産する。バグはデバッグされ、「連絡帳」アプリに下品な言葉は見つからなくなった。会話中に突然電話が切れることは（あまり）なくなった。

ウィリアムソンのチームは見事にサファリを小型化してiPhoneに移植し、〝赤ちゃん用ウェッブ〟を一掃できた。土壇場になって「ユーチューブ」アプリを追加する話が出たが、先日のデモでグーグルマップが大歓声を受けたこともあり、ジョブズもこれに賛成した。グーグルの協力もあり、エンジニアはほんの数週間でアプリを問題なく作り上げた。ラミローは、それがどれほどの影響を持つことになるか当時は思いもしなかったという。

「私はその時のスティーブを決して忘れないでしょう。ユーチューブのアプリをやっと完成させた直後でした。彼はソファでそのアプリをいろいろ動かしながら、こう言ったんです。『きっと何もわかってないだろうが、君たちは僕らが最初のMacで成し遂げたことよりも大きなことをしたんだよ』って。私たちは『そうですか。ありがとう、スティーブ』くらいの反応でした。でも結局は、彼の言うとおりでしたね」

雲散霧消した開発チーム

二〇〇七年六月にiPhoneが発売されると、世界各地のアップルストアに長蛇の列ができた。〝神の電話〟を真っ先に所有しようと、何時間も、いや何日間も店の外で待つ強者さえ現れ、マスコミはその活況ぶりをあますところなく報道した。確かに迫力のある見世物ではあったが、飛ぶように売れた最初の週末――アップルによれば発売から三〇時間かそこらで二七万台が売れた――を過ぎると、実際の売れ行きはかなり落ち込んだのである。

当時のｉＰｈｏｎｅは、搭載アプリが固定されていてユーザーは取捨選択できず、ネットワークはイラつくほど遅い2Gしか使えないし、そもそも壁紙も含めて何一つカスタマイズできなかった。しかも極めて高価というハンデを背負っていた。当時のマイクロソフトCEOスティーブ・バルマーが感想を聞かれて嘲笑したのは有名な話だ。「回線契約込みで奨励金がすべてついて、それでも五〇〇ドルだって？　この世で一番高い携帯電話だ」

おそらく最高に人々を惹きつけた機能は、サファリとグーグルマップだろう。この二つのアプリはマルチタッチをベースに豊かな複合メディア経験を提供し、その後のｉＰｈｏｎｅのあらゆる可能性を切り開いた。その二つのアプリに加え、タッチスクリーンそのものにも魅力がある。五年前に始まった少人数のＥＮＲＩチームが、「デバイスと人間の新しい豊かな対話方法」のビジョンを見事に現実化した。バスとイムランとアップルが生み出した画期的なＵＩは、蠱惑(こわく)的で直感的、しかも中毒性が高かった。

翌二〇〇八年に本体価格を下げ、アプリの取捨選択ができるアップストアを導入すると、それからｉＰｈｏｎｅは世界中で盛んに使われるようなる。とはいえ、初代ｉＰｈｏｎｅから現在まで根本部分がいかに変わっていないかを考えると驚かされる。確かに画面サイズは大きくなったが、今でも起動すると角の丸いアイコンが格子状に並んだ画面になる。検索にはサファリを使い、チャットには「メッセージ」アプリを使う。相変わらず複数の指を使って操作するし、動画は背景が暗転した画面で観る。キビキビと反応するアニメーション効果は今でも魅力的で、ついスワイプやタップをしたくなる――。

「時の試練に耐えたんだ」とファデルは言う。「製品の前提となる根本思想を見てごらん。何か変わっただろうか？　ビジネスモデルは変わったし、カメラや何やらは以前より良くなった。でも根本思想は最初からずっと変わっていない。サイズは大きくなり続け、処理速度は速くなり続けてきた。だが本質は何も変わっていない。誰でもこのデバイスを使いこなせるようにするための考え方は根本的に変わっていない。試作機のバージョン1から根本部分は正しかったんだ。確かにバージョンアップを重ね、旧型は次々と捨てられていく。だがそれは根本思想が正しかったということだ。歴史に残るデバイスであることの証拠なんだ」（ファデル）

〝歴史に残る〟とも言えるし、〝湯水のように消費される〟とも言える。

一方でラミローは次のように見る。「iPhoneの影響はMacとは比べようもないほど巨大で、しかも短期間に広がりました。でもよく考えれば、iPhoneは小さくなったMacなんです。〝Mac2〟と言ってもいい。同じDNAを持つ後継者なんです」

これは重要な指摘である。上記のことすべてを可能にした開発チームのエンジニアたちでさえ、先人の積み上げた実績の上に立っていることを知っている。ビル・バクストンなら「イノベーションのロングノーズ」の一部に過ぎないと言うだろう。iPhoneは一気に大きな飛躍を遂げたイノベーションのように見えるかもしれないが、実はアップルの外の世界で何十年もかけて開発されてきた多数の技術に立脚しているのみならず、アップル社内のヒラ社員たちが長い時間をかけて作り上げた遺産を大いに利用してもいる。

「マルチタッチのような製品は孵化するまでに長い長い時間がかかります」とドールは言う。「コア・アニメーションもｉＰｈｏｎｅに採用される前にかなりの開発期間がありました。ｉＰｈｏｎｅ開発を仕切ったスコット・フォーストールがまだ平社員の頃にエンジニアとして開発に関わったフレームワークが、後に進化してｉＰｈｏｎｅアプリ開発に使われるようになったのです。こうした技術は一年では開発できません。おそらく二〇年以上かけて開発されています」

そうしたフレームワークは、一九八〇年代に書かれ、その後修正や再結合を繰り返してきたコードによってできている。新生アップルより前のＮｅＸＴの時代に生まれたものだ。

「今もｉＰｈｏｎｅでそうしたフレームワークを使う場合、〝ＮＳ〟というプレフィックス（接頭辞）が出てきます。ＮＳプレフィックスが付くものはすべて〝ＮｅＸＴＳＴＥＰ〟（訳注：ＮｅＸＴコンピュータで使われたＯＳ）のコードです。ほとんど当時のままのコードですよ」とウィリアムソンが解説する。デバイス自体は大いに進化して複雑になったが、「ＮｅＸＴからＭａｃを経てｉＰｈｏｎｅへ、という道筋は一直線ではっきりしています」

アップルはコードとアイデアと才能をその時点まで銀行に預金してきたようなものだ、とドールは言う。「これが一番ぴったりなたとえに思えます。それまで二〇年も銀行に預けていた預金に年率三％の複利効果が発生していて、気づいたら資産残高が急カーブを描いていたのです。それが（ｉＰｈｏｎｅ開発に成功した）理由の半分だと思います」

なるほど。すると残り半分は何か――。それは純粋な〝運〟だ。

ＥＮＲＩグループがタッチスクリーンの実験的デモを実演できるようになったのは、まさにアップルがｉＰｏｄの後継となる製品を必要とする直前だった。そのＥＮＲＩグループが足がかりにしたフィンガーワークスは、ちょうどそれに間に合う時期に市販にこぎつけた。コンピュータ・チップの小型化もタイミングが合った。ドールは言う。「多くのことがタイミングの問題であり、たんなる幸運だったのです。ｉＰｈｏｎｅを動かすＡＲＭチップもおそらく開発には極めて長い時間がかかっています。ちょうどいいタイミングでｉＰｈｏｎｅ用に大量生産できるようになっていたのは幸運でしょう。惑星がみんな一直線に並んだのです」

リチウムイオン電池の進化もカメラの小型化も、惑星直列に加えるべきだろう。中国の熟練労働者数が増えたことや、世界各地の各種金属類が安価になったこともそうだ。タイミング良く起きたことのリストは終わりそうにない。

「二〇〇六年のある日、突然ｉＰｈｏｎｅを作ろうと決めてできるような話ではありません。成果の見えない投資、失敗した製品、馬鹿げた実験、そうしたものをどれだけ積み上げてきたかということです。しかもそれを、ものすごく長い時間にわたって続けられたかどうか――。ほとんどの企業はそんなことできません。アップルだってかろうじてできたに過ぎません」（ドール）

そして市場投入の機が熟した時、アップルはそれまで銀行に預金してきた〝成果の見えない投資〟の数十年分の利子を活用した。基盤となる各種コードから設計基準まで、アップルが積み重ねてきたそれまでの資産を使い、〝誰もが使える情報デバイス〟という太古からの夢を一つのスマートフォンとして結実させたのである。その際には同社が抱える巨大な才能集団も活用した。

何百人という非凡な才能を持つ人材だ。素晴らしいソフトウェアを書いた紫寮のメンバーやハードウェアを整えたiPodチームのメンバーだけではない。iPhoneに関わった社内外の極めて多くのチーム、例えばサムスンのチップ担当チームやコーニングのゴリラガラスの担当者たち、さらには数多くの取引業者に通信会社の関係者——。その全員の必死の働きによってiPhoneが実現できた。

スティーブ・ジョブズは基調講演やインタビューのたびに、「アップル・チーム」とか「素晴らしいチーム」といった言葉を繰り返し使った。だが、経営幹部でないチームメンバーの個人名を口にすることはまずなかった。ジョブズの伝記を書いたウォルター・アイザックソンに対しても、自分のお気に入りのアップル製品は「アップル・チーム」だと語っているが、どうもジョブズはその製品だけは世界に見せびらかしたくなかったようだ。

「アップルの将来を握るあれほど重要なプロジェクトで、お互いに大好きになれるメンバーが集まったことは、アップルにとって幸運でした」とイムラン。「あれに匹敵する協同作業は他に一つも思い浮かびません」

iPhoneチームにいたあるデザイナーは、デザインチームのオリジナルメンバー全員で撮った写真が一枚も残っていないと嘆く。「まるでマイケル・ジョーダンが幽霊だったというようなものです。あれだけ得点を重ね、スラムダンクを決め、すべての勝利を生み出したというのに、それが本当に存在したという確かな証拠がどこにもないのです」

いや、それは違う。iPhone開発に貢献したデザイナーやエンジニアやプログラマーはみなそれが実在したことを知っている。とりわけ、家族や健康やその他いろいろなものを犠牲にしてがむしゃらに働いたのだから——。

「最初の頃、私がほとんど家にいないことで家族を苦しめました」とリチャード・ウィリアムソンは言う。彼がアップルを辞める前後に、彼の妻は脳腫瘍で亡くなった。「今は二四時間父親業をして当時の埋め合わせをしています。子供たちの夕食も毎日作っています。私はそうすべきだし、子供たちもそうされて当然です。とはいえ、iPhoneを開発した経験は何ものとも交換する気はありませんけどね」

iPhoneチームの中核メンバーではなかったものの、研究やエンジニアリングのプロジェクトでiPhone開発に関与したブレット・ビルブレイは次のように当時を振り返る。「仕事を辞めた理由はいくつもありますが、一つはストレスでした。滅茶苦茶な混乱期で、社内政治もグチャグチャ。封建時代の領地みたいなもので、スティーブこそが〝すべてを統べる一つの指輪〟でした。しかも私の周囲では心臓麻痺やガンなどで次々と人が亡くなっていましたからね。いまでもアップル時代を懐かしく思い出しますよ。私にとって夢の仕事でしたから」——そこでビルブレイの妻が一言、「ただし、死にかけましたけどね!」。医者からは、体重を落として会社を辞めなければ死ぬ危険があると最終通告を受けた。「アップル時代の同僚は今までに三六人が亡くなっています。猛烈ですよね」

おそらくその猛烈さこそ、後にiPhone開発チームがちりぢりに消え失せてしまった理由だろう。当時の中核メンバーで二〇一七年現在もiPhoneに深く関わっているのはジョニー・アイブ一人だけだ。ファデルは初代iPhone発売の翌年にアップルを去った。スコット・フォーストールはアップル製の地図アプリ「マップ」を不完全なままでリリースした後で追放されたが、多くの人がこれはティム・クックやアイブとの長期にわたる確執の結果だとにらんでいる。一五年間アップルに仕えたリチャード・ウィリアムソンもクビになった。アンディ・グリグノンは燃え尽き、iPhone発売からほどなくして辞めた。バス・オーディングは特許を守るための裁判関係の仕事にうんざりして、二〇一三年にテスラに転職した。アンリ・ラミローも二〇一三年、iOS7の投入後に健康上の理由で退職した。HI（ヒューマンインターフェース）チームのトップを務めたグレッグ・クリスティーは二〇一四年にアップルを去っている。デイビッド・タップマンも同じ年に辞めた。おそらくiPhone開発の父祖としては最後の一人だったイムラン・チョードリーも二〇一七年初頭にアップルを去った。

「iPhoneのすべてを一から知っている人はもう社内に残っていないと思います」とウィリアムソンは言う。実際、iPhoneがどのように生まれ、そこに誰が関わったのかという話はアップル社内でも十分には理解されていない。

現在のiPhone担当者の仕事は、きらめくようなアイデアを集めて人とデバイスの新しい対話方法を構築したり、大勢の人々にモバイルコンピューティングを可能にする新しい手段を発明したりすることではもはやない。いかに多くのiPhoneを売るかがすべてである。事業である以上、それは当たり前の話だ。iPhone開発チームに最初から参加していた元メンバーは言う。「アップルという会社をみながどう見ているか、当時と今を比べると面白いですよ。いかに大きく変わったことか――。何も〝反乱同盟軍〟（映画『スター・ウォーズ』）になった気分で言っているのではありません。我々は今や〝ビッグブラザー〟（小説『１９８４年』）の立場ですから」

これほど見事に団結して素晴らしいイノベーションを達成したチームがあれば、会社によってはそのチームをそのまま維持しようとしたり、メンバーを昇進させたり、同じ要因をそろえて似たようなチームを複製しようとさえするかもしれない。だが、パープル・プロジェクトのようなチームは二度と生まれないだろう。少なくともその実績はあまりにも巨大だ。

「〝コンピュータはよくわからなくて〟という人はもういません。僕たちのした仕事が、それをなくしたのです」（チョードリー）

コンピュータの起源

最初のコンピュータは人間だった。熟練の計算手が、天文学者や数学者のために長くて複雑な計算を代行したのだ。多くの場合チームで行い、例外なく手で計算した。計算手はふつう見習いや女性が務め、今ならボタン一つでナノ秒で解けるような算式を、何日間も、時には何週間もかけて解いた。一七世紀から二〇世紀半ばまでの間、こうしたコンピュータたちは軍のために弾道を計算したり、ＮＡＳＡが綿密なロケット飛行計画を立てる手助けをした。その当時「コンピュータ」という言葉は労働者を指したのである。そして彼らは普通の労働者ではなかった。ほとんど誰にも存在を知られないまま、特定の個人や組織のために働き、しかもその個人や組織に光が当たったとしても、彼らコンピュータの貢献が公に知られることはなかった。

実のところ、今の我々が知るコンピューティングを最初に始めたのは、チャールズ・バベッジやアラン・チューリング、スティーブ・ジョブズではない。本当の起源は三体問題（三つの天体間の相互作用）の解明に取り組んだフランスの天文学者、アレクシス・クレローだ。彼は計算式を解くため、同僚の天文学者二名の手を借りた。つまり方程式の解を効率よく算出（コンピュート）するために仕事を分割したのである。それから二世紀後、六人の女性コンピュータたちが世界初の電子計算機（コンピュータ）の一つ「エニアック（ＥＮＩＡＣ）」のプログラムを書いた。だがペンシルベニア大学で行われたエニアックの発表会に彼女たちは招待されず、その発表会で名を挙げられることもなかった。今日、ｉＰｈｏｎｅはそもそもコンピュータを内蔵していることさえ隠している。

もちろん言葉の意味は変化したわけだが、それでも「コンピュータ」――とりわけｉＰｈｏｎｅという史上最も売れたコンピューティング・マシン――の原動力は〝人の労働〟にあると考えてみるのは意味がある。なぜならｉＰｈｏｎｅは、そこに投入された大量の努力と創意工夫をそれまでのコンピュータよりもさらに巧妙に隠しているからだ。画面が一段と鮮明になり、アプリがさらに中毒性を増し、携帯電話が日常生活といっそう不可分に一体化するにつれ、我々はますますコンピュータが人間の労働の産物だという認識から離れていく。実際には今ほどコンピュータを生み出すのに多くの人々が関わる時代はなかったというのに。

そう、複数形の「人々」なのだ。スティーブ・ジョブズはこの先永遠にｉＰｈｏｎｅと結びつけられるだろう。ｉＰｈｏｎｅを世の中に送り出し、その福音を伝え、それを製造した企業を導いた人物として、ｉＰｈｏｎｅの上にそびえ立つ。だが、彼がそれを発明したわけではない。私はここでデービッド・エジャトンの言葉を思い出す。この情報化時代においてもなお、スマートフォンを「単独で発明する」という神話は根強く残っている。だが実際には、あらゆる分野の〝スティーブ・ジョブズ〟一人につき、それぞれのフランク・カノバやソフィー・ウィルソン、ウェイン・ウェスターマンや大嶋光昭のような存在が無数に控えているのだ。私はここでもう一度、ビル・バクストンの言う「イノベーションのロングノーズ」に思いをはせ、「アイデアは常に空気中を漂っている」という考え方を思い出す——。「単独発明者」神話の誤りを指摘することは、キュレーターとして、編集者として、さらに高いハードルの設置者としてジョブズが果たした役割を矮小化することにはならず、そのうえ、ジョブズをのぞくすべての関係者が果たした役割の重要性を高めることになるのだ。

iPhoneの心臓部を訪ね歩いた私の小旅行が、その事実を示すのに少しでも役立つなら嬉しい。「唯一無二のデバイス」は数え切れないほどの人々の働きによって生まれた。無数の発明者、工場労働者、炭坑労働者、リサイクル業者、独創的な思想家、児童労働者、革新的デザイナー、熟達のエンジニア——。こうした人々だけでなく、長い時間をかけて進化してきた技術、共同で積み重ねてきた成果、生まれたばかりのスタートアップ企業、巨大な公的研究機関などの働きも欠かせなかった。

そして、こうした無数の働きは今もiPhoneに影響を与え続けている。iPhoneは世界のすべての大陸から集めたアイデアと原材料と部品を使って作られている。世界の片隅で設計され試作され、別の片隅でその原材料が掘り出され、さらに別の片隅で製造される。そしてその影響力は即座にそれぞれの片隅を含めた世界中に出荷される。

私は初代iPhoneの開発プロジェクトに関わった人にインタビューする時、必ず聞く質問があった。自分たちがこの世界に解き放ったデバイスについて、今どんな印象を持っていますか、という質問だ。驚いたことに、ほぼ全員が似たような愛憎半ばする気持ちを抱いていた。デバイスのあまりの普及ぶり、アプリのあまりの使われぶりに畏敬の念を抱くと同時に、常に注意を引き付けてしまうというマイナス面にほぼ全員が触れたのである。一緒に食事をするカップルが会話もせずにそれぞれのデバイスを凝視する姿は嘆かわしい限りだと。

私がこの質問をした中の一人、モバイルコンピュータを作るのが夢だったというグレッグ・クリスティーは、初代iPhoneを自宅の地下に埋めたという。「バッテリーだけ取り除いた初代iPhoneを、発売当日の新聞と家族の写真とメモと一緒に箱に詰め、玄関先の地面を掘って埋めました。まあ、私のライフワークみたいなものですから」

一方、この質問に対する答えで一番驚いたのは、ソフトウェア・エンジニアリングの責任者、アンリ・ラミローの意見だ。「みんな、いつでもどこにでも携帯電話を持ち歩くようになりました。まあ、確かに驚くべきことです。でもね、ご存じのようにソフトウェアというのはまた別で――。私の妻は画家で、油絵をやっています。彼女の創作物は永遠に残ります。でもテクノロジーは違います。二〇年後には誰がiPhoneのことなど気にしているでしょう?」

テクノロジーというのは砂浜に寄せる満ち潮のようなものだ、とラミローは言いたいのである。iPhoneのように広く普及し、巨大な影響を及ぼすデバイスを可能にした技術でさえ、いずれは引き潮とともに流されてしまう。だから、決して長くは残らないとラミローはいう。何十年もコードを書いてきたが、ほぼすべては消えたか、もしくは置き換えられてしまったという。「でもフレームワークだけは残っています」

実のところ、それは技術の進歩というものを極めてよく表した比喩になっている。ラミローのしてきた仕事は、ｉＰｈｏｎｅ自体よりももっと大きく、長い寿命を持つもの、すなわち一つのフレームワークに貢献したのである。後の世代の人々がそれを土台にし、そこに接続し、それを進化させ、活用していくものだ。

「私の仕事は、例えば長いこと人々に愛される曲を作るような仕事とは違います。いずれは消え失せ、より優れた別のものに取って代わられるのです」とラミローは言う。消え失せないとしても、ほとんど誰にも知られなくなるだろう。それは、雑多な情報や技術を寄せ集めた進歩という大海で、目的地さえ誰も知らないわずか一歩の前進である。その仕事は、最後にはみんなに忘れられるかもしれない。だが同時にそれは欠かすことのできない仕事であり、我々の技術進歩を、我々が世界と対話するフレームワークを一つにまとめ上げる接着剤となっているのだ。

かつてコンピュータは「人々」だった。そして今後もずっと、一定割合はそうであり続けるだろう。なぜなら、ラミローの言う「より優れた別のもの」が長い時間をかけて生まれてくるためには、間違いなく何十万人もの発明家やエンジニア、肉体労働者、科学者、交渉役、研究者、鉱員たちの努力が必要なのだから。次なる「唯一無二のデバイス」は、もうすでに地中から掘り出されつつあるに違いない。

『古いメディアが新しかった時：19世紀末社会と電気テクノロジー』(キャロリン・マーヴィン)
Joh Agar, *"Constant Touch"*
Albert Robida, *"The Twentieth Century"*
『20世紀』(アルベール・ロビダ)
Vannevar Bush, *"As We May Think"*
J.C.R. Licklider, *"Man-Computer Symbiosis"*
『サイバネティックス』(ノーバート・ウィーナー)
Alan Kay and Adele Goldberg, *"Personal Dynamic Media"*
Elizabeth Woyke, *"The Smartphone: An Anatomy of an Industry"*
Jack Weatherford, *"Indian Givers: How the Indians of the Americas Transformed the World"*
Bryan Gardiner, "Glass Works" (*Wired*)
Daniel Gross and Davis Dyer, *"The Generations of Corning"*
Bill Buxton, *"Multi-Touch Systems I Have Known and Loved"*
James C. Worthy, *"Portrait of a Maverick"*
『バッテリーウォーズ　次世代電池開発競争の最前線』(スティーヴ・レヴィン)
"Lithium Dreams" (*New Scientist*)
Patrick L. Walter, "The History of the Accelerometer" (*Sound and Vibration*)
『インフォメーション——情報技術の人類史』(ジェイムズ・グリック)
Walter Isaacson, *"The Innovators"*
『愉しみながら死んでいく —思考停止をもたらすテレビの恐怖—』(ニール・ポストマン)
Alan Turing, *"Computing Machinery and Intelligence"*
Alex Heath, "Apple Owes the Jailbreak Community an Apology" (*iDownloadBlog*)
Charles Duhigg, Keith Bradsher, and David Barboza, "The iEconomy" (*New York Times*)
『アメリカン・システムから大量生産へ 1800−1932』(デーヴィッド・A.ハウンシェル)
Stephen L. Sass, *"The Substance of Civilization"*
David E. Nye, *"The American Technological Sublime"*

インタビュー（登場順）

Jon Agar, David Edgerton, Chris Garcia, Matt Novak, Gerry Canavan, Kristina Woolsey, Frank Canova, David Michaud, Bryan Gardiner, Bill Buxton, Bent Stumpe, David Mazur, Ellen Hoerle, Enrique Pena, Claudio Uribe, Stan Whittingham, John Goodenough, Brett Bilbrey, 大嶋光昭, Sid Harza, Alan Kay, Sophie Wilson, Ryan Smith, Adam Rothstein, Joel Comm, Muthuri Kinyamu, Erik Hersman, Nelson Kwame, Eleanor Marchant, Christoph Herzig, Tom Gruber, Raj Reddy, Dan Guido, David Wang, Ronnie Tokazowski, Li Wang, Liam Young, Adrienne LaFrance, Cory Moll, Mark Spoonauer, Adam Minter

（Eメールや電話、ビデオチャットでのインタビューを含む）

取材に関するメモ

〈セクション1〜4〉

セクション1と2は、後にiPhoneの基盤となる部分――UIやマルチタッチのソフトウェアや初期のハードウェア――を考え出したチーム・メンバーへの取材に基づいている。インタビュー相手はバス・オーディング、イムラン・チョードリー、ブライアン・ウッピ、ジョシュア・ストリコン、グレッグ・クリスティー。加えて初期のiPhoneチームのメンバーたちにも当時の事情を取材をしている。

また、一部の詳細情報やジョニー・アイブの発言は、『スティーブ・ジョブズ』(ウォルター・アイザックソン)、『ジョナサン・アイブ』(リーアンダー・ケイニー)、『スティーブ・ジョブズ　無謀な男が真のリーダーになるまで』(ブレント・シュレンダー、リック・テッツェリ)から引用している。ジョブズがiPhoneをタッチスクリーンにした由来を"間違えて記憶している"というエピソードは、ウォルト・モスバーグとカーラ・スウィッシャーの主催する"All Things Digital"年次会議でのジョブズとの質疑応答が出所である。

セクション3〜4の大部分は、初期iPhoneチームのメンバーやその他の匿名のアップル社員への取材、過去の記事やレポート類、裁判資料やFOIA(情報公開法)に基づく資料を参考にした。実名ベースでの取材はバス・オーディング、イムラン・チョードリー、リチャード・ウィリアムソン、トニー・ファデル、アンリ・ラミロー、グレッグ・クリスティー、ニティン・ガナトラ、アンディ・グリグノン、デイビッド・タップマン、エヴァン・ドール、アビゲイル・ブロディ、ブライアン・ウッピ、ジョシュア・ストリコン、トム・グルーバーの各氏。

さらに、2012年のアップル対サムソンの訴訟でフィル・シラーとスコット・フォーストールが証言した際の発言も引用している。また、次に紹介する本は、詳細情報や研究内容、背景事情などを知るうえできわめて役立った。『アップルvs.グーグル――どちらが世界を支配するのか』(フレッド・ボーゲルスタイン)、『スティーブ・ジョブズ』、『スティーブ・ジョブズ　無謀な男が真のリーダーになるまで』、『インサイド・アップル』(アダム・ラシンスキー)、『ジョナサン・アイブ』。

また、ジョニー・アイブ、スティーブ・ジョブズ、マイク・ベル、ダグラス・サッツガーの発言の一部は、以下の情報源からの引用である。ジョン・マルコフのニューヨークタイムズの記事、『iPodは何を変えたのか?』(スティーブン・レヴィ)、およびスティーブン・レヴィのニューズウィークの記事。

〈序章〜14章〉

参考文献(登場順)
Marketing Cloud 2014 Mobile Behavior Report
"Apple's iPhone: The Most Pro table Product in History" (*Independent*)
Mariana Mazzucato, "*The Entrepreneurial State*"
Mark A. Lemley, "The Myth of the Sole Inventor" (*Michigan Law Review in 2012*)
Herbert Casson, "*The History of the Telephone*"

THE ONE DEVICE
The Secret History of the iPhone

［著者］

ブライアン・マーチャント（Brian Merchant）

ジャーナリスト、編集者。デジタルメディア“VICE”系列の科学技術雑誌「マザーボード」で記者、編集者を務めつつ、同系列のオンライン・フィクション雑誌「テラフォーム」を創設。また、ガーディアン、スレート、ワイアード、アトランティックなど多数の有力誌に寄稿している。本書の取材のため、人の住むすべての大陸を訪れ、その内容をiPhoneに記録した。iPhoneで撮影した写真は8000枚、インタビューの録音時間は200時間、取材メモは数百ページに及ぶ。さらに取材旅行中、家に残した家族とフェイスタイムで数十回のビデオチャットも行った。現在2冊目の本を執筆中。オートメーションへの反発から機械を破壊した1800年代の「ラッダイト運動」と、その現代版がテーマ。米ロサンジェルス在住。

［訳者］

倉田幸信（くらた・ゆきのぶ）

1968年生まれ。早稲田大学政治経済学部卒。朝日新聞記者、週刊ダイヤモンド記者、DIAMONDハーバード・ビジネス・レビュー編集部を経て、2008年よりフリーランス翻訳者。主な訳書に『VRは脳をどう変えるか？』（ジェレミー・ベイレンソン、文藝春秋社）、『アライアンス』（リード・ホフマンほか、ダイヤモンド社）など。

［解説］

長谷川貴久（はせがわ・たかひさ）

パロアルトインサイトCTO。シリコンバレーのアップル本社でSiriのデータサイエンティストとして、様々な機械学習のモデルを実装。パロアルトインサイトでは、クライアント企業向けに機械学習のモデル構築と実装に加え、アプリ開発やクラウドインフラの設計などを行なっている。ジョージア工科大学コンピュータサイエンス修士、ハーバードビジネススクールMBA。AWS認定ソリューションアーキテクト。会社HPはhttps://www.paloaltoinsight.com

THE ONE DEVICE ザ・ワン・デバイス
iPhoneという奇跡の"生態系"はいかに誕生したか

2019年7月10日　第1刷発行

著　者――ブライアン・マーチャント
訳　者――倉田幸信
解　説――長谷川貴久
発行所――ダイヤモンド社
〒150-8409　東京都渋谷区神宮前6-12-17
http://www.diamond.co.jp/
電話／03･5778･7228（編集）　03･5778･7240（販売）

ブックデザイン―青木 汀（ダイヤモンド・グラフィック社）
製作進行――ダイヤモンド・グラフィック社
印刷――――新藤慶昌堂
製本――――本間製本
編集担当――前澤ひろみ

ISBN 978-4-478-10439-2